FLORE FOURRAGÈRE

OU

TRAITÉ COMPLET

DES ALIMENS DU CHEVAL.

CHEZ LE MÊME LIBRAIRE :

VOGELY. Des Vétérinaires militaires en France, histoire critique de ce qu'ils sont et de ce qu'ils ont été, avec un essai sur ce qu'ils devraient être. Par F. VOGELY de Lyon. 1 vol. in-8°. 1835. 6 fr.

VOGELY. Cours théorique et pratique d'Hippiatrique à l'usage de MM. les officiers des troupes à cheval. 3 vol. in-32, 1834. 4 fr. 50 c.

Idem, cartonné avec étui. 5 fr.

Idem, relié *idem*. 6 fr.

La 1re partie renferme l'*Anatomie* et la *Physiologie* appliquées à l'équitation. 1 vol. in-32 avec planches.

La 2e, l'*Extérieur du cheval*, Haras, Jurisprudence vétérinaire militaire. 1 vol. in-32 avec planches.

La 3e, l'*Hygiène*.

BOHAN. Principes pour monter et dresser les chevaux de guerre, formant le troisième volume de l'ouvrage de M. le baron de Bohan, intitulé : *Examen critique du Militaire français*; suivi des passages extraits des tomes 1 et 2 qui ont paru les plus dignes d'être conservés. Paris, 1821. 1 vol. in-8°, 6 planches. 6 fr.

La réputation bien établie et bien mérité de cet ouvrage nous dispense de tout éloge, on sait qu'il n'en existe pas de plus précis et de mieux raisonné.

AUBRY. Histoire pittoresque de l'Equitation ancienne et moderne, dédiée à MM. les Officiers, élèves de l'Ecole royale de Cavalerie. 48 fr.

CORDIER. Traité raisonné d'Equitation en harmonie avec l'ordonnance de cavalerie, mis en pratique à l'école royale de cavalerie de Versailles, aujourd'hui à Saumur. Paris, 1824, 1 vol. in-8°, avec planches. 6 fr.

Cet ouvrage n'est ni une compilation ni un ensemble de principes pris çà et là, et souvent incohérens; il est le fruit de trente ans d'expérience et d'observations. L'auteur, par un goût tout naturel, a toujours dirigé ses études vers l'art de l'équitation dont il pose et démontre aujourd'hui les principes. Sa méthode est claire, simple, et surtout exempte de charlatanisme. La place de Directeur du manége académique de l'Ecole de Saumur, qui lui est confiée, prouve la confiance du gouvernement dans ses talens.

WEYROTHER. De l'Embouchure du cheval, ou Méthode pour trouver la meilleure forme de mors, etc., etc., avec 12 fig., 1828. 2 fr.

BAUCHER (professeur d'équitation). Dictionnaire raisonné d'Equitation, 1 vol. in-8°. Prix : 6 fr., franc de port, 7 fr.

IMPRIMERIE DE BACQUENOIS ET COMP.,
Rue Christine, n° 2.

FLORE FOURRAGÈRE

OU

Traité complet

DES ALIMENS DU CHEVAL,

A L'USAGE

DE MM. LES OFFICIERS DE TROUPES A CHEVAL ET DE TOUTES LES PERSONNES QUI S'OCCUPENT DE L'ÉTUDE, DE L'ÉDUCATION, DU SOIN ET DU GOUVERNEMENT DE CET ANIMAL ET DES AUTRES GRANDS HERBIVORES DOMESTIQUES.

PAR FÉLIX VOGELI, DE LYON,

VÉTÉRINAIRE EN SECOND AU 7e RÉGIMENT D'ARTILLERIE, MEMBRE CORRESPONDANT DE LA SOCIÉTÉ VÉTÉRINAIRE DES DÉPARTEMENS DU CALVADOS ET DE LA MANCHE.

> Il ne faut pas que la crainte d'un défaut d'exactitude inévitable, empêche de présenter un travail qui peut d'ailleurs être utile.
>
> (NECKER, *De l'Administration des finances.*

PARIS,

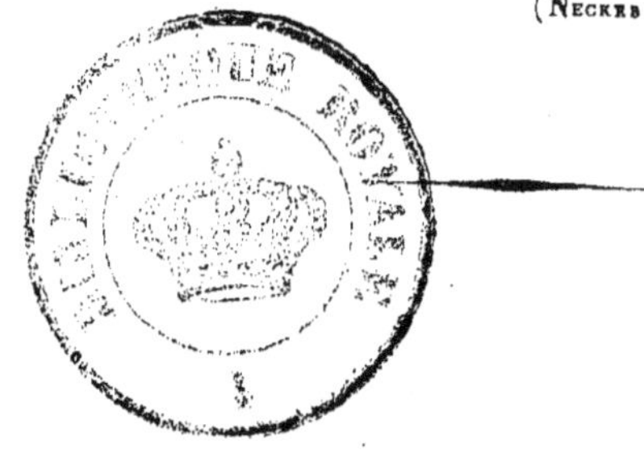

CHEZ ANSELIN, LIBRAIRE POUR L'ART MILITAIRE,

Rue et passage Dauphine, 36.

1836

A

Monsieur **Ch. Weiss**,

CHEVALIER DE LA LÉGION D'HONNEUR,

BIBLIOTHÉCAIRE DE LA VILLE DE BESANÇON,

MEMBRE CORRESPONDANT

DE L'ACADÉMIE DES INSCRIPTIONS ET BELLES-LETTRES

ET DE PLUSIEURS AUTRES SOCIÉTÉS SAVANTES.

HOMMAGE RESPECTUEUX DE L'AUTEUR.

F. Vogeli,

DE LYON.

AVANT-PROPOS.

Depuis long-temps on s'occupe dans l'armée de cavalerie, par besoin, par devoir et par goût, de la connaissance des fourrages et des moyens de distinguer leurs bonnes et leurs mauvaises qualités. Cette tâche est même devenue, dans les corps, une branche de l'enseignement militaire. Cependant il n'était encore venu, que je sache, à l'esprit de personne, de *disséquer* (qu'on me pardonne la hardiesse de cette métaphore qui rend parfaitement ma pensée) *une botte de foin*, et d'assigner à chacune des plantes qui entrent dans sa composition, une place ou un rang assis sur son histoire naturelle et sur son mérite économique. L'importance que l'on accorde généralement aujourd'hui à tout ce qui concerne l'éducation et l'hygiène du cheval, donnera donc peut-être à cette publication un vernis d'opportunité, et justifiera, jusqu'à un certain point, la témérité de mon entreprise.

L'ouvrage que je crée est un ouvrage d'un genre neuf, tant par son plan que par son but.—Faire un livre point trop scientifique, dans lequel soient comprises toutes les plantes qui entrent dans la composition des fourrages des différentes expositions topographiques, classées d'après leur famille et leur genre, et indiquant les qualités de chacune d'elles; voilà la tâche que j'essaie aujourd'hui de remplir. — Cela m'est, je le sais, bien difficile, et d'avance je prévois les nombreuses critiques que cet ouvrage va m'attirer; heureux, si, me tenant compte de ma bonne volonté, les hommes instruits qui voudront bien s'occuper de mon œuvre, me fournissent, par leurs observations, le moyen de faire mieux à l'avenir!

Ainsi que je l'ai dit plus haut, aucun auteur n'a tracé la route dans laquelle je m'engage; le seul ouvrage qui puisse offrir quelque analogie avec celui que nous publions aujourd'hui, est le *Manuel vétérinaire des plantes*, ou *Traité de toutes les plantes qui peuvent servir de nourriture et de médicament aux chevaux, vaches, etc.*, par J.-P. Buc'hoz, publié à Paris, chez Pernier, en l'an VII (1799). Cet ouvrage, écrit avec un laconisme remarquable, et se bornant à la simple indication des propriétés médicales et économiques des plantes, sans offrir au lecteur aucun renseignement botanique, offre encore le grave inconvénient d'être rédigé sous forme de dictionnaire, c'est-à-dire par lettre alphabétique, et partant sans liaison aucune des plantes les unes aux autres.

Après avoir conçu l'érection de mon modeste in-8°, le mode de rédaction à mettre en usage devenait pour moi une affaire importante. Ce que j'ai dit de l'ouvrage de Buc'hoz suffira pour expliquer ma répugnance pour le mode alphabétique; il ne me restait donc qu'à opter entre une rédaction toute botanique, c'est-à-dire par familles, genres et espèces, ou à suivre, en l'adoptant, la classification de Bosc, qui range les plantes fourragères en trois catégories : 1° *celles des prés hauts*, 2° *celles des prés de plaine*, 3° *celles des prés bas*. Ce dernier mode me souriait assez, mais une réflexion suffit pour m'en détourner, du moins en partie : Il existe dans les prés des trois divisions établies par Bosc, une quantité assez considérable de plantes appartenant à la même famille et surtout au même genre; cela m'eût conduit à de fréquentes et fastidieuses redites, et quoique, sans aucun doute, on puisse m'en reprocher quelques-unes, j'ai mis tous mes soins à éviter le plus grand nombre. Il me restait bien encore un quatrième mode; c'est celui adopté par M. le professeur Gronier, mon maître, et dont je révère le profond savoir, dans son *Précis d'un cours d'hygiène vétérinaire*, publié à Lyon, en 1833, chez L. Babeuf. Ce procédé consiste à ranger les plantes fourrageuses en quatre classes, appelées par lui, *plantes nutritives à un degré satisfaisant*; *plantes parasites auxquelles le bétail ne répugne pas*; *plantes parasites auxquelles il répugne*; et enfin *plantes vénéneuses* : mais ici, comme pour la division de Bosc, je me voyais obligé, dans la description de chacune d'elles, à me répéter trop souvent et à devenir diffus. Ainsi donc, pour nous, qui n'étudions pas le fourrage en agronomes, mais en consommateurs, pour nous qui (si on veut bien me permettre la comparaison) n'avons pour champ d'herborisation qu'un magasin à fourrages et pour herbier qu'une botte de foin, les plantes parasites de M. Gronier nous intéressaient assez peu. D'un autre côté, les caractères botaniques, autres que ceux tirés de la forme des tiges, des feuilles, du simple aspect des fleurs et du port des espèces, nous devenaient inutiles, perdus qu'ils sont lors des manipulations auxquelles le foin est soumis, ou par suite de la formation du fruit.

J'ai cru rencontrer le moyen de concilier toutes les exigences, en alliant la division de Bosc avec la classification des botanistes, et j'ai en conséquence réuni ensemble toutes les plantes fourragères d'une même famille; j'ai indiqué leur genre, et, selon que ce genre fournit un plus ou moins grand nombre d'espèces, j'ai signalé, d'après Bosc, dans quelles prairies se rencontraient chacune d'elles.

Un Tableau synoptique, placé à la fin du volume, reproduit cette alliance, et j'espère que l'on me tiendra compte de son établissement. Je regrette que mon éloignement de Paris ne m'ait pas permis de donner à l'exécution typographique de ce Tableau tous les soins qu'il réclamait. Il est, il faut l'avouer, un peu confus; toutefois, je me plais à croire qu'il atteindra le but de son érection, et qu'il facilitera les recherches de ceux qui liront ce livre.

Il en est de même des fautes typographiques qui ont échappé à la correction des épreuves de ce livre, et pour lesquelles j'aurais volontiers fait un *errata,* si les *errata* se lisaient encore aujourd'hui.

Une circonstance de cet ouvrage qui m'attirera peut-être le reproche de pédanterie, est le soin que j'ai mis à placer en regard du nom de chacune des plantes dont j'ai essayé de faire le portrait, le nom latin de LINNÉE. J'espère cependant qu'on m'épargnera ce reproche, en songeant à la multitude de noms vulgaires que reçoit souvent la même plante, suivant les lieux où elle croît et l'érudition des personnes qui la nomment. Cette multiplicité de noms rend les erreurs d'une facilité si désespérante, que BOURGELAT lui-même paraît y être tombé en faisant la nomenclature des espèces de plantes qui constituent les bons foins, et dans laquelle il a fait entrer plusieurs espèces nuisibles.

Avant de terminer cette préface, je dois encore un mot à mes lecteurs à l'occasion du titre de cet ouvrage, qui pourra paraître bien prétentieux à beaucoup d'entre eux. Ma volonté était d'abord d'intituler ce fruit de mes loisirs : *Traité de Bromatologie hippique,* et d'y faire entrer avec le foin, la paille et l'avoine, des détails sur toutes les substances qui servent ou peuvent servir à la nourriture du cheval. Mais, dans une lettre écrite à l'éditeur à l'occasion de cette publication, les mots de FLORE FOURRAGÈRE me sont échappés, et M. Anselin, en les ramassant, m'a conseillé d'en faire *l'enseigne* de ce livre. Ce conseil, je l'ai suivi d'assez bonne grâce sans renoncer pourtant à ma première idée, et voilà ce qui expliquera, je l'espère, la division des matières de notre FLORE FOURRAGÈRE.

Ces éclaircissemens étant donnés à l'acquit de ma conscience, j'abandonne mon œuvre à l'indulgence et à la critique des lecteurs.

FÉLIX VOGELI,
de Lyon.

DIVISION DE CET OUVRAGE.

Nous nous proposons d'examiner dans le courant de cet ouvrage, et avec un peu d'étendue, chacune des substances alimentaires qui servent à la nourriture du cheval. — A cet effet, nous diviserons ce volume en trois parties principales.

Dans la première, nous nous occuperons de l'étude naturelle du foin, de la paille et du grain d'avoine; c'est-à-dire que nous ferons connaître leurs caractères extérieurs tels qu'ils sont avant que la main des hommes ou le temps les aient altérés ou falsifiés ; c'est sur cette portion de notre travail que nous comptons pour justifier notre titre, puisque les détails dans lesquels nous entrerons en étudiant le foin, comporteront à eux seuls la presque totalité du volume. Cette partie sera précédée d'un aperçu général sur les alimens et leur nature chimique. La division des chapitres sera établie d'après les classes botaniques de JUSSIEU, et chaque ordre ou famille formera, dans le chapitre, une Section particulière.

Dans la seconde partie, nous nous occuperons de l'influence des récoltes, de la fenaison, du bottelage, de l'emmagasinage, etc., etc., ainsi que des altérations naturelles ou frauduleuses que le foin, la paille et l'avoine éprouvent avant d'arriver dans les rateliers ou les mangeoires de nos chevaux.

Dans la troisième enfin, nous indiquerons les plantes, les racines, les tubercules, les graines, etc., qui, bien que non habituellement employées à la nourriture du cheval de guerre, peuvent devenir en campagne, durant les horreurs d'un blocus et d'un siége, ou pendant les années de disette fourragère, des ressources précieuses pour la conservation du noble animal.

FLORE FOURRAGÈRE

OU

TRAITÉ COMPLET

DES ALIMENS DU CHEVAL.

PREMIERE PARTIE.

CHAPITRE PREMIER.

DES ALIMENS DU CHEVAL ET DE LEUR COMPOSITION CHIMIQUE.

On donne le nom d'aliment à toutes les substances qui, étant introduites dans le corps des animaux, y subissent, sous l'influence de l'action développée par les forces que la vie met en jeu, des changemens qui rendent ces substances susceptibles de fournir la matière du développement et de la réparation des organes.

Cette définition n'est cependant pas rigoureusement exacte, quoiqu'on puisse la considérer comme étant généralement adoptée, à la formule de rédaction près. Car la totalité des substances introduites dans l'estomac des animaux, ne cède pas aux forces disgestives; ce ne sont que quelques uns des principes qui les constituent, qui fournissent les matières nécessaires à l'accroissement, à la réparation des forces et au maintien de la vie. Le reste, pendant son séjour dans l'appareil digestif, lui sert de *lest*, traverse lentement sa longueur en subissant, pendant ce trajet, une expression continuelle des sucs nutritifs qu'il a pu conserver, et, après un certain temps, alors qu'il n'est plus pour l'animal qu'un poids incommode et inutile, ce résidu excrémentitiel est expulsé de l'économie.

Cependant comme la nature n'est pas assujettie aux distinctions que l'étude de ses ouvrages nécessite, nous devons à la vérité, de dire qu'il est certaines substances alimentaires qui traversent le labyrinthe intestinal, sans perdre aucune de leurs qualités physiques ou chimiques. — C'est ainsi que nous voyons tous les jours, dans nos écuries et sur les fumiers, des grains d'avoine rejetés par nos chevaux, sans avoir subi aucune altération. — Disons, toutefois, que cela peut bien être attribué à la manière artificielle et souvent précipitée dont nos chevaux domestiques sont obligés de manger ce grain.

Il arrive aussi, dans quelques circonstances, que les principes nutritifs qui constituent le chyle, sont rejetés avec les excrémens et point du tout absorbés en entier; les chevaux dits *vidards*, qui mangent beaucoup, digèrent à merveille, et sont néanmoins toujours mal nourris, se trouvent dans ce cas.

§ Ier. — Principes alimentaires des végétaux.

Les principes constitutifs des plantes qui fournissent les matériaux nécessaires à l'alimentation, sont en petit nombre; quatre seulement y concourent, ce sont les suivans :

1° La fécule; 2° le gluten; 3° le muqueux; 4° le sucre.

On pourrait ajouter à cette énumération l'albumine, toujours unie à la fécule et au muqueux dans les graines mûres des graminées, et les huiles fixes végétales unies au mucilage et à la fécule, et qui, seulement dans cet état, deviennent nourrissantes au dire de M. Grognier.

On trouve encore dans les végétaux, une certaine quantité de principes qui ne nourrissent pas, et ne servent que d'assaisonnement aux alimens; nous les examinerons succinctement quand nous aurons passé en revue les quatre principes nutritifs que nous avons énumérés plus haut.

De la Fécule.

On donne le nom de fécule à une substance blanche qui forme la base de la farine, et se rencontre aussi avec profusion dans les plantes des graminées et des légumineuses dont elle envahit toutes les parties, même les feuilles. — Les animaux digèrent facilement la fécule qui laisse peu de résidus excrémentitiels et fournit beaucoup de chyle. — La fécule est la seule de toutes les substances végétales qui puisse éprouver la fermentation panaire; aussi le riz, dans lequel on ne la rencontre pas, n'est-il pas susceptible de se panifier. — Cette substance est la base de l'alimentation fournie par l'herbe verte ou sèche; elle n'a point d'analogue parmi les substances animales; et dans son état de pureté, elle est identique dans toutes les plantes qui la fournissent. C'est la plus abondante des substances alimentaires végétales, elle n'est jamais isolée dans les plantes ou dans leurs fruits; on la rencontre au contraire, toujours associée au gluten dans le froment et quelques autres graminées; au sucre, dans la chataigne, et unie à de l'huile douce ou à de l'albumine dans les légumineuses.

La facilité avec laquelle la fécule régénère le sang, fait que les chevaux nourris trop abondamment de grains féculens sont plus que les autres disposés aux inflammations et à la pléthore.

Du Gluten.

On donne ce nom à une substance qui n'est point exclusivement un principe des végétaux, mais qui, par son analogie avec la *fibrine* qui constitue en partie les *muscles*, a mérité le nom de substance *végéto-animale;* c'est elle qui forme, avec la fécule, la farine panifiante; et c'est parce qu'elle abonde dans la farine de froment qu'on en fait le meilleur pain.

Combiné aux autres principes alimentaires, le gluten ajoute beaucoup à leurs facultés nutritives; mais seul, c'est un mauvais aliment.

Du Muqueux.

Ce troisième principe est celui qui, dans son état de pureté, constitue la gomme; il est plus médicamenteux qu'alimentaire.

Les végétaux qui sont essentiellement muqueux ou mucilagineux sont de mauvais fourrages, qui rendent les chevaux mous et paresseux.

Cependant, la plupart des plantes de nos prairies sont muqueuses dans leur jeunesse; mais en vieillissant, ce muqueux s'unit aux autres principes, et elles deviennent, suivant leur espèce, précieuses ou nuisibles comme alimens. C'est cet état des plantes jeunes qui fait que parfois des herbes réputées vénéneuses sont mangées impunément par des animaux dont elles occasioneraient la mort si elles étaient plus près de leur maturité.

Suivant M. *Grognier*, le mucus des jeunes plantes de nos prairies s'unit en vieillissant à de la fécule verte.

Dans les racines de carottes, de betteraves, de panais, de navet, et les tubercules du topinambour, c'est du sucre.

Dans les graines des légumineuses, c'est de la fécule, plus de l'albumine; et enfin dans les crucifères, une huile sapide particulière.

Ainsi associé, le mucilage végétal devient une matière alimentaire précieuse.

Du Sucre.

Ce principe des végétaux, dont tout le monde connaît le goût, est toujours combiné dans les plantes à d'autres principes dont il est quelquefois impossible de le séparer.

Cette substance abonde dans les plantes graminées qui entrent dans la composition des foins, ainsi que dans le chaume des mêmes plantes qui sont données *comme pailles* aux chevaux.

Toutes les plantes sucrées abondent en principes alimentaires, et le goût sucré du foin ou de la paille peut servir de pierre de touche, en quelque sorte, pour juger de leurs qualités.

§ II. — Assaisonnemens végétaux.

Les assaisonnemens végetaux sont toutes les parties des plantes qui leur impriment une saveur particulière.

Cette diversion dans la sapidité des plantes est due à la plus ou moins grande quantité, ou à la prédominance les unes sur les autres des substances suivantes :

1° Les acides; 2° les huiles essentielles; 3° un principe amer alcaloïde et variable par sa nature dans les diverses espèces de plantes où il se rencontre; 4° le tannin; 5° la résine.

Les *acides* incapables de fournir aucun principe à l'assimilation, donnent cependant quelquefois aux matières alimentaires, une saveur plus agréable et rafraîchissante : c'est leur présence dans les fruits que nous mangeons, qui les rend si fort de notre goût.

Les huiles essentielles que l'on trouve quelquefois si abondamment dans quelques végëtaux, et notamment dans les labiées, excitent vivement la vitalité, et pourtant aucun herbivore ne touche aux plantes qui en sont riches. Ce n'est que par leur contact qu'elles peuvent avoir quelque influence aromatique sur les foins dont elles font partie.

Le principe amer ne nourrit pas, mais il facilite la nutrition par une vertu tonique et persistante qui lui est particulière; on le rencontre dans la gentiane, la pimprenelle et toutes les rosacées, etc., etc.

Le tannin est également impropre à la nutrition; c'est un assaisonnement fort goûté des herbivores, qui payent souvent de leur santé et de leur vie leur goût pour ce principe.

Abondant au printemps dans les jeunes pousses de chêne et de quelques autres arbres, les animaux qui paissent en liberté mangent ces pousses avec tant d'avidité, qu'ils contractent assez souvent à la suite de cet usage immodéré, une gastrite nommée dans les campagnes, *mal de brou* ou *de bois*.

La *résine* est un principe que tout le monde connaît : il se rencontre dans l'écorce de l'orge et de l'avoine qu'il rend tonique. Aussi, ces alimens nourrissent-ils plus ou moins bien, selon qu'ils sont dépouillés de leur tégument. On trouve aussi de la résine dans la racine de carotte.

CHAPITRE II.

DU FOIN ET DE SA COMPOSITION GÉNÉRALE.

On donne le nom de foin à l'herbe desséchée des prairies naturelles ou artificielles.

Cette herbe se compose d'une quantité variable de plantes bonnes ou mauvaises, suivant les lieux où elles ont pris naissance, et suivant encore l'exposition de ces lieux.

L'ancienne Société d'agriculture de Bretagne a publié en 1780 ou 1782, le résultat de recherches faites avec soin sur la variété dans la quantité et la qualité des foins des diverses prairies; et ce résultat, considéré maintenant encore comme exact, se réduit aux chiffres suivans :

1° Dans les prés moyens, sur 42 espèces (ou genres), il y en a 17 utiles;

2° Dans les prés hauts, sur 38 espèces (ou genres), il y en a 8 utiles;

3° Dans les prés bas, sur 29 espèces (ou genres), il y en a 4 utiles.

On voit que d'après ces remarques, si les individus utiles n'envahissaient pas la presque totalité des prairies, il y aurait dans les foins des meilleures prairies, les trois quarts de plantes à jeter. — Observons cependant que ces données ne sont pas applicables à tous les prés.

M. *Savi*, professeur de botanique Toscan, qui a fait le dénombrement des plantes fourragères de la Toscane, a trouvé, dans les prés de cette contrée, un plus grand nombre de bonnes plantes, puisqu'il porte à 88 le minimum des graminées qu'on y rencontre, et à 87 celui des légumineuses. Or, comme nous le verrons plus loin, toutes ou presque toutes les plantes de cette famille constituent de bons fourrages.

Pour nous, les recherches que nous avons faites, nous ont donné le résultat suivant, sur le nombre et l'espèce des plantes qui entrent dans la composition des foins de diverses prairies, et partant des diverses qualités.

Ces plantes appartiennent à 35 familles différentes, et comprennent un total de 154 genres. — Leur classification botanique les range dans l'ordre qui suit :

1re *Equisétacées.* — Prêles ;

2e *Naïades.* — Pesse ;

3e *Souchets.* — Laiche, schoin, linaigrette, scirpe, souchet.

4e *Graminées.* — Flouve, vulpin, fléau, alpiste, panic, agrostis, stipe, houlque, barbon, canche, melique, dactyle, cretelle, ivraie, élyme, orge, froment, seigle, brôme, fétuque, paturin, brize, avoine, roseau, nard.

5e *Joncinées.* — Jonc, luzule ;

6e *Alismacées.* — Fluteau, scheuchzérie ;

7e *Colchicacées.* — Vératre ; colchique ;

8e *Narcissées.* — Narcisse ;

9e *Iridées.* — Iris ;

10e *Orchidées.* — Orchis, ophrys, néotie, épipactide ;

11e *Polygonées.* — Renouée, patience ;

12e *Plantaginées.* — Plantain ;

13e *Lisimachiées* ou *Primulacées.* — Lisimachie, globulaire, samole ;

14e *Pédiculaires* ou *Rhinanthées.* — Polygala, véronique, euphraise, pédiculaire, rhinanthe, melampyre ; orobanche ;

15e *Labiées.* — Sauge, bugle, menthe, brunelle ;

16e *Scrophulaires.* — Scrophulaire, gratiole ;

17e *Borraginées.* — Vipérine, gremil, consoude, myosote, buglose, cynoglosse ;

18e *Liserons* ou *Convolvulacées.* — Cuscute ;

19e *Apocynées.* — Asclépiades ;

20e *Semi-Flosculeuses.* — Laitron, épervière, crépide, scorsonère, salsifis, chicorée, liondent ;

21e *Flosculeuses.*—Centaurée, chardon, armoise, eupatoire;

22e *Radiées.* — Chrysanthème, inule, seneçon, camomille, achillée;

23e *Dipsacées.* — Scabieuse;

24e *Valérianées.* — Valériane;

25e *Ombellifères.* — Boucage, carvi, aneth, panais, impératoire, cerfeuil, coriandre, ciguë, phellandre, oenanthe, cumin, bubon, sison, berle, angélique, livèche, berce, peucédane, selin, carotte, buplèvre, panicaut, hydrocotyle;

26e *Renonculacées.* — Pigamon, anémone, renoncule, hellébore, populage;

27e *Papavéracées.* — Coquelicot;

28e *Crucifères.* — Lunaire, cameline;

29e *Caparidées.* — Parnassie;

30e *Cariophyllées.*—Spargoute, ceraiste, lampette, nielle, lin;

31e *Onagres.* — Epilobe;

32e *Salicaires* ou *Lithraires.* — Salicaire;

33e *Rosacées.*—Pimprenelle, alchimille, potentille, spirée;

34e *Légumineuses.* — Ajonc, genet, lupin, arrête-bœuf, mélilot, trèfle, luzerne, lotier, phace, astragale, gesce, orobe, pois, vesce, fèves, lentilles, coronille, sainfoin.

35e *Euphorbiacées.* — Euphorbe;

On voit d'après cet énoncé que les plantes, ou du moins les genres de plantes groupés sous une même dénomination de famille, qui dominent dans nos prairies, sont celles appartenant aux graminées et aux légumineuses. La famille des ombellifères se fait aussi remarquer par les nombreux genres qu'elle fournit aux foins, et parmi lesquelles se rencontrent, par une bizarrerie exceptionnelle propre à cette famille, de bonnes plantes, des foins médiocres et de mortels poisons.

En somme, les 154 genres que nous venons d'énumérer, fournissent à nos prés, les 480 à 500 espèces de plantes que nous allons examiner.

CHAPITRE III.

COMPRENANT LES PLANTES FOURRAGÈRES APPARTENANT AUX FAMILLES QUI CONSTITUENT LA CLASSE II DE JUSSIEU.

Plantes monocotylédones à étamines hypogynes ou insérées sous l'ovaire.

SECTION Ire.

FAMILLE DES EQUISÉTACÉES. (FORMANT L'ORDRE QUATRIÈME.)

Caractères botaniques.

La structure physiologique et la singulière fructification de ces plantes ont fourni leurs caractères de famille. Leur fructification consiste en un cône terminal plus ou moins ovoïde, et composé d'écailles soutenues par leur centre, sous lesquelles on découvre plusieurs rangées de cornets membraneux, ouverts à leur côté interne pour donner passage à des globules microscopiques surmontés d'un mamelon ou stygmate, et muni à la base de quatre lames ou étamines attachées en croix. — Ces plantes sont cryptogames, c'est-à-dire à sexe inconnu.

On a donné ce nom à la réunion des 10 ou 15 espèces de plantes qui constituent le genre PRÊLE. — Ce sont des plantes qui ne se rencontrent que dans les foins des prés bas et marécageux.

Les *prêles* sont indigènes à l'Europe ; elles ont des tiges fistuleuses, striées, simples ou rameuses, garnies fort souvent de rameaux verticilles; articulées et munies d'une gaîne dentée aux articulations, et que l'on considère comme les feuilles de la plante.

Les prêles, dans l'économie rurale, sont bonnes ou mauvaises, suivant les espèces; généralement elles sont regardées comme des herbes nuisibles aux foins : cependant deux d'entre elles constituent un bon fourrage.

Les espèces de ce genre que l'on rencontre le plus fréquemment dans les foins des prés bas, dont elles servent à décéler l'origine, sont les suivantes :

1° La prêle des bois ; 2° la prêle des champs ; 3° la prêle des fleuves ; 4° la prêle des marais.

1° La Prêle des bois (*Equisetum sylvaticum*), vulgairement queue de renard, est l'une des deux espèces les plus distinctes de ce genre par ses rameaux nombreux et sous-divisés.

Ses tiges sont grêles, hautes d'un à quatre pieds; les gaînes de leurs articulations profondément cannelées, verdâtres et plus ou moins lâches. Chaque articulation est environnée d'un grand nombre de rameaux fort menus et beaucoup plus longs que les entre-nœuds. — L'épi est terminal, médiocrement allongé et comme panaché.

C'est la première nourriture, parmi toutes les plantes, pour les chevaux d'une partie de la Suède, dit Buc'hoz.

2° La Prêle des champs (*Equisetum arvense*) offre deux sortes de tiges, les unes stériles et rameuses, d'autres fertiles et simples. Les premières ont un à deux pieds de haut ; elles sont grêles, profondément cannelées, un peu rugueuses, garnies de rameaux verticillés, fort longs et très nombreux, à gaînes lâches et à dents courtes, aiguës et noirâtres. Les tiges fertiles, qui croissent les premières, sont simples, ordinairement plus courtes que les autres, à gaînes plus amples, et portent à leur extrémité un épi allongé, ventru et aigu à son sommet.

C'est un mauvais fourrage que tous les herbivores dédaignent : elle est malheureusement assez abondante dans les champs et les prés humides.

3° La Prêle des fleuves (*Equisetum fluviatile*), vulgairement queue de cheval, offre comme la précédente, deux sortes de tiges. — Les tiges stériles sont remarquables par leur couleur d'un blanc poli et luisant, ainsi que par leur grosseur qui égale celle du petit doigt; elles sont fistuleuses, hautes de trois ou quatre pieds, et à articulations très rapprochées;

leur gaîne cylindrique est d'un brun-verdâtre, divisée à son orifice en lanières nombreuses et étroites.

Les tiges fertiles ressemblent à celles de la prêle des champs; seulement, l'épi qui les surmonte est ovale-oblong.

Cette description dit assez, je pense, pour faire comprendre que cette plante est sinon nuisible, du moins fort inutile dans les foins: cependant, les *bestiaux*, les vaches surtout, en sont friands; mais cette herbe donne à leur lait un mauvais goût et un aspect *gris de plomb*.

Les paysans italiens en mangent les jeunes pousses en guise d'asperges.

4° La Prêle des marais (*Equisetum palustre*). Cette espèce a des tiges grêles, si profondément et si largement cannelées qu'il en résulte des côtes anguleuses, un peu rudes sur leurs angles, et hautes d'un pied. Presque toutes ces tiges sont fertiles, droites, articulées, ayant des gaînes articulaires peu ouvertes, presque cylindriques, verdâtres, divisées à leur orifice en dents médiocres, aiguës, blanchâtres à leurs bords, et devenant plus longues à mesure que les gaînes sont plus rapprochées du sommet des tiges.

Les épis qui couronnent les tiges sont courts, ovales, de médiocre grosseur et obtus. — Les tiges dépourvues d'épis sont effilées et presque nues à leur partie supérieure.

Cette espèce est encore un mauvais fourrage.

SECTION II.

FAMILLE DES NAÏADES. (FORMANT L'ORDRE CINQUIÈME.)

Caractères botaniques.

Calice entier ou découpé, rarement nul; ovaire supérieur ou inférieur; un ou deux styles ou stygmates, graines nues ou enveloppées d'un périarpe. — Ces plantes sont phanérogames, c'est-à-dire à sexes distincts.

Cette famille est composée d'une dixaine de genres, dont presque tous les individus croissent dans les eaux, et dont un bien petit nombre, par conséquent, se rencontre dans nos foins.

Les plantes de cette famille ont des tiges herbacées, assez souvent unies et à feuilles ordinairement apposées ou verticillées.

Un seul individu de cette famille, appartenant au genre Pesse (*Hippuris*), se trouve quelquefois faire partie des foins récoltés dans les prés marécageux, sur le bord des étangs, dans les fossés des villes fortes où séjourne toujours une eau corrompue, etc., etc. Cet individu est celui qui constitue l'espèce dite Pesse des marais (*Hippuris vulgaris*), plante assez commune, que les chevaux repoussent, et qui heureusement est trop petite pour être toujours fauchée.

Par une bizarrerie qui tient aux différences d'organisation, les oies sauvages en sont friandes, et les chèvres la broutent sans difficulté. — Ce genre ne compte que deux espèces.

SECTION III.

FAMILLE DES SOUCHETS OU CYPÉROÏDES. (FORMANT L'ORDRE HUITIÈME.)

Caractères botaniques.

Les fleurs de ces plantes sont monoïques ou dioïques dans la laiche, et hermaphrodites dans les autres genres. Fructification en épi; une écaille tenant, dans chaque fleur, lieu de calice, imbriquée sur deux rangs, et recouvrant chacune une graine cornée ou membraneuse. La fleur porte trois étamines et un style terminé par trois stygmates; l'ovaire est supérieur.

Peu nombreux par les genres qui la constituent, cette famille est cependant très étendue eu égard aux espèces multipliées qui se groupent sous chacun d'eux. Ces plantes, qui ont pendant long-temps été comprises parmi celles qui composent la famille des graminées, ont le port, l'aspect et l'organisation extérieure de ces derniers végétaux; cependant, ils sont d'une texture plus ligneuse, ont des feuilles coupantes et à gaîne entière, et sont d'une dureté qui rebute les animaux ; — composée de six genres, elle en fournit cinq à nos foins divers, qui sont les suivans :

1° Laiche ; 2° schoin ; 3° linaigrette ; 4° scirpe ; 5° souchet.

§ Ier. — Plantes du genre Laiche (*Carex*).

Ce genre, qui comprend 214 espèces, en fournit à nos foins des prés hauts et bas 45, qui, toutes, constituent un mauvais fourrage : c'est le seul genre qui prête à nos prés un si nombreux contingent ; et, chose remarquable, s'il faut en croire la liste de Bosc, les prés de plaine seraient assez favorisés pour ne compter aucune laiche parmi les plantes qui les composent.

Les laiches, surtout quand elles ont fleuri et qu'elles sont desséchées, sont généralement regardées comme un mauvais fourrage : ce sont principalement elles qui rendent si peu du goût des chevaux et si peu nourrissant le foin des prés bas. — La plupart ont les bords de leurs feuilles garnis de petites dents, qui font qu'elles coupent comme un rasoir la langue des animaux et la main de l'homme qui veut les enlever : aussi les nomme-t-on en plusieurs endroits *herbes coupantes*.

Voici la liste des espèces qui se rencontrent dans nos foins.

Des prés hauts.

Laiche des sables,
— courbée,
— étoilée,
— en deuil,
— noire,
— en pointe,
— raide,
— précoce,
— tomenteuse,
— des montagnes,
— des bruyères.

Laiche à épi,
— pied d'oiseau,
— redressée,
— ferme,
— brune,
— des Alpes,
— à épi court,
— des frimas,
— capillaire,
— fauve.

Des prés bas.

Laiche dioïque,	Laiche en ombelle,
— de Daval,	— filiforme,
— puce,	— glauque,
— à deux rangées,	— hérissée,
— jaunâtre,	— jaune,
— divisée,	— espacée,
— paradoxale,	— bourbeuse,
— en pannicule,	— pâle,
— ovale,	— en vessie,
— courte,	— ampoulée,
— en gazon,	— des marais,
— grêle.	— des rives.

Parmi les espèces de la première série, celles appelées *des sables*, *courbée*, *étoilée*, *en deuil*, *précoce*, *tomenteuse*, *des montagnes*, *des bruyères*, *pied d'oiseau*, *des Alpes et capillaire*, sont trop peu élevées pour être fauchées avec fruit ; ce sont donc autant de mauvaises plantes à déduire.

Dans le nombre de celles qui restent, nous distinguerons les suivantes :

1° La Laiche a épi (*Carex spicata*). La tige de cette plante est haute d'un pied et demi environ, triangulaire, feuillée inférieurement et à angles rudes ou accrochant de bas en haut; les feuilles sont assez longues, ont une ligne de largeur, et enveloppent par leur gaîne la partie inférieure de la tige ;

2° La Laiche brune (*Carex brunea*). La tige de cette deuxième espèce, un peu moins haute que celle de la précédente, est également trigone ; les feuilles sont linéaires, amincies à leur sommet, striées, entières, droites et plus longues que la tige.

Les autres espèces ressemblent assez à ces deux premières, pour que nous nous dispensions d'en faire ici une mention particulière.

Parmi les espèces des prés humides, nous citerons :

1° LA LAICHE PANNICULÉE (*Carex panniculata*), dont les tiges sont longues d'un pied et demi à trois pieds, rudes, sans nœuds, feuillées inférieurement et disposées en touffes assez longues. Les feuilles sont longues de plus d'un pied, larges d'une à deux lignes, et un peu rudes; au sommet de chaque tige est une pannicule étroite ou resserrée, formant un épi rameux, long de trois ou quatre pouces.

2° LA LAICHE BOURBEUSE (*Carex limosa*), et

3° LA LAICHE PALE (*Carex palescens*), qui toutes deux se ressemblent beaucoup, et ne diffèrent que par leurs organes de fructification; leur tige est haute d'un pied, un peu grêlée et feuillée inférieurement; leurs fleurs sont graminées, un peu longues, glabres, d'un vert pâle, et larges d'une ligne et demie.

4° LA LAICHE VESSICULEUSE (*Carex vessicaria*), haute de deux pieds environ, et

5° LA LAICHE EN OMBELLE (*Carex ombellata* ou *Pseudo-Cyperus*) qui est également élevée; la tige de la première, un peu grêle, est obtusément triangulaire et légèrement feuillée; ses feuilles sont longues, striées et rudes au toucher lorsqu'on les glisse entre les doigts. La tige de la seconde est plus forte, et ses angles sont très accrochans de haut en bas;—les feuilles sont longues, larges de quatre lignes, striées et d'un vert clair.

En général, nous dirons que la seule chose qui distingue essentiellement à la première vue les laiches des graminées, c'est la forme constamment triangulaire de leurs tiges et l'absence d'articulations sur ces tiges.

§ II. — Plantes du genre Schoin (*Schœnus*).

Les plantes de ce genre, qui compte plus de cinquante espèces, ont toutes le port et l'aspect général des graminées; leur fanage étant d'une substance raide, sèche et peu succulente, forme un mauvais aliment; les chevaux le mangent cependant à défaut d'autre nourriture quand il est vert; mais quand il est sec, il est trop dur et blesserait leur langue et leur palais. Le foin dans lequel il se rencontre en certaine quantité, doit donc à juste titre être réputé mauvais.

Ce genre fournit à nos foins des prés bas, les quatre espèces suivantes :

1° Schoin noirâtre; 2° schoin blanc; 3° schoin brun; 4° schoin marisque.

1° Le Schoin noiratre (*Schœnus nigricans*) à tiges hautes d'un peu plus d'un pied, grêles, nues et cylindriques; feuilles nombreuses, assez longues, étroites et aiguës, convexes sur leur dos et d'un vert foncé.

2° Le Schoin blanc (*Schœnus albus*), et

3° Le Schoin brun (*Schœnus fuscus*), tous deux trop petits pour être fauchés;

4° Le Schoin marisque (*Schœnus mariscus*), tige haute de trois à cinq pieds, feuillée et cylindrique; feuilles longues, presque triangulaires et pointues, larges de deux à cinq lignes, et garnies sur leurs bords et leurs angles postérieurs de petites dents aiguës et tranchantes.

§ III. — Plantes du genre Linaigrette (*Eriophorum*).

Ce genre, qui rassemble huit espèces, ne diffère que d'une façon bien peu sensible du genre scirpe, dont nous nous occuperons plus bas. — Comme lui habitant des prés bas dont il gâte les foins, il leur fournit les six espèces suivantes :

1° La Linaigrette commune ou à plusieurs épis (*Eriophorum polystachion*);

2° La Linaigrette à feuilles étroites (*Eriophorum angustifolium*);

3° La Linaigrette grêle (*Eriophorum gracile*);

4° — à gaîne (*Eriophorum vaginatum*);

5° — de Scheuchzer ou à tête (*Eriophorum Scheuchzeri*);

6° La Linaigrette des Alpes (*Eriophorum alpinum*).

Leur grande ressemblance avec les scirpes et leur petite

stature qui les soustrait à la faux, nous dispensent de les décrire.

§ IV. — Plantes du genre Scirpe *(Scirpus)*.

Ces plantes ne se distinguent essentiellement de quelques autres genres dont ils sont voisins, que par leurs organes reproducteurs; ils ont surtout de nombreux rapports avec les schoins. Ce serait donc tomber dans d'inutiles et fastidieuses répétitions que d'en entretenir nos lecteurs en détail. — Cependant, nous devons dire que leurs tiges fournissent des caractères spéciaux propres à les faire distinguer; elles sont ordinairement triangulaires comme les laiches ou comprimées à deux angles, et rarement cylindriques. Les feuilles ne constituent quelquefois qu'une gaîne allongée, serrée contre la tige et tronquée à son orifice.

Ce genre, que *Linnée* nomme *Scirpus*, compte 110 espèces, et fournit à nos foins des prés bas les neuf suivantes, qui, de même que toutes celles de cette famille, constituent un mauvais foin.

1° Le Scirpe des marais (*Scirpus palustris*);
2° — en gazon (*Scirpus cæspitosus*);
3° — des tourbières (*Scirpus bacæthothryon*);
4° — des lacs (*Scirpus lacustris*);
5° — triangulaire (*Scirpus triqueter*);
6° — faux carex (*Scirpus pseudo-carex*);
7° — maritime (*Scirpus maritimus*);
8° — en épingle (*Scirpus acicularis*);
9° — joncoïde (*Scirpus joncoïde*).

§ V. — Plantes du genre Souchet *(Cyperus)*.

Jusqu'ici nous avons vu les plantes de la famille des Cypéroïdes ne fournir à nos prés bas que des plantes inutiles; voici venir enfin un genre fort nombreux, puisqu'il comprend environ 120 espèces, et qu'il fournit à nos foins des prés humides et marécageux quatre espèces que nos herbivores recherchent et que l'on rencontre, par conséquent, avec plaisir dans leur composition; ces quatre sont les suivantes :

1° Le Souchet jaunâtre (*Cyperus flavescens*);
2° — brun (*Cyperus fuscus*);
3° — long (*Cyperus longus*);
4° — joncoïdes (*Cyperus joncoïdes*).

Toutes les espèces de ce genre ont de nombreux rapports avec celles des deux genres qui précèdent; toutes sont à tiges triangulaires, terminées par un épi en ombelle qui affecte aussi la forme deltoïde ; elles n'en diffèrent donc essentiellement que par leurs qualités nutritives. — Ces plantes sont assez abondantes parmi les foins récoltés dans les clairières des bois marécageux.

SECTION IV.

FAMILLE DES GRAMINÉES (FORMANT L'ORDRE NEUVIÈME).

Caractères botaniques.

Cette famille, reconnue par tous les botanistes comme très naturelle, a été divisée en 8 sections, qui résument 18 séries, ayant chacune des caractères différentiels; nous ne pouvons donner ici que des caractères généraux, applicables à tous les genres. — Deux calices, l'un extérieur ou glume, formé de deux valves ou écailles, et l'autre intérieur ou bale identiquement constitué; ces deux calices sont assez souvent surmontés d'arêtes. — La fleur porte trois étamines, quelquefois moins, rarement plus. L'ovaire est supérieur, il y a un ou deux styles, et le fruit se compose d'une graine nue au fond de chaque fleur.

Cette famille de plantes a beaucoup de rapports avec celle des souchets, et comprend un assez grand nombre de genres presque tous utilisés pour la nourriture des hommes et des animaux. — Elles entrent presque partout pour un peu moins de moitié dans la composition des foins.

Les plantes de cette famille sont toutes caulescentes, herbacées dans le plus grand nombre, et se ressemblent toutes, tant par leur port que par les parties de leur fructification. Leurs racines sont fibreuses et donnent naissance à des tiges cylindriques, articulées, fistuleuses ou pleines de moelle, suivant les espèces et le climat où elles croissent, et qu'on nomme *chaumes*. Les feuilles de ces plantes sont toujours alternes, très simples, sans véritables dentelures, quoique leurs bords soient souvent très rudes au toucher; ces feuilles sont allongées et linéaires, aiguës et quelquefois lancéolées, et portant des nervures longitudinales toujours parallèles qui les font paraître plus ou moins striées. — Toutes les feuilles embrassent la tige par une gaîne plus ou moins longue, fendue dans sa longueur du côté opposé à la feuille. Cette gaîne fortifie singulièrement ces plantes, dont la structure est telle que, quoique faibles en apparence, elles résistent aux vents les plus impétueux, pouvant se plier sans rompre. Le fruit de ces plantes est disposé en épi ou en panicule, et consiste toujours en une graine nue qui contient un corps farineux.

Les tiges et les feuilles des graminées contiennent un mucilage plus ou moins abondant et sucré qui est adoucissant et apéritif.

Cette intéressante famille végétale fournit à nos foins les nombreux genres qui suivent, sur les 70 qui la constituent:

1° Flouve; 2° alopécure; 3° fléau; 4° alpiste; 5° panic; 6° agrostis; 7° stipe; 8° houlque; 9° squenanthe; 10° aira; 11° melique; 12° dactyle; 13° cretelle; 14° reygrass; 15° elgme; 16° orge; 17° froment; 18° seigle (comme paille seulement); 19° brôme; 20° fétuque; 21° paturin; 22° amourette; 23° avoine; 24° roseau; 25° nard.

§ Ier. — Plantes du genre Flouve (*Anthoxanthum*).

Ce genre qui renferme quatre espèces, dont une seule est européenne et croît dans les prés secs et sur le bord des bois,

C'est la Flouve odorante (*Anthoxanthum odoratum*),

plante dont les tiges ont une odeur aromatique qui *embaume* les foins et forme naturellement des touffes fort grosses qui fleurissent dès les premiers jours du printemps; elle est fort recherchée des chevaux, entre dans la composition des meilleurs fourrages pour un sixième environ, et peut être coupée trois fois dans un été; — elle est petite et ne s'élève guère qu'à un pied. — Malheureusement elle est si précoce qu'elle meurt souvent avant la fauchaison.

§ II. — Plantes du genre Alopécure (*Alopecurus*).

Nommé encore *Vulpin*, ce genre qui comprend 10 à 12 espèces, presque toutes propres à entrer dans la composition des bonnes prairies naturelles, fournit le plus ordinairement à nos foins les cinq espèces suivantes :

Des prés de plaine. — 1° Le Vulpin des prés (*Alopecurus pratensis*); 2° le Vulpin des champs (*Alopecurus sylvestris*).

Des prés bas et marécageux. — 1° Le Vulpin grenouillé ou geniculé (*Alopecurus geniculatus*); 2° le Vulpin bulbeux (*Alopecurus bulbosus*); 3° le Vulpin agreste (*Alopeculus agrestis*).

Les deux premières espèces atteignent deux pieds de hauteur et se plaisent dans les terrains humides; aussi, c'est une graminée fréquente dans les foins des prés du nord de la France qui sont tous humides.

Le vulpin grenouillé que l'on rencontre dans les marais, les fondrières, sur le bord des étangs et des fossés, où il est très précoce, contribue à améliorer la qualité des foins dont il fait partie.

Quant aux deux autres espèces, l'une d'elles (le vulpin bulbeux) se rencontre avec le précédent, dont il partage les qualités; il améliore aussi la paille avec laquelle on le mêle dans certaines localités. — Enfin, le dernier (le vulpin agreste) quoique participant des bonnes qualités du précédent, ne peut être fauché; il est trop petit.

§ III. — Plantes du genre Fléau (*Phleum*).

Ce genre, que quelques botanistes appellent encore *fléole*, et que d'autres nomment *phléau*, contient neuf espèces, toutes croissant en Europe, et toutes éminemment propres à la nourriture des herbivores domestiques. Cependant, quatre seulement d'entre elles se rencontrent dans nos divers prés, où elles se distribuent de la manière suivante :

Aux prés hauts. — 1° La fléole des Alpes; 2° la fléole de Gérard.

Aux prés de plaine. — 3° La fléole des prés.

Aux prés bas. — 4° La fléole noueuse.

1° La Fléole des Alpes (*Phleum alpinum*) n'a guère que douze ou quinze pouces d'élévation, mais elle n'est pas coudée sur ses nœuds; les feuilles sont larges d'une ligne et demi, et longues de trois pouces au plus. — L'épi est cylindrique et terminal, long d'un pouce, velu et d'une couleur presque noirâtre.

2° La Fléole de Gérard (*Phleum Gerardi*) semble n'être qu'une variété de la précédente, c'est l'une des plantes le plus du goût des chevaux.

3° La Fléole des prés (*Phleum pratense*) a des tiges hautes de deux à quatre pieds, droites, glabres, articulées et feuillées; les feuilles sont larges de deux à quatre lignes, un peu rudes sur leurs bords et engaînantes; l'épi est terminal, cylyndrique et un peu grêle.

La fane de cette espèce est très abondante, et si l'on en faisait des prairies, on pourrait en obtenir jusqu'à trois coupes par an. — Au rapport de Linnée et d'Anderson, les chevaux préfèrent la fléole des prés à toute autre graminée.

4° La Fléole noueuse (*Phleum nodosum*). Cette espèce est plus petite et moins grande que la précédente; sa tige n'a guère qu'un pied ou quinze pouces; elle est feuillée et coudée à ses articulations. Ses feuilles, larges d'une à deux lignes, sont courtes et obliques; l'épi est cylindrique, terminal, long d'un pouce ou deux, un peu rude, blanchâtre ou panaché de vert.

La fléole noueuse est également recherchée par les chevaux, mais ses tiges étant couchées, et chacun de leurs nœuds prenant des racines qui donnent naissance à de nouveaux pieds, elles échappent parfois à la faux, qui ne tranche alors que des épis; aussi, la rencontre-t-on trop rarement dans les foins des prés bas.

§ IV. — Plantes du genre Alpiste *(Phalaris)*.

Ce genre comprend 10 ou 12 espèces, toutes susceptibles de fournir par leurs fanes de bons fourrages; il a beaucoup de rapports avec le genre précédent, et se cultive peu en Europe. — Nous nous bornerons ici à consigner le nom de deux espèces qu'il fournit aux prés hauts, renvoyant pour leur port et le degré d'appétence que les chevaux ont pour elles à ce que nous avons dit des fléoles noueuse et des prés.

Ces deux espèces sont :

1° La Phalaride fléole (*Phalaris fleoloïdes*);

2° ——— des Alpes (*Phalaris alpinus*).

§ V. — Plantes du genre Panic *(Panicum)*.

Ce genre de graminée renferme 139 espèces, dont la plupart, fort du goût de nos herbivores, peuvent être cultivées comme fourrage; 17 espèces se rencontrent en France, et parmi elles, il en est trois que l'on rencontre dans nos foins, où elles sont réparties de la manière suivante :

Aux prés hauts. — 1° Le panic pied-de-coq; 2° le panic sanguin;

Aux prés bas et humides. — 3° Le panic dactyle.

Il nous suffira de donner une idée du port de la première espèce pour qu'on se figure aisément les autres; car, dans les plantes graminées plus que dans celles des autres familles, les différences dans les espèces du même genre et souvent de genres voisins, sont presque nulles.

1° Le Panic pied-de-coq (*Panicum crus galli*) est une plante dont la tige est longue d'un à trois pieds, articulée et feuillée. — Les feuilles sont glabres, planes et larges de trois à six lignes; les épis n'ont point de barbe, sont alternes, un peu épais et anguleux.

Cette espèce se rencontre dans les terrains gras et humides du midi, où elle n'acquiert qu'un pied de haut; elle est recherchée avec passion par nos herbivores, mais seulement pendant qu'elle est jeune; car, lorsque ses graines sont mûres, ils n'y touchent plus.

2° Le Panic sanguin (*Panicum sanguineum*) se rencontre dans les mêmes lieux qui le précèdent, et les bestiaux en aiment également les fanes.

3° Le Panic dactyle (*Panicum dactylis*) croît dans les pâturages du bord des rivières; il aime les terrains sablonneux et susceptibles d'être inondés; tous nos herbivores l'aiment. Malheureusement, il s'élève peu : on le nomme vulgairement, *Chiendent pied-de-poule*.

Fraîches ou sèches, les feuilles et les tiges de panic sont une excellente nourriture pour les chevaux.

§ VI. — Plantes du genre Agrostide (*Agrostis*).

Ce genre comprend 33 espèces, dont 20 sont cultivées en Europe; il fournit à nos prés hauts et bas les 8 espèces suivantes qui constituent un médiocre fourrage.

Aux prés hauts.

1° L'Agrostide des Alpes (*Agrostis montana*);
2° ——— vulgaire (*Agrostis vulgaris*);
3° ——— des chiens (*Agrostis canina*);
4° ——— blanche (*Agrostis alba*);
5° ——— rouge (*Agrostis rubra*);
6° ——— tracante (*Agrostis repens*);
7° ——— colorée (*Agrostis colorata*);
8° ——— lancéolée (*Agrostis lanceolata*).

L'Agrostide des montagnes, ou des Alpes, est une plante à tiges menues, et n'ayant que cinq à six pouces d'élévation. Inspectées dans les foins, ces plantes n'offrent aucune articulation; celles-ci étant à l'origine de la tige, sont respectées par la faux.

Les autres espèces de ce genre sont analogues à celle-ci, et n'en diffèrent que par leur taille plus exiguë encore; aussi est-il rare d'en rencontrer dans les foins.

§ VII. — Plantes du genre Stipe *(Stipa)*.

Remarquable par la longue arête articulée dont sont pourvues toutes les plantes qui le composent; ce genre offre de nombreux rapports avec les avoines. Les plantes qui le constituent ont des tiges grêles, souples et pliantes, des feuilles étroites, roulées sur elles-mêmes à leurs bords en forme de jonc; elles sont tubulées, aiguës, coriaces et difficiles à rompre.

Ce genre fournit à nos foins des prés hauts, les trois espèces suivantes, sur les 26 qui le constituent.

1° La stipe empennée; 2° la stype jonc; 3° la stype chevelue.

1° La Stype empennée. (*Stipa pennata*). Cette plante est considérée par les botanistes comme la plus jolie graminée que nous connaissions en France; elle se distingue par ses arêtes en forme de long panache fin et plumeux qui surmonte ses fleurs. Ses autres caractères, sommairement énumérés plus haut, ne nous occuperont plus ici.

2° La Stype jonc (*Stipa juncea*). Les arêtes de cette espèce sont contournées en tous sens, glabres et un peu rudes; ce sont là les seuls caractères qui la différencient de la précédente.

3° La Stype chevelue (*Stipa capillata*) a été long-temps confondue avec celle *jonc;* elle en diffère cependant par ses feuilles qui sont plus larges, beaucoup moins roulées à leurs bords et pubescentes à leur face inférieure. — La dureté des feuilles de ces espèces en fait un fourrage médiocre.

§ VIII. — Plantes du genre Houlque *(Holcus)*.

Composé de six espèces qui croissent dans les prés de plaine des pays froids; ce genre est intéressant pour nous comme fournissant de bonnes plantes aux foins de nos prés de plaine par les trois espèces qu'il leur prête, et dont voici les noms :

1° Houlque laineuse; 2° houlque molle; 3° houlque odorante.

1° La Houlque laineuse (*Holcus lanatus*) est une plante assez jolie, velue, blanchâtre et molle.—Ses tiges sont droites, feuillées, hautes d'un pied et demi à deux pieds; ses feuilles sont larges de deux à trois lignes, molles, velues et remarquables par le duvet presque cotonneux dont leur gaîne est chargée. Les fleurs viennent en pannicule terminale, longue de quatre à six pouces, molle, velue ou comme cotonneuse; elle est élégante autant par sa forme que par sa couleur blanche, plus ou moins mêlée de pourpre et de violet.

2° La Houlque molle (*Holcus mollis*). Cette espèce, souvent très abondante dans les prés moyens, est presqu'en tout semblable à la précédente; la floraison seulement les distingue, la fleur de celle-ci est plus étroite, moins garnie et d'un blanc sale ou jaunâtre, mêlée de roux et de violet. Une autre distinction encore, c'est que la gaîne des feuilles est glabre.

Toutes deux constituent un excellent fourrage que les chevaux recherchent avec avidité; leur fane est abondante, précoce et de bonne qualité.

§ IX. — Plantes du genre Squenanthe *(Andropogon)*.

Plus généralement connu sous le nom de *Barbon;* ce genre de graminées, qui réunit une cinquantaine d'espèces, a été confondu par quelques auteurs avec les panics et les cretelles dont il est voisin.

Deux espèces se trouvent sur la liste de Bosc parmi les bonnes plantes des prairies hautes, ce sont :

1° Le barbon pied-de-poule; 2° le barbon double épi.

1° Le Barbon pied-de-poule (*Andropogon ischemum*) porte des tiges hautes d'un ou deux pieds et des feuilles étroites et planes; les épis forment un faisceau au sommet de chaque tige.

2° Le Barbon double épi (*Andropogon distachion*) ne s'élève qu'à un pied et demi; la tige et les branches portent deux épis réunis en faisceaux, longs d'un pouce à deux, et violets. Les feuilles sont graminées, assez longues, larges de deux lignes, et quelquefois munies de poils rares à leur origine. — Cette plante croît dans les départemens méridionaux de la France.

§ X. — Plantes du genre Aira (*Aira*).

Nommé encore *Canche* ou *Foin*; ce genre, long-temps confondu avec les avoines, est composé de 18 espèces, dont 4 seulement se rencontrent dans nos foins : ce sont de bonnes plantes, riches en sucre et en mucilage, et qui par la finesse de leurs tiges et de leurs feuilles, entrent dans la composition des foins de première qualité. Il faut cependant excepter de cette proposition l'espèce qui croît dans les prés bas, et qui, bien que contribuant à bonifier les récoltes dont elle fait partie, est cependant bien distincte des premières. Voici les noms de ces quatre espèces :

Dans les prés hauts. — 1° La canche flexueuse; 2° la canche pâle; 3° la canche élevée;

Dans les prés bas. — 4° La canche aquatique.

1° La Canche flexueuse (*Aira flexuosa*). C'est une jolie plante qui produit quand sa pannicule est ouverte, en effet fort agréable à cause de la brillante couleur de ses balles et de la finesse des rameaux qui les portent. Sa tige grêle et un peu faible est communément rougeâtre, peu feuillée et s'élève quelquefois jusqu'à dix-huit pouces; ses feuilles très menues ont l'apparence de gros fils vert ou de petits joncs. C'est l'une des plantes les plus succulentes qui puissent entrer dans la composition du foin. Cette espèce, ainsi que toutes les autres, est malheureusement un peu grêle.

2° La Canche pale (*Aira canescens*) ne diffère de la précédente que par l'aspect terne de sa pannicule.

3° La Canche élevée (*Aira altissima*). Ses tiges sont menues, glabres, à nœuds fort distans les uns des autres, et hautes de trois pieds à peu près; ses feuilles sont longues, larges d'une ligne au plus, et rudes au toucher quand on les glisse entre les doigts de haut en bas. Ses fleurs sont disposées en pannicule ample et large de huit ou dix pouces.

4° La Canche aquatique (*Aira aquatica*) offre des tiges droites, feuillées et hautes de quinze à dix-huit pouces; ses feuilles sont glabres et larges de deux lignes environ, caractère qu'elle doit aux lieux qui la nourrissent.

§ XI. — Plantes du genre Mélique (*Melica*).

Presque toutes les plantes qui composent ce genre, qui réunit 24 espèces, sont fort du goût des chevaux, et entrent par conséquent dans la composition des bons foins.

Quatre espèces se rencontrent dans nos prés, où elles se distribuent de la façon suivante :

Dans les foins des prés hauts. — 1° La mélique ciliée;

Dans les foins des prés de plaine. — 2° La mélique penchée; 3° la mélique uniflore; 4° la mélique bleue.

1° La Mélique ciliée (*Melica ciliata*) est remarquable par son élégance, les chevaux la recherchent beaucoup; elle croît de bonne heure et en touffes isolées. — Sa tige est menue, droite, feuillée dans le bas, presque nue supérieurement et haute d'environ dix-huit pouces; ses feuilles sont alternes, étroites, pointues, linéaires et légèrement rugueuses quand on passe les doigts sur leurs faces de haut en bas. — Sa pannicule est étroite et longue de trois ou quatre pouces.

2° La Mélique penchée (*Melica nutens*), et

3° La Mélique uniflore (*Melica uniflorus*), se rencontrent dans les foins recueillis dans les prairies ombragées; les chevaux en sont friands, et ceux que l'on met pendant l'été au vert dans certains bois, s'en nourrissent principalement. Les caractères que nous avons donné à la mélique ciliée, leur sont applicables.

4° La Mélique bleue (*Melica azurea*) croît en abondance dans les terrains argileux et dans les landes; elle abonde en France dans plusieurs localités, sur pied et en vert, les chevaux mangent ses jeunes pousses; mais mûre, elle devient coriace et ils la dédaignent. L'économie domestique en use alors d'une foule de manières, mais l'économie rurale ne s'en sert que pour se procurer de la litière.

Feu Victor Yvart préconisait aussi comme fourrage, la mélique de Sibérie (*Melica Siberica*) qu'il disait précoce, abondante, de bonne qualité et pouvant croître sur toute espèce de sol.

§ XII.—Plantes du genre Dactyle (*Dactylis*).

Ce genre a quelques rapports avec les *Cretelles;* il est composé de 15 espèces, dont la grandeur varie, depuis trois pouces jusqu'à quatre pieds; elles sont toutes étrangères à la France, excepté la deuxième ou Dactyle pelotonné (*Dactylis glomerata*) que l'on rencontre assez fréquemment dans les foins récoltés dans les prés de plaine.

Cette graminée est remarquable par la rudesse et l'aspérité du bord de ses feuilles; ses tiges sont droites, articulées, feuillées, glabres et hautes de trois pieds; ses feuilles sont longues, larges de trois ou quatre lignes et rudes au toucher. — La pannicule est verdâtre, quelquefois panachée de violet et composée de rameaux lâches qui soutiennent des épillets nombreux, mais petits, serrés, comprimés et ramassés en peloton, d'où l'adjectif pelotonné donné à la plante.

Cette plante, que M. *Grognier* nomme la première parmi

les bonnes, est, au dire de cet auteur, la plus répandue des graminées et peut-être de toutes les espèces végétales qui peuplent le globe.

§ XIII. — Plantes du genre Cretelle *(Cynosurus)*.

Assez semblables aux panics, les plantes de ce genre ont toutes le même aspect et varient dans leur grandeur; les plus petites ont quelques pouces, les plus grandes, deux à trois pieds; on en compte 9 espèces, dont 5 seulement appartiennent à l'Europe. — L'une d'elles, la CRETELLE DES PRÉS (*Cynosurus cristatus*) fournit un bon fourrage à nos prés hauts.

Sa tige est grêle, presque nue et haute de deux pieds environ; ses feuilles sont glabres, un peu courtes et larges d'une ligne; l'épi long de trois pouces est allongé et non interrompu.

§ XIV. — Plantes du genre Ivraie *(Lolium)*.

Composé de 5 espèces, ce genre fournit à nos prés deux espèces, réparties comme il suit :

Aux prés hauts. — 1° L'ivraie menue ;

Aux prés de plaine.—2° —— vivace.

1° L'IVRAIE MENUE (*Lolium tenue*) ne diffère de l'espèce qui suit que par la finesse de ses feuilles; nous ne nous y arrêterons donc pas ici.

2° L'IVRAIE VIVACE (*Lolium perenne*), c'est le rey-grass des Anglais. Cette espèce est l'une des plantes les plus communes de l'Europe, et l'un des fourrages les plus nourrissans.— On la trouve partout où le terrain n'est pas extrêmement aride ou trop marécageux; elle couvre presque tous les lieux où il est gras et frais. Mieux qu'aucune autre graminée, elle résiste au piétinement des hommes et à la dent des bestiaux; elle s'étend en rampant sur la terre, est d'un vert foncé qui plaît à l'œil, pousse de très bonne heure au printemps, et brave avec autant de succès les grands froids que les grandes chaleurs.

Cette plante fournit un excellent fourrage, seulement un peu dur quand il est fauché trop tard. — Les Anglais en font, non des prairies, mais des pâturages qu'ils laissent subsister deux ou trois ans. — L'ivraie n'est dure sous la dent, que lorsqu'elle est montée en graine.

§ XV. — Plantes du genre Elyme (*Elymus*).

Dix espèces se groupent autour de ce genre; mais une seule, l'Elyme d'Europe (*Elymus Europeus*) croît dans les prés hauts de la France.

Cette plante porte une tige droite, articulée, et dont la hauteur varie jusqu'à quatre pieds; ses feuilles sont longues d'un ou deux pouces, ont trois ou six lignes de largeur, et sont, suivant les qualités, glabres ou velues, blanches ou glauques; l'épi, haut de trois à six pouces environ, est pourvu de barbe, dont la longueur se mesure sur celle de l'épi; c'est un bon fourrage.

§ XVI. — Plantes du genre Orge (*Hordeum*).

La plante qui forme le type des espèces de ce genre, est l'objet d'une culture générale et la première céréale employée à la nourriture de l'homme; elle offre un grand nombre de variétés qui presque toutes se cultivent en France, et dont nous nous occuperons en parlant des pailles.

La plupart des terrains, pourvu qu'ils ne soient pas complètement stériles ou marécageux à l'excès, conviennent à l'orge; cependant, c'est principalement dans les prés secs qu'elle se rencontre, et les deux espèces suivantes s'y plaisent principalement.

1° L'orge des murs; 2° l'orge séglin.

1° L'Orge des murs (*Hordeum marinum*). Cette plante est une des plus communes : on la rencontre partout dans les lieux secs. Sa tige s'élève d'environ un pied; elle est garnie de feuilles molles, étroites, un peu rudes, légèrement velues, tant sur les bords qu'aux deux surfaces, leur gaîne est glabre et fortement striée. L'épi est serré, un peu aplati, long d'environ deux pouces et garni de barbes très longues et rudes.

2° L'Orge séglin (*Hordeum secalinum*) a beaucoup de rapport avec l'espèce précédente, on les a même long-temps confondues ; cependant ses tiges sont beaucoup plus grêles, bien moins garnies de feuilles, et s'élèvent jusqu'à deux pieds et quelquefois davantage. Ses feuilles sont glabres et à peine larges d'une ligne et demi. L'épi est menu, assez souvent coloré de pourpre, et les barbes qui le décorent sont très fines, et beaucoup plus courtes que dans l'espèce précédente.

Les fanes de l'orge sont abondantes et extrêmement recherchée des chevaux.

Nous ne terminerons pas cet article sans dire un mot de l'Orge hexastique (*Hordeum hexasticum*) vulgairement escourgeon ; cette espèce est souvent cultivée en grand pour être fauchée avant l'apparition des épis, et donnée en vert aux chevaux qui en sont friands. Elle contient alors une sève sucrée d'un goût fort agréable. Mais, je le répète, il faut que les épis n'aient point encore percé la gaîne des feuilles, sans quoi leurs barbes pourraient blesser le palais des chevaux.

§ XVII. — Plantes du genre Froment (*Triticum*).

Ce genre de gaminées, qui comprend 24 espèces, ne diffère essentiellement des *Bromes*, des *Fétuques*, des *Paturins* et des *Brizes*, que parce que dans ceux-ci, les épillets pareillement multiflores sont pédonculés et disposés en grappes ou en panicule. Aussi, les espèces de ces différens genres, qui ont leurs épillets sessiles, peuvent facilement être confondues avec les fromens.

Le Froment rampant (*Triticum repens*), qui entre dans la composition des foins des prés de plaine, est l'une des graminées les plus remarquables par les ravages que ses racines rampantes exercent dans les lieux cultivés. Ses tiges sont droites, feuillées, garnies de trois ou quatre articulations, et s'élèvent à la hauteur de 2 pieds environ. Les feuilles sont longues, larges de 2 ou 3 lignes, molles, vertes et velues supérieurement. L'épi est un peu grêle, long de 3 ou 4 pouces, et formé d'épillets alternes que l'on distingue de ceux des ivraies, parce qu'ils présentent un côté plat à l'axe qui les soutient, et non un côté tranchant.

C'est en parlant du froment commun que Tessier a dit : « C'est « le plus beau présent que la nature ait fait à l'homme, l'article le plus important de la richesse territoriale, le but le « plus général de la culture en Europe. » — Cette plante entrerait assurément dans la composition des meilleurs foins, si elle n'était cultivée pour les besoins de l'homme. Le froment en herbe est fort recherché par les chevaux, qu'elle rafraîchit au printemps et qu'elle dispose à l'engrais.

Parmi les 24 espèces qui composent le genre, on en distingue 11 à tiges creuses, 11 à tiges pleines, et 2 dont les tiges sont demi-pleines.

§ XVIII. — Plantes du genre Brôme *(Bromus)*.

Parent avec les avoines, les fétuques et le froment, ce genre a cependant des caractères botaniques bien distincts, mais qui ne doivent pas nous occuper ici. Quatre espèces de ce genre se rencontrent dans nos prés, ce sont :

Dans les prés hauts. — 1° Le brôme seglin;

Dans les prés de plaine. — 2° Le brôme des prés; 3° le brôme des champs; 4° le brôme élancé.

1° Le Brôme seglin (*Bromus secalinus*), dont la tige est d'environ 2 pieds, droite et garnie de quelques feuilles planes, molles, velues, nerveuses et larges de 2 à 3 lignes; sa panicule est droite, un peu resserrée et longue de 4 à 5 pouces;

2° Le Brôme des prés (*Bromus pratensis*), croît dans les champs et les prés secs;

3° Le Brôme des champs (*Bromus sylvaticus*), des mêmes lieux, et qu'on trouve aussi dans les bois;

4° Le Brôme élancé (*Bromus gigantus*), qui se récolte dans les prés montueux autant que dans ceux de plaine, et se fait remarquer par sa taille qui dépasse quelquefois 5 pieds.

Ces 4 espèces, qui constituent un bon fourrage, ne se distinguent que difficilement des autres graminées; nous n'en donnerons donc aucune description. Nous dirons seulement que la rudesse de leurs barbes, qui excorient le palais, diminue leurs bonnes qualités.

§ XIX. — Plantes du genre Fétuque (*Festuca*).

50 espèces composent ce genre; 15 entrent dans la composition des bons foins, suivant la répartition que voici :

Dans les foins des prés hauts.

1° La Fétuque ovine (*Festuca ovina*);
2° —— rougeâtre (*Festuca rubra*);
3° —— glauque (*Festuca glauca*);
4° —— cendrée (*Festuca cinerea*);
5° —— de Haller (*Festuca Halleri*);
6° —— tardive (*Festuca serotiva*);
7° —— dorée (*Festuca aureata*);
8° —— des prés (*Festuca pratensis*);
9° —— naine (*Festuca curta*);
10° —— suisse (*Festuca helvetica*);
11° —— velue (*Festuca pillata*).

Des prés bas.

1° La Fétuque ivraie (*Festuca loliacea*);
2° —— élevée (*Festuca eliator*);
3° —— flottante (*Festuca fluitans*);
4° —— à queue de rat (*Festuca myuros*).

Ce genre, en général, est trop voisin des brômes pour que nous ne nous bornions pas à une simple indication des espèces qui croissent dans nos prés. Disons cependant qu'il en diffère essentiellement par la taille, car presque toutes les fétuques sont bien petites pour être toujours fauchées avec succès. Une seule espèce mérite une mention particulière, c'est la *Fétuque flottante*.

Fétuque flottante (*Festuca fluitans*), qui croît dans les eaux stagnantes ou sur les vases qui sont la suite de leur desséchement momentané; elle devrait, au dire de Bosc, être semée dans tous les lieux qui lui conviennent, car sa fane est un des meilleurs fourrages, à raison de son abondance, de sa saveur et de son peu de dureté. Sa graine est une excellente nourriture pour l'homme et la volaille, cette semence est appelée en plusieurs endroits *manne* de Pologne. En France, on coupe fréquemment la fane de la fétuque flottante pour la faire consommer en vert.

On pourrait encore, à bon droit, préconiser comme bon foin, la fétuque inclinée.

§ XX. — Plantes du genre Paturin (*Poa*).

La plus grande partie des espèces de ce genre est extrêmement du goût des chevaux, fournit une fane abondante, et constitue le fond des bons prés. On rencontre des individus de ce genre dans les foins des trois expositions que nous avons établies, et partout ce sont de bonnes plantes, riches en principes nutritifs, agréables par leur odeur, et facilement digérées.

Ce sont les trois premières espèces de ce genre qui entrent principalement dans la composition du foin fin, dont l'odeur est si suave, la saveur si fort du goût des chevaux, et qui se vend toujours le plus cher.

Ce genre, qui réunit plus de 100 espèces, fournit à nos prés les 15 suivantes :

Aux prés hauts.

1° Le paturin comprimé;
2° —— bulbeux;
3° —— élégant;
4° —— de Molinieri;
5° Le paturin à deux rangées;
6° —— millet;
7° —— en crête.

Aux prés de plaine.

8° Le paturin rude ;
9° —— des prés ;
10° Le paturin à feuilles étroites ;
11° —— annuel.

Aux prés bas.

12° —— flottant ;
13° —— aquatique ;
14° —— des marais ;
15° —— canche.

Nous allons assigner ici à quelques-unes de ces espèces, les caractères *palpables* qui leur appartiennent.

1° Le Paturin comprimé (*Poa contracta*). Cette espèce se distingue par ses tiges qui sont plates, comprimées à deux angles opposés, flexueuses à leur base, striées et verdâtres, élevées à un peu plus d'un pied de hauteur ; elles sont garnies de feuilles glabres, larges d'une ligne et plates. La pannicule est un peu étroite, plus ou moins resserrée, et longue de deux ou trois pouces.

2° Le Paturin bulbeux (*Poa bulbosa*). La base des tiges de cette plante est enveloppée par les gaînes de plusieurs feuilles ; ses tiges sont droites, nues supérieurement, et garnies à leur base de feuilles nombreuses, courtes, étroites, glabres, ayant une gaîne garnie d'une membrane mince, très blanche, aiguë et fort saillante.

3° Le Paturin élégant (*Poa elegans*), quoique fort joli, ne nous occupera pas ; sa tige ne s'élevant qu'à sept ou huit pouces de terre, n'est presque jamais fauchée avec avantage pour les foins.

4° Le Paturin a deux rangées (*Poa bifaria*) a des tiges étroites et hautes d'un pied, garnies de feuilles glabres, linéaires et aiguës, dont les supérieures parviennent à peine à la hauteur des tiges ; sa pannicule est étroite, allongée, composée de pédoncules, courts, ouverts à demi, verticillés et chargés d'épillets nombreux et très petits.

5° Le Paturin a crête (*Poa cristata*) ; sa tige est haute d'un à deux pieds, grêle, droite et garnie de feuilles planes, légèrement velues, de la longueur des entre-nœuds, aiguës, et dont la gaîne est garnie d'un duvet léger et cotonneux.

— La pannicule forme un épi presque cylindrique, resserrée vers le haut, et assez ordinairement à rameaux écartés. Cette plante est fort commune dans les prairies du midi de la France.

6° Le Paturin rude (*Poa aspera*). Cette espèce se distingue par son port et sa grandeur; ses tiges s'élèvent à plusieurs pieds de haut : elles sont rameuses, cylindriques, glabres, dures, très lisses, garnies de feuilles larges, approchant de celles des roseaux, longues, aiguës, dures sur leurs deux faces et légèrement dentées sur leurs bords. La pannicule est très ample, rameuse, fort étalée et rude au toucher.

7° Le Paturin des prés (*Poa pratensis*). Cette espèce est une des plus communes dans les prés; ses tiges sont droites, fermes, cylindriques, hautes de trois à quatre pieds, garnies de feuilles planes et rudes sur leurs bords. La pannicule est étalée, composée d'anneaux rudes et inégaux. Les épillets sont d'un vert jaunâtre, aigus et comprimés.

8° Le Paturin a feuilles étroites (*Poa angustifolia*). On distingue cette espèce à ses feuilles longues, étroites et roulées en dedans; ses tiges sont droites, fermes et cylindriques. La pannicule est verdâtre ou un peu violette, peu étalée et chargée d'épillets nombreux.

9° Le Paturin annuel (*Poa annua*) ne se distingue de la précédente espèce que par ses tiges qui s'élèvent moins, sont comprimées et légèrement coudées à leurs articulations.

Il est à regretter que sa stature ne permette pas toujours de le faucher avec profit, car les chevaux l'aiment avec passion. — Les Anglais le nomment *suffolk-grass.*

10° Le Paturin aquatique (*Poa aquatica*). Cette espèce est la plus belle du genre que nous connaissions: elle se distingue par son ample et belle pannicule, par ses nombreux épillets d'un jaune agréable ou panaché de jaune, de vert et de blanc; ses tiges atteignent en hauteur six pieds et plus, et sont, ainsi que les feuilles, d'une couleur vert glauque; ces dernières sont grandes, larges de trois ou quatre lignes, glabres, très aiguës et garnies à l'orifice de leur gaîne, d'une membrane courte et jaunâtre. La pannicule a quelquefois un pied de long; les épillets sont ovales et obtus.

Nos herbivores domestiques aiment cette espèce quand elle est jeune, et la dédaignent plus tard. *Arthur Young* rapporte qu'on en forme en Angleterre des prairies qui remplacent fort fructueusement les diverses plantes marécageuses dans un lieu où les autres graminées ne peuvent croître.

11° Le Paturin des marais (*Poa palustris*). Les racines de cette espèce supportent des tiges qui s'élèvent à la hauteur de deux ou trois pieds, sont garnies de feuilles assez longues, arides, mais dures, de couleur glauque dans leur jeunesse, presqu'épineuses lorsqu'elles sont anciennes et garnies alors, à leurs nervures postérieures, de petites dents qui les rendent très rudes au toucher. La pannicule est diffuse, de forme pyramidale, longue de six ou sept pouces, et composée d'épillets oblongs, pointus, de couleur verte, mêlée de rouge et de brun. Cette espèce est la moindre de toutes celles que nous avons nommées.

§ XXI. — Plantes du genre Amourette (*Briza*).

Voisin des paturins et nommé encore brize, ce genre auquel quelques botanistes ont réuni le genre uniole, comprend huit espèces, dont trois originaires des près hauts se rencontrent dans les foins de cette localité; ce sont les suivantes :

1° La Brize à gros épillets (*Briza maxima*);
2° —— verdâtre (*Briza virens*);
3° —— vulgaire (*Briza vulgaris*).

Ces plantes sont robustes, leur pannicule très ramifiée et comme tremblante à cause de la minceur des pédoncules qui soutiennent les épillets, manque souvent dans les espèces que l'on rencontre dans nos foins; la dessiccation, le bottelage, etc., etc., les font tomber. C'est un bon fourrage.

Des trois individus que nous venons d'énumérer, les deux dernières n'atteignant que six ou sept pouces d'élévation, ne sont que rarement fauchées et se perdent trop facilement pendant la manipulation des fourrages, pour que nous croyons devoir nous en occuper ici.

La Brize a gros épillets est une belle espèce dont les tiges peu nombreuses gagnent par la hauteur de leurs épillets ce qu'elles perdent par leur nombre; sa tige est droite, haute d'un pied environ, et garnie de deux ou trois feuilles planes, larges d'une ligne et demie, et quelquefois un peu velues sur leurs gaînes.

§ XXII. — Plantes du genre Avoine (*Avena*).

Ce genre, composé de 40 espèces, fournit douze ou treize individus à nos prés hauts et de plaine; plusieurs d'entre eux sont de trop petite stature pour pouvoir se rencontrer dans les foins de ces localités, et c'est dommage; car toutes les plantes de ce genre fournissent d'excellentes fanes ou de bons pâturages. — Nous n'en ferons point ici une description particulière, car, si aux caractères généraux de la famille que nous avons indiqués sommairement au commencement de ce long chapitre, les plantes de ce genre en joignent qui leur soient particuliers; ils sont si bien et si généralement connus, que nous ne nous y arrêterons pas.

Voici la liste des espèces d'avoine que l'on rencontre dans nos prés :

Hauts.

1°	L'avoine toujours verte;		6°	L'avoine en alène;	
2°	—	pubescente;	7°	—	canche;
3°	—	à deux rangs;	8°	—	jaunâtre;
4°	—	bigarrée;	9°	—	molle;
5°	—	améthiste;	10°	—	odorante.

De plaine.

11°	—	des prés;	13°	—	laineuse.
12°	—	élevée;			

Nous citerons parmi ces espèces celles pubescente, distique et élevée.

1° L'Avoine pubescente (*Avena pubescens*), espèce fort jolie par le luisant et la belle couleur de ses épillets; cette plante atteint en hauteur deux ou trois pieds; ses feuilles sont velues et larges de trois lignes.

2° L'Avoine a deux rangs (*Avena distachia*), l'une des plus petites espèces du genre; elle a un aspect tout-à-fait particulier par la disposition de ses feuilles; mais nous n'en parlerons pas plus longuement ici, son exiguïté la soustrayant à la faux.

3° L'Avoine élevée (*Avena eliator*), quoique d'une qualité inférieure aux autres, est une des graminées de nos prairies humides qui produit un des meilleurs fourrages et des plus abondans. Cette plante est le *ray-grass* des Français et se nomme encore *fromental*.

§ XXIII. — Plantes du genre Roseau (*Arundo*).

Une seule espèce de ce genre, qui en réunit vingt environ, se rencontre dans nos foins des prés bas : c'est le Roseau commun (*Arundo vulgaris*) que l'on distingue facilement à ses tiges élevées, grosses comme un tuyau de plume, du reste, remplies d'un suc aqueux souverainement pauvre en principes alibiles; ses feuilles, d'un vert foncé supérieurement, vert cendré inférieurement, sont longues, lancéolées, abondamment fournies d'eau de végétation, et constituent, ainsi que la plante entière, un fort mauvais fourrage.

Il est cependant des espèces de ce genre qui pourraient fournir une bonne nourriture, soit par leurs tiges, soit par leurs feuilles. — Au nombre des premiers, nous citerons le Roseau a balai (*Arundo phragmites*) dont les bestiaux recherchent les feuilles vertes au printemps, et que *Bosc* conseille de couper deux fois par an, en raison de l'excellence de son fourrage.

Pour les seconds, nous indiquerons le ROSEAU EN QUENOUILLE (*Arundo donax*), dont les feuilles peuvent être avantageusement employées à la nourriture des animaux; et qui, étant sèches, pourraient remplacer assez facilement la paille.

§ XXIV. — Plantes du genre Nard (*Nardus*).

Ce genre ne comprend que trois espèces, et en fournit une seule à nos prés hauts : c'est le NARD SERRÉ (*nardus stricta*), dont les feuilles sont coriaces, et qui constitue un fourrage médiocre. Heureusement elle est petite, et partant, rare dans les foins.

Les plantes de ce genre ont une odeur aromatique suave et particulière qui leur a valu le nom qu'elles portent, et dont l'origine est celtique (*ar*, odeur).

Ce genre termine notre exposé des plantes de la famille des graminées, et notre troisième chapitre.

CHAPITRE IV.

COMPRENANT LES PLANTES FOURRAGÈRES, APPARTENANT AUX FAMILLES QUI CONSTITUENT LA CLASSE III DE JUSSIEU.

Plantes monocotylédones, phanérogames ou à sexes distincts, et à étamines périgynes ou insérées autour du calice.

SECTION Ire.

FAMILLE DES JONCINÉES. (FORMANT L'ORDRE TROISIÈME.)

Caractères botaniques.

Calice composé de six folioles égales, coriaces et persistantes; corolle nulle. Six étamines opposées à chacune des divisions du calice; ovaire supérieur, ovale; un style à trois stygmates, et une capsule à trois loges qui contiennent chacune des graines en nombre indéterminé.

Cette famille naturelle a d'une part de grands rapports avec les graminées et les souchets, et semble de l'autre se rapprocher des asperges. — Les plantes qui la constituent, sont des herbes à feuilles, soit simplement alternes, soit placées à la racine de la plante, toujours également très simples. Ressemblant souvent à celles des graminées par leur forme, les feuilles sont comme elles, engaînées à leur base, du moins les inférieures.

La fructification des plantes joncinées est variable selon les genres; nous ne nous en occuperons pas en général, mais nous indiquerons ce mode, en traitant de chaque genre en particulier.

Composée de quatre genres, cette famille ne fournira à notre examen que les deux suivans :

1° Jonc; 2° luzule.

§ Ier. — Plantes du genre Jonc (*Juncus*).

En général, les plantes qui appartiennent à ce genre, ont leurs tiges menues, effilées, souvent nues et sans nœuds; leurs fleurs sont petites, disposées en pannicules plus ou moins lâches, soit en tête, soit par des épis distincts. — Ces herbes ressemblent, par leur port en général, à celles qui composent le genre des scirpes et des souchets. — Les 60 espèces qui constituent ce genre, fournissent à nos prés hauts et bas, les huit suivantes :

Aux prés hauts.	*Aux prés bas.*
1° Le jonc noirâtre;	5° Le jonc aggloméré;
2° — à trois bractées;	6° — épars;
3° — bulbeux;	7° — des crapauds;
4° — cendré.	8° — articulé.

Parmi les espèces des prés hauts, celles indiquées sous les numéros 1, 2 et 4 ne s'élevant qu'à cinq ou six pouces du sol, ne peuvent être fauchées avec succès; nous ne nous y arrêterons donc pas : nous dirons seulement que la deuxième, au dire de *Lamarck*, ressemble beaucoup à la plante que *Linnée* a nommée SCHOIN FERRUGINEUX (*schœnus ferrugineus*), et nous nous arrêterons aux cinq suivantes :

1° LE JONC BULBEUX (*Juncus bulbosus*). Cette espèce est l'une des plus communes du genre qui croissent en Europe. Quoiqu'indiquée par *Bosc* comme appartenant aux prés hauts, il lui faut cependant de l'humidité pour croître, et assez souvent les marais la renferment. — Ses tiges sont très menues, légèrement comprimées et hautes d'un peu plus d'un pied; elles sont simples et effeuillées inférieurement. Les feuilles sont linéaires, très étroites, canaliculées et pointues. — C'est un mauvais fourrage.

2° LE JONC AGGLOMÉRÉ OU GLOMÉRULÉ (*Juncus glomeratus*). Les tiges de cette espèce sont disposées en faisceau, droites, lisses, cylindriques, pleines de moelle et arquées à leur sommet. — La plante atteint communément un pied ou un pied et demi de haut; ses feuilles sont radicales, droites, en petit nombre, cylindriques, aiguës comme les tiges, mais moins longues qu'elles, et les enveloppant inférieurement par leur gaîne. Les fleurs sont petites, nombreuses, roussâtres et amassées en un peloton situé à la partie supérieure de la tige. Leur aspect est absolument identique à celui des fleurs d'oignons, et forme comme elles une pelote assez bien arrondie. — Il est peu de personnes qui ne connaissent ce jonc : c'est lui qui croît si abondamment dans les petits fossés qui bordent les chemins, ainsi que dans les marais et les lieux humides.

Quoique tendre en apparence, cette espèce n'est point du goût des chevaux.

3° Le Jonc épars (*Juncus diffusus*). Un peu plus grand que l'espèce qui précède, il en diffère principalement par la pannicule lâche. — Ses tiges sont hautes de deux pieds ou un peu plus, droites, lisses, cylindriques, pleines de moelle et terminées par une pointe aiguë, droite, mais sans raideur. Les feuilles de cette plante naissent de la racine et sont comme la tige, droites, aiguës, courtes et resserrées contre cette dernière qu'elles embrassent contre leur base, qui forme ainsi des gaînes membraneuses d'un rouge brun. — Ce jonc est très commun dans les marais, les lieux humides et les fossés.

Cette espèce partage les propriétés économiques du *jonc glomérulé*.

4° Le Jonc des crapauds (*Juncus bifonius*). Quoique cette espèce soit la seule du genre que les chevaux mangent sans répugnance; nous ne nous y arrêterons pas, elle est trop petite pour la rencontrer dans les foins, sa taille n'étant guère que d'un demi-pied.

5° Le Jonc articulé (*Juncus articulatus*). Cette espèce est remarquable par les articulations dont ses feuilles sont pourvues. — Ses tiges n'atteignent guère que six ou neuf pouces; elles sont menues, garnies de quelques feuilles et terminées par une pannicule lâche disposée en ombelle; les feuilles, également menues, sont *ovoïques*, c'est-à-dire qu'elles ont la forme d'un cylindre comprimé, et, chose remarquable, elles sont articulées, aiguës, droites, et plus courtes que la tige qu'elles embrassent de leur gaîne. Cette espèce est au moins aussi commune que le jonc épars.

Sans être de leur nature malfaisantes, ces plantes déplaisent aux chevaux, parce qu'elles sont dures, pauvres en principes nutritifs et armées de pointes aiguës qui blessent leur palais.

§ II. — Plantes du genre Luzule (*Luzula*).

Ce genre, absolument voisin du précédent, et composé de 24 espèces, fournit à nos prés hauts les sept espèces suivantes, qui heureusement sont trop petites pour pouvoir toujours être fauchées avec succès.

1° La luzule blanc de neige;
2° —— blanchâtre;
3° —— jaune;
4° —— marron;
5° —— des champs;
6° —— en épi;
7° —— en grappe.

Nous avons vu en parlant des joncs, que les feuilles de ces plantes étaient glabres et cylindriques; les luzules en diffèrent par les leurs qui sont planes et vêtues. Au reste, ce que nous avons dit des premiers, leur est en tout point applicable.

SECTION II.

FAMILLE DES ALISMACÉES. (FORMANT L'ORDRE CINQUIÈME.)

Caractères botaniques.

Ces plantes ne se distinguent des joncinées, dont elles formaient d'abord une section, que par la pluralité des ovaires qui varient de 3 à 10, ayant chacun un style particulier; et le nombre de leurs étamines qui loin d'être fixe, varie ordinairement de 6 à 9, et s'élève même à 20, au dire de *Mérat*.

Nous ne donnerons point ici les caractères généraux de cette famille. L'opinion de quelques botanistes qui l'a confondue avec celle des joncs, suffisant, à notre avis, pour expliquer combien peu sont sensibles les différences qui les séparent; nous dirons seulement que sur les six genres qui la composent, deux se rencontrent dans nos foins des prés bas : ce sont les suivans :

1° Fluteau; 2° scheuchzérie; cette dernière, trop petite pour ne pas se perdre avant le bottelage quand elle est fauchée, ne nous occupera pas.

§ unique. — Plantes du genre Fluteau (*Alisma*).

Ce genre comprend neuf espèces, dont une, le *fluteau plantaginé* entre dans la composition des foins des prés bas.

Le Fluteau plantaginé que l'on nomme encore Plantain d'eau (*Alisma plantago*), s'élève à plus de deux pieds; il est âcre et dangereux pour les chevaux qui en mangent. Heureusement il est rare de le rencontrer dans le foin; c'est plutôt une plante de pâturages que de fenils. Toutefois, comme cette rencontre n'est pas impossible, nous allons essayer de caractériser ici cette plante.

Ses tiges sont droites, nues, glabres, hautes d'un pied et demi à trois pieds, selon les lieux et les expositions. Chaque tige soutient dans sa partie supérieure des rameaux disposés en étage et formant par leur réunion une pannicule étalée, lâche et fort grande. Les feuilles partent de la racine; elles sont droites, ovales, lancéolées, larges d'environ trois pouces, glabres et nerveuses comme celles du plantain. — Les fleurs sont petites et blanches, ou un peu rougeâtres et très nombreuses.

SECTION III.

FAMILLE DES COLCHICACÉES. (FORMANT L'ORDRE SIXIÈME.)

Caractères botaniques.

Réunies pendant long-temps, comme les précédentes, aux joncinées dont elles faisaient une section; ces plantes ont depuis paru offrir des caractères suffisans pour former une famille nouvelle. Leur calice forme par la profondeur de ses divisions, 6 pétales protégeant un nombre égal d'étamines. La fructification comprend 1 à 6 ovaires supérieurs surmontés de 1 ou de 3 styles. 3 capsules d'une seule pièce contiennent les graines, qui sont en nombre variable et recouvertes d'une peau membraneuse.

Les six genres dont cette famille se compose, fournissent à nos différens foins cinq mauvaises plantes, différentes de *facies* et que nous examinerons séparément. Les caractères de ces plantes assez vagues pour leur avoir mérité plusieurs classifications diverses suivant les botanistes qui s'en sont occupés, ne nous permettent pas, sous peine d'être diffus, de généraliser ici la physionomie de la famille; les individus qu'elle nous fournit, appartiennent aux genres suivans :

1° Vérâtre; 2° colchique.

§ Ier. — Plantes du genre Vérâtre (*Veratrum*).

Il y a à l'égard de ce genre, un peu de confusion : M. *Duméril*, dans ses *Élémens d'Histoire naturelle*, troisième édition, tome premier, page 237, article 453, cite comme appartenant à la famille des *colchicacées*, les *varaires*, Vératres ou *Hellébores*. Puis, à la page 260 du même volume, article 506, il cite comme appartenant aux *renonculacées*, les *hellébores*. Ces indications, qu'aucun nom latin n'accompagne, peuvent d'autant plus facilement induire en erreur, que *Buc'hoz* dans son Manuel vétérinaire des plantes, page 224, articles 831 et 832, donne le mot français hellébore comme la traduction du mot latin *veratrum*. M. *Grognier*, dans son cours d'Hygiène, page 165, met au nombre des plantes vénéneuses, l'Ellébore blanc (*Veratrum album*). Ce n'est que dans les *Élémens de Botanique* de M. *Mérat*, recueillis aux leçons de M. *Desfontaines*, que nous avons trouvé la distinction par nous établie dans l'énumération des plantes que nous avons considérées comme fourragères, et qui place le genre vérâtre (*veratrum*) parmi les *colchicacées* et le genre hellébore (*helleborus*) au nombre des *renonculacées*.

Ceci entendu, nous considérons que le genre vérâtre (*veratrum*), fournit à nos prés hauts, parmi les quatre espèces qui la constituent, les deux suivantes :

1° Le Vérâtre blanc (*Veratrum album*);

2° —— noir (*Veratrum nigrum*).

Ces deux espèces croissent dans les bois peu fourrés et dans les pâturages ombragés. Je les ai cependant rencontrés en assez grande quantité dans plusieurs prairies nues de la Haute-Loire, voisines, il est vrai, des bois. — Ces plantes se distinguent essentiellement par leurs larges feuilles ovoïdes qui partent du collet de la racine et forment dans les prés des touffes d'un pied de diamètre; ces feuilles sont d'un vert tendre particulier, et offrent de profondes et nombreuses veinules latérales et parallèles. C'est un mauvais fourrage dont la présence dans le foin occasione aux chevaux qui en mangent, des indigestions et des resserremens de gosier dus à une propriété éminemment astringente de la plante.

§ II. — Plantes du genre Colchique (*Colchicum*).

Ce genre comprend quatre espèces et en fournit trois à nos prés hauts et bas. Ce sont des plantes remarquables, autant par leur mode de végétation que par leur aspect et leurs qualités vénéneuses. Voici leurs noms et leur place :

Aux prés hauts. — 1° Le colchique des Alpes;

2° —— des montagnes;

Aux prés de plaine. — 3° —— d'automne.

Les deux premières espèces presqu'en tout semblables à la troisième que nous allons décrire, en diffèrent cependant en ce qu'elles sont moins vénéneuses qu'elles.

1° Le Colchique d'automne (*Colchium automnale*) est connu encore sous les noms de *safran bâtard*, de *tue-chien*, de *veilleuse* et de *veillette*. L'origine de cette plante est un bulbe ou oignon duquel s'élève au commencement de l'automne, une fleur d'un blanc lilas, supportée par un pédoncule creux et cylindrique, élevée de quatre à cinq pouces au-dessus du sol. C'est cette plante qui, pendant une quinzaine de jours, émaille si agréablement à la fin de l'été, les prés de plaine un peu humides. Dès que la fleur est passée, le pédoncule se fane, et il ne reste provisoirement sur le pré aucune trace de l'existence du colchique. — Au printemps suivant, on voit sortir du même bulbe quelques feuilles sans tiges apparentes, grandes, planes, lancéolées, larges d'un pouce et d'un beau vert. Tant qu'elles sont vertes, ces feuilles ainsi que toute la plante ont une odeur forte qui cause des nausées et détourne les chevaux de leur usage.

Cette plante est vénéneuse et même mortelle pour l'homme et pour les animaux ; on cite plusieurs cas d'empoisonnemens fortuits survenus à la suite de son ingestion par des chevaux, des vaches, etc. Ces propriétés vénéneuses qui résident surtout dans les feuilles, ne subsistent plus, au dire de quelques agronomes, lorsque la plante a été séchée ; et l'on prétend que le bétail, qui d'ailleurs, comme je l'ai dit plus haut, ne la broute pas sur pied, s'en accommode sans en éprouver de fâcheux effets, lorsqu'elle a été séchée et mêlée au foin. — Quoi qu'il en soit, c'est toujours un mauvais fourrage.

SECTION IV.

FAMILLE DES NARCISSÉES. (FORMANT L'ORDRE HUITIÈME.)

Caractères botaniques.

Un calice coloré découpé à six divisions égales ; six étamines opposées aux divisions du calice ; un style et un stygmate simples ; ovaire inférieur et unique ; capsule à trois loges renfermant les graines.

Cette famille, composée de seize genres, est l'une des plus agréables familles naturelles par l'éclat des fleurs dont les espèces qui la constituent, sont dépositaires ; elle fournit à nos foins un seul individu qui appartient au genre type de la famille : c'est le NARCISSE DES POÈTES, vulgairement *jeannette*, plante très abondante dans certains prés du centre et du midi de la France dont elle déprécie les foins ; elle est précoce, plaît à l'œil et exhale une odeur qui la fait rechercher dans les jardins; ses feuilles sont longues, lancéolées et larges; la fleur est d'un blanc varié fort agréable et quelquefois jaune. Il arrive souvent que la plante entière est fanée à l'époque de la fauchaison : ce qui en diminue le nombre dans les foins.

SECTION V.

FAMILLE DES IRIDÉES. (FORMANT L'ORDRE NEUVIÈME.)

Caractères botaniques.

Calice coloré à six divisions profondes et souvent irrégulières; trois étamines implantées au bas des divisions les plus profondes du calice; l'ovaire est inférieur et surmonté d'un style plus ou moins long, terminé par trois stygmates. Cet ovaire devient une capsule à trois loges, renfermant les graines qui sont disposées sur deux rangs.

Cette famille naturelle de plantes unilobées réunit quatorze genres, et doit son nom à celui *iris*, l'un des plus remarquables de ceux qui la constituent. Ce genre, autour duquel se groupent 60 espèces, fournit à nos prés les deux suivantes :

Aux prés hauts. — 1° L'Iris des prés;
Aux prés bas. — 2° — faux-açore.

1° L'Iris des prés (*Iris pratensis*) porte des tiges hautes de deux à trois pieds, droites, cylindriques, creuses, un peu grêles, plus élevées que les feuilles et presque nues supérieurement; les feuilles sont droites, pointues, linéaires, planes et fort étroites, vertes, longues de plus d'un pied, et larges de trois lignes ou un peu plus; les fleurs sont d'un beau bleu et au nombre de trois ou quatre sur chaque tige.

Verte et sur pied, les chevaux ne mangent point cette plante; mais sèche et mêlée au foin, ils peuvent l'appéter et s'en trouver mal.

2° L'Iris faux-açore (*Iris pseudo açorus*) que l'on nomme encore *Iris des marais*, est une espèce des plus communes en

Europe, qui se fait remarquer par sa fleur tout-à-fait jaune et par la petitesse de ses pétales. — Sa tige est droite, haute de deux à trois pieds, presque cylindrique, feuillée, un peu brisée en zigzag vers son sommet, et chargée de trois ou quatre fleurs. — C'est aussi un mauvais fourrage.

Un rapide coup d'œil sur ce chapitre, qui se termine ici, suffira pour nous apprendre que de toutes les plantes de la troisième classe de *Jussieu* qui entrent dans la composition de nos divers prés, aucune n'est propre à la nourriture du cheval, et qu'il en est, au contraire, plusieurs qui sont pour lui de mortels poisons. Remarquons aussi que par une prévoyance admirable de la nature, toutes ces plantes sont généralement en petit nombre.

CHAPITRE V.

COMPRENANT LES PLANTES FOURRAGÈRES APPARTENANT AUX FAMILLES QUI CONSTITUENT LA CLASSE IV DE JUSSIEU.

Plantes monocotylédones, phanérogames ou à sexes distincts, à étamines sur le pistil ou étamines égypnes.

SECTION Ire.

FAMILLE DES ORCHIDÉES. (FORMANT L'ORDRE TROISIÈME.)

Caractères botaniques.

Un calice d'une seule pièce, ordinairement coloré et divisé en six lobes, dont trois extérieurs et trois intérieurs, l'un des trois premiers étant supérieur aux autres et formant le casque, et le troisième inférieur affectant, suivant les espèces, des formes différentes; deux ou trois étamines insérées sur l'ovaire qui est simple et surmonté d'un style que couronne un stygmate également simple. L'ovaire devient en mûrissant une capsule uniloculaire à trois angles plus ou moins saillans, et qui renferme des graines nombreuses, menues et semblables à de la sciure de bois.

Famille naturelle de plantes qui comprend onze genres et que l'on nomme ainsi, parce qu'elle en renferme plusieurs qui ont avec les orchis les plus grands rapports. Cette famille fournit à nos prés les quatre genres suivans :

1° Orchis; 2° ophris; 3° néotie; 4° épipactide.

§ Ier. — Plantes du genre Orchis *(Orchis)*.

88 espèces composent ce genre, qui forme le type de la famille et fournit à nos foins les dix-huit individus qui suivent :

Des prés hauts.

1° L'orchis		globuleux;	6° L'orchis		maculé;
2°	—	pyramidal;	7°	—	odorant;
3°	—	punais;	8°	—	à longs éperons;
4°	—	en casque;	9°	—	noir.
5°	—	singe;			

Des prés de plaine.

10°	—	blanc;	13°	—	militaire;
11°	—	mâle;	14°	—	panaché;
12°	—	brûlé;	15°	—	lâche.

Des prés bas.

16°	—	frangé;	18°	—	verdâtre.
17°	—	à larges feuilles;			

Entre toutes ces espèces, nous citerons les suivantes :

1° L'Orchis globuleux (*Orchis globosa*); et

2° L'Orchis pyramidal (*Orchis pyramidalis*). Ces deux espèces que l'on a long-temps confondues, ne diffèrent entre elles que par leurs fleurs; leur tige acquiert un peu plus d'un pied d'élévation, elle est garnie de feuilles lancéolées et verginales, aiguës, plus larges et plus longues à la base de la tige. — Les fleurs, de couleur purpurine et quelquefois blanche, forment une tête plus ou moins arrondie.

3° L'Orchis punais (*Orchis coriophora*), trop petit pour être fauché, mais remarquable par la forte odeur de punaise qu'il exhale.

4° L'Orchis en casque (*Orchis mimusops*). La tige de cette plante s'élève à douze ou quinze pouces; elle est feuillée dans toute son étendue; ses feuilles sont plissées, larges d'un pouce sur trois de long. — Les fleurs forment un épi court et presque conique.

5° L'Orchis singe (*Orchis simia* ou *tephrosanthos*). Cette plante ressemble beaucoup à l'ophrys homme dont nous nous occuperons dans le paragraphe suivant; elle est très commune dans les prés secs et arides de toute l'Europe.

6° L'Orchis maculé (*Orchis maculata*). La tige de cette espèce s'élève à un pied et demi environ : elle est garnie de feuilles étroites, mouchetées de taches noires, oblongues et terminée par un épi oblong, un peu conique et panaché de rouge et de blanc.

7° L'Orchis odorant (*Orchis odoratissima*) ; et

8° L'Orchis a longs éperons (*Orchis longuicornu*). Ces deux espèces ne diffèrent de la précédente que par l'odeur remarquable de la première et l'absence de mouchetures sur les feuilles de toutes deux.

9° L'Orchis blanc (*Orchis bifolia*). Cette plante, qui décèle sa présence dans les foins par l'odeur très agréable qu'elle y répand, élève jusqu'à un pied et demi sa tige lisse, creuse et garnie de feuilles lancéolées ; ses fleurs sont d'un blanc un peu verdâtre et disposées en épi terminal.

10° L'Orchis a larges feuilles (*Orchis latifolia*). Sa tige s'élève à un pied et demi de haut, elle est comme la précédente, lisse, creuse, mais garnie de feuilles qui sont oblongues, pointues, larges et tachetées de noir ; cette espèce a beaucoup de rapports avec la maculée.

Toutes ces plantes sont en général très belles, pourvues d'une odeur suave et assez goûtées des chevaux, leurs racines sont bulbeuses ; nous ajouterons en passant, que c'est avec leurs bulbes qu'on fait le salep.

§ II. — Plantes du genre Ophrys (*Ophrys*).

Les plantes de ce genre offrent tous les caractères du genre précédent, à l'exception d'une simple modification dans la division inférieure du calice, qui ne doit pas nous occuper ici ; composé de 24 espèces, ce genre en fournit cinq à nos prés, et toutes sont remarquables par la singularité de leurs noms ;

Aux prés hauts. — 1° Ophrys à une bulbe ;
2° — des Alpes ;
3° — mouche ;

4° Ophrys araignée.
Aux prés de plaine. — 5° — homme.

Toutes ces espèces, la troisième exceptée, sont trop petites pour être fauchées, ce qui, joint à leur grande ressemblance avec les orchis, nous dispense de les décrire.

§ III. — Plantes du genre Neottie (*Neottia*).

Voisin des précédens et réunissant 19 espèces; ce genre fournit à nos prés bas une seule plante, la NÉOTTIE DES MARAIS (*Neottia estivatis*) qui s'élève à deux pieds environ et dont la tige feuillée dans la partie inférieure est presque nue supérieurement. Les feuilles sont lancéolées, longues de plusieurs pouces et larges d'un environ. Cette plante est fréquente dans les prés marécageux, dont elle contribue à appauvrir les fourrages.

§ IV. — Plantes du genre Epipactide (*Epipactis*).

20 espèces se groupent sous cette dénomination, pour constituer ce genre, qui ne fournit heureusement à nos prés qu'une seule et mauvaise plante nommée l'EPIPACTIDE DES MARAIS (*Epipactis palustre*), auquel nous appliquerons ce que nous avons dit de la néottie.

Cette classe ne nous fournissant que dans cette famille des plantes habitant nos prés, nous finissons ici ce chapitre.

CHAPITRE VI.

COMPRENANT LES PLANTES FOURRAGÈRES APPARTENANT AUX FAMILLES QUI CONSTITUENT LA CLASSE VI DE JUSSIEU.

Plantes dicotylédones, apétales, à étamines périgynes ou insérées autour du calice.

SECTION UNIQUE.

FAMILLE DES POLYGONÉES. (FORMANT L'ORDRE CINQUIÈME.)

Caractères botaniques.

Calice d'une seule pièce divisé en plusieurs lobes profonds; des étamines en nombre défini et attachées au fond du calice. Ovaire simple, un ou trois styles et plusieurs stygmates, une seule graine recouverte d'une peau extérieure ferme, tenant lieu de capsule. Graine intérieurement farineuse.

Cette famille, l'une des plus naturelles du système de Jussieu, tire son nom du *sarrazin* ou *blé noir*, l'un de ses principaux genres.

Ces plantes ont la tige herbacée ou très rarement ligneuse; des feuilles alternes, roulées en dessous de leurs bords latéraux, jusqu'au dessous de la côte moyenne dans leur jeunesse; le pétiole de ces feuilles, élargi à sa base, forme une gaîne autour de la tige ou adhère simplement à une gaîne distincte. — Les fleurs sont axillaires ou terminales, et le fruit est une graine dont l'intérieur est rempli par un corps farineux.

Ce double caractère des tiges engaînées et des feuilles roulées sur leurs bords avant leur entier développement, suffit pour faire reconnaître une plante polygonée, sans avoir besoin de recourir à ceux de la fleur et du fruit : ce qui prouve évidemment que cette famille est, comme nous l'avons dit en commençant, une des plus naturelles.

Composée de 10 genres, elle fournit à nos foins des individus qui appartiennent aux deux suivans :

1° Renouée; 2° patience.

§ Ier. — Plantes du genre Renouée (*Polygonum*).

Comme ce genre est celui qui forme le type de la famille, il en offre nécessairement tous les caractères; aussi, nous contenterons-nous de dire que 30 espèces le constituent, et que sur ce nombre, 5 se rencontrent dans nos foins, où elles sont réparties comme il suit :

Des prés hauts. — 1° Renouée bistorte;
2° — vivipare;
3° — des Alpes.
Des prés bas. — 4° — amphibie;
5° — persicaire.

1° La Renouée bistorte (*Polygonum bistorta*) produit plusieurs tiges simples, droites, creuses, hautes d'un peu plus d'un pied et portant des feuilles simples, grandes, ovales, lancéolées, entières à leurs bords, d'un vert gai en dessus, un peu blanchâtre en dessous et échancrées en cœur à leur base. Les fleurs sont terminales, disposées en un épi cylindrique, dense et long d'environ un pouce. C'est pour tous les herbivores, le cheval excepté, un bon fourrage des montagnes.

2° La Renouée vivipare (*Polygonum viviparum*). Cette espèce se distingue de la précédente par ses épis grêles et par ses feuilles bien plus petites; elle lui est, du reste, parfaitement semblable.

3° La Renouée des Alpes (*Polygonum Alpinum*) que quelques auteurs confondent avec la précédente, se fait remarquer par sa pannicule resserrée; les feuilles un peu épaisses, pubescentes et alternes, sont légèrement ovales et d'un vert foncé en dessous; les tiges sont droites, articulées, rameuses et hautes de 15 à 20 pouces.

4° La Renouée amphibie (*Polygonum amphibium*). Plante d'un bel aspect, qui veut avoir les pieds dans l'eau et que les chevaux mangent, quoiqu'elle soit pour eux une mauvaise nourriture.

5° La Renouée persicaire (*Polygonum persicaria*) offre des tiges droites articulées, cylindriques, feuillées, rameuses et hautes de 15 pouces environ. Les feuilles sont ovales, aiguës à leurs deux extrémités et un peu velues en dessous. Cette espèce, assez fréquente au milieu des moissons, se rencontre par conséquent autant dans les pailles que dans les foins.

En général, ces plantes ont peu d'éclat si l'on en excepte quelques espèces, mais la plupart sont intéressantes par les semences farineuses et nutritives qu'elles produisent, dont plusieurs rivalisent avec le blé, et qui pourraient, dans certaines circonstances, remplacer avec assez d'avantage l'avoine des chevaux. — Au dire de Gilbert, la *bistorte* se cultive comme fourrage dans quelques parties de la Suisse et du Jura. M. Grognier observe qu'elle se réduit par la dessiccation, en un squelette fibreux.

§ II. — Plantes du genre Patience (*Rumex*).

Ce genre de polygonées que l'on confond assez ordinairement avec les oseilles, comprend des herbes tant indigènes qu'exotiques dont les caractères génériques sont : feuilles alternes, charnues, entières, pétiolées et munies à la base des petioles d'une membrane qui entoure la tige en forme de gaîne. — Les feuilles sont terminales, nues ou feuillées, disposées presque toujours en une pannicule dont chaque ramification forme un épi. — Ce genre fournit à nos foins des prés bas deux plantes, ce sont les suivantes :

1° Patience à feuilles aiguës; 2° Patience aquatique.

La qualité éminemment acide de ces plantes, fait qu'à l'état frais elles sont du goût de tous les herbivores; mais elles se fanent difficilement.

CHAPITRE VII.

COMPRENANT LES PLANTES FOURRAGÈRES APPARTENANT AUX FAMILLES QUI CONSTITUENT LA CLASSE VII DE JUSSIEU.

Plantes dicotylédones, apétales, à étamines hypogynes, ou insérées sous le pistil.

SECTION UNIQUE.

FAMILLE DES PLANTAGINÉES. (FORMANT L'ORDRE DEUXIÈME.)

Caractères botaniques.

Calice tubulé, divisé ordinairement en quatre petits lobes, et entouré à sa base par quatre bractées disposées en croix; quatre étamines alternes avec les divisions du calice, et le dépassant de beaucoup. Ovaire simple et libre, surmonté d'un style et d'un stygmate, se divisant en deux loges formées par une capsule s'ouvrant circulairement, et portant sur chaque face une ou plusieurs graines.

Les plantes de cette famille sont toutes herbacées, à tiges rameuses et à rameaux opposés, ainsi que les feuilles dans quelques espèces formant le genre *Psyllium*, ou à tiges indivises en forme de hampe, s'élevant du milieu d'une touffe de feuilles toutes radicales comme dans le genre *Plantain*. Les fleurs sont disposées en épi ou têtes serrées au sommet des rameaux ou des hampes. Des trois genres qui composent cette famille, un seul fournit des plantes à nos foins, c'est le genre plantain.

§ UNIQUE. — Plantes du genre plantain *(Plantago)*.

Les plantains sont des végétaux herbacés, dont les feuilles sont le plus souvent toutes radicales, et les fleurs petites, de peu d'apparence et diposées en épi. On en connaît aujourd'hui environ 130 espèces, parmi lesquelles 22 croissent naturellement en France, et sur ce dernier nombre, 5 se rencontrent dans nos foins; ce sont les espèces dont les noms suivent:

Des prés hauts. — 1° Plantain moyen;
2° — des Alpes;
3° — des montagnes.
Des prés de plaine. — 4° — à grandes feuilles;
5° — lancéolé.

1° Le Plantain moyen (*Plantago media*). Les feuilles sont ovales, lancéolées, pubescentes et portées sur de courts pétioles; la hampe est cylindrique, terminée par un épi beaucoup plus court que les feuilles. Cette plante croît dans les prés et les pâturages secs. Ses feuilles ont une saveur amère qui en éloigne les chevaux.

2° Le Plantain des Alpes (*Plantago Alpina*) produit plusieurs feuilles ovales ou quelquefois légèrement en cœur à leur base, un peu coriaces, presque glabres, pétiolées et toutes radicales. Du milieu d'elles s'élève une ou plusieurs hampes, plus longues que les feuilles elles-mêmes, cylindriques, terminées par un épi de fleur d'un blanc verdâtre, serrées les unes contre les autres; elle n'est pas rare dans les foins, et varie beaucoup pour le port, selon ses localités; assez souvent les feuilles ont 8, 10 pouces, ou 1 pied de haut. Les feuilles de cette espèce ont, à un plus haut degré encore que les précédentes, une saveur amère et légèrement stiptique qui les rend impropres à la nourriture des chevaux.

3° Le Plantain des montagnes (*Plantago montana*) ressemble trop au précédent pour que nous en fassions ici une description particulière.

4° Le Plantain a grandes feuilles (*Plantago latifolia*). Cette espèce produit un grand nombre de feuilles allongées, du milieu desquelles naissent plusieurs hampes cylindriques terminées par un épi oblong et un peu grêle. Commun dans les prés secs, il l'est moins dans les foins de ces localités, parce que ses feuilles sont couchées et étalées en rosettes sur la terre.

5° Le Plantain lancéolé (*Plantago lanceolata*). Dans cette espèce, les feuilles sont glabres ou presque glabres, et les hampes sont anguleuses et non cylindriques. Elle ressemble assez d'ailleurs à la précédente.

CHAPITRE VIII.

COMPRENANT LES PLANTES FOURRAGÈRES APPARTENANT AUX FAMILLES QUI CONSTITUENT LA CLASSE VIII DE JUSSIEU.

Plantes dicotylédones, monopétales, étamines hypogynes, ou insérées sous le pistil.

SECTION Ire.

FAMILLE DES LYSIMACHIES OU PRIMULACÉES. (FORMANT L'ORDRE PREMIER.)

Caractères botaniques.

Un calice d'une seule pièce découpé en quatre, cinq ou sept parties ; une corolle monopétale ou d'une seule pièce et régulière, ordinairement découpée en autant de lobes que le calice. Des étamines en nombre défini, mais toujours égal à celui des lobes de la corolle. Un ovaire supérieur, simple, surmonté d'un seul style et d'un stygmate simple. Fruit capsulaire s'ouvrant par le haut, et contenant, dans sa loge unique, plusieurs graines aplaties.

Toutes les plantes de cette famille sont herbacées ; les unes à tiges simples ou rameuses, munies de feuilles opposées plus rarement verticillées ou alternes ; les autres à tiges simples et nues en forme de hampe, s'élevant du milieu d'une touffe de feuilles toutes radicales. Les fleurs sont terminales, solitaires ou réunies plusieurs ensemble sur un pédoncule commun.

Les 19 genres dont se compose cette famille, fournissent à nos prés les trois suivantes :

1° Lisymachie ; 2° globulaire ; 3° samole.

§ Ier. -- Plantes du genre Lysimachie *(Lysimachia)*.

On en connaît une trentaine d'espèces qui croissent en général dans les pays tempérés. Nous ne parlerons que de celles qui croissent dans nos prés et qui sont :

Pour les prés bas. — 1° La lysimaque commune;
2° — numullaire.

1° La Lysimaque commune, nommée encore Corneille chassebosse, Percebosse, Souci d'eau (*Lysimachia vulgaris*), est une des belles plantes indigènes de notre climat; elle produit une tige droite, simple inférieurement et un peu rameuse à sa partie supérieure; cette tige est pubescente et haute de 2 à 3 pieds.— Les feuilles sont lancéolées, opposées, ou ternées et presque céciles. — Les fleurs sont d'un jaune doré disposé en une belle pannicule terminale.

Elle est assez commune dans les prés humides, et assez peu du goût de nos chevaux.

2° La Lisimaque nummulaire, vulgairement Herbe aux écus, Herbe a cent maux, Nummulaire (*Lisimachia nummularia*). Cette espèce produit plusieurs tiges légèrement quadrangulaires, ordinairement simples, longues d'un pied ou environ, garnies de feuilles opposées, ovales, arrondies et portées sur de très courts pétioles. Les fleurs sont jaunes, assez grandes, solitaires et naissant entre la feuille et la tige. Elle est commune dans les prés humides où tous les bestiaux la mangent.

§ II. — Plantes du genre Globulaire (*Globularia*).

M. de Candolle distrait ce genre de la famille des primulacées, pour en faire le type d'un nouveau groupe qu'il nomme famille des globulariées; mais un grand nombre de botanistes le conservent à la place que nous lui donnons ici. — Les plantes qui composent ce genre sont herbacées ou frutescentes, à feuilles alternes, et à fleurs réunies plusieurs ensemble en forme de tête globuleuse, d'où elles ont tiré leur nom. On en connaît 10 espèces, dont une seule, la *globulaire commune*, se rencontre dans nos foins des prés hauts.

La Globulaire commune (*Globularia vulgaris*). Cette espèce offre une tige haute de 8 à 9 pouces, garnie dans sa longueur de feuilles lancéolées, glabres, petites et nombreuses. Les fleurs sont bleues, disposées en une petite tête globuleuse au sommet de la tige. — Assez commune dans les foins des prés montagneux, nous dirons que ses feuilles ont une saveur amère et sont très légèrement purgatives.

§ III. — Plantes du genre Samole (*Samolus*).

Ce genre se compose de 4 espèces qui fournissent à nos prés bas un seul individu; c'est la SAMOLE AQUATIQUE (*Samolus valerandi*) dont les tiges un peu couchées atteignent un pied d'élévation et quelquefois plus. Elles sont glabres, tendres, cylindriques, verdâtres, fistuleuses, rameuses, à peine garnies de feuilles ovales, aplaties ou presque rondes; elles sont comme les tiges, tendres et vertes à leurs deux surfaces. — La fleur forme une grappe ou épi assez long, droit et terminal. — Les chevaux la mangent, sans la rechercher toutefois.

SECTION II.

FAMILLE DES PÉDICULAIRES OU RHINANTHÉES. (FORMANT L'ORDRE DEUXIÈME.)

Caractères botaniques.

Un calice d'une seule pièce, profondément divisé. Une corolle monopétale, irrégulière. Deux à quatre étamines, quelquefois huit, d'égale longueur et seulement au nombre de deux dans le polygala et la véronique, et à quatre, dont deux plus grandes ou didynames, dans les autres genres dont nous parlons. Ovaire simple, libre, surmonté d'un style terminé par un ou deux stygmates. Capsule bivalve, à deux loges contenant plusieurs graines.

Cette famille naturelle se compose de plantes herbacées, ayant des feuilles opposées ou alternes, des fleurs en grappes ou en pannicules opposées ou alternes et munies de bractées; elle réunit 13 genres, dont 7 vont nous occuper, ce sont :

1° Polygala; 2° véronique; 3° euphraise; 4° pédiculaire; 5° rhinanthe; 6° mélampyre; 7° orobranche.

§ Ier. — Plantes du genre Polygala (*Polygala*).

Ce genre est considéré comme constituant le type d'une nouvelle famille par quelques botanistes; en le maintenant parmi les genres de celle des pédiculaires, nous avons obéi à la classification de M. Desfontaines.

Les polygalas sont des plantes herbacées ou des arbustes à feuilles entières, le plus souvent alternes, dont les fleurs sont disposées en grappes terminales. On en connaît plus de 160 espèces, dont un petit nombre seulement croît en Europe. Parmi ces dernières, nous citerons les 2 espèces qui suivent, comme faisant partie de nos foins.

1° Polygala commun;

2° — à feuilles amères.

1° Le Polygala commun (*Polygala vulgaris*), communément nommé Herbe au lait, ou Laitier. La racine produit plusieurs tiges assez simples, grêles, étalées à leur base, un peu redressée dans leur partie supérieure, longues de 8 à 10 pouces, garnies de feuilles alternes, lancéolées et linéaires. Ses fleurs sont petites, bleues, rougeâtres ou blanches, disposées au sommet des tiges en une grappe serrée et d'un assez joli aspect. Cette plante, abondante dans les pâturages secs où les chevaux la recherchent, fleurit en mai, juin ou juillet.

2° Polygala a feuilles amères (*Polygala amara*). Cette espèce a beaucoup de ressemblance avec la précédente; mais elle en diffère par sa taille qui est plus petite dans toutes ses parties; par les tiges qui sont couchées et presque rampantes à leur base, et enfin par les feuilles radicales, qui sont ovales, obtuses et beaucoup plus larges que celles des tiges. Les fleurs sont le plus ordinairement bleues.

§ II. — Plantes du genre Véronique (*Veronica*).

Les véroniques sont des plantes le plus souvent herbacées, rarement suffrutescentes, dont les feuilles sont ordinairement opposées et les fleurs disposées en grappes ou en épis; quelquefois les feuilles sont alternes; les fleurs sont solitaires et naissent entre la tige et les feuilles. — On réunit aujourd'hui autour de ce genre une centaine d'espèces, dont 35 seulement

5

croissent en France. — Parmi ces dernières, nous citerons comme appartenant à nos foins des prés bas :

1° La véronique beccabunga ;

2° — mouronnée.

1° La Veronique beccabunga, vulgairement veronique cressonnée (*Veronica beccabunga*), produit une tige très glabre comme toute la plante, et haute de 8 à 15 pouces ; les feuilles sont ovales, obtuses et dentées en scie. — Les fleurs bleues ou bleuâtres, forment des grappes un peu longues ou deux fois plus longues que les entre-nœuds. Dans quelques pays on la mange comme plante potagère, cuite, crue, et en salade.

2° La Véronique mouronnée (*Veronica anagalis*) a trop de ressemblance avec la précédente dont elle ne diffère que par la couleur de ses fleurs qui sont d'un rouge tendre, pour nous occuper spécialement ici.

Ces deux plantes constituent un bon fourrage, que les chevaux aiment beaucoup.— C'est peut-être aussi de ce genre de pédiculaires que Bourgelat a voulu parler quand il a mis la pédiculaire au rang des bons fourrages, et non de la pédiculaire proprement dite (*pedicularis palustris*) qui, comme l'observe Huzard père, doit être rejetée de cette liste.

§ III. — Plantes du genre Euphraise (*Euphrasia*).

Les plantes de ce genre sont herbacées, à feuilles ordinairement opposées, à fleurs axillaires, communément disposées en épis terminaux. 21 espèces le constituent, et sur ce nombre deux se rencontrent dans nos foins des prés hauts ; ce sont :

1° L'euphraise officinale ;

2° — dentée.

1° L'Euphraise officinale (*Euphrasia officinalis*) ; sa tige est velue, haute de 8 pouces, souvent très rameuse, garnie de feuilles ovales, opposées inférieurement, alternes dans la partie supérieure et dentées à leurs bords. Ses fleurs sont petites, blanches, mêlées de jaune et de violet clair, et rapprochées en épi dans la partie supérieure des tiges et des rameaux.—Cette plante, quoiqu'ayant une saveur un peu amère, est assez du goût des chevaux.

La deuxième espèce, plus petite que celle dont nous venons de parler, ne peut pas être fauchée, et ne se rencontre par conséquent pas dans les foins.

§ IV. — Plantes du genre Pédiculaire (*Pedicularis*).

Ce genre de plantes herbacées a des feuilles assez ordinairement ailées; des fleurs terminales, purpurines, blanches ou jaunâtres, d'un assez joli aspect et ordinairement disposées en épi. On en connaît près de 50 espèces qui, à l'exception d'un petit nombre, particulières aux pays de plaines, appartiennent toutes aux montagnes Alpines ou aux climats froids.— 14 de ces plantes croissent naturellement en France. — Bourgelat les range au nombre des bons fourrages; M. Huzard père dit qu'elles ne peuvent jamais contribuer à le rendre tel. Quoi qu'il en soit, si les pédiculaires ne se rencontrent qu'en petite quantité dans les foins, on ne doit attacher aucune importance fâcheuse à leur présence. 12 espèces de ce genre se distribuent dans nos divers foins, dans l'ordre qui suit :

Aux prés hauts.

1°	Pédiculaire à toupet;	4°	Pédiculaire fasciculée;
2°	—— à épi;	5°	—— interrompue.
3°	—— feuillée;		

Aux prés bas.

6°	—— des marais;	10°	—— rose;
7°	—— incarnate;	11°	—— tachée;
8°	—— verticillée;	12°	—— tubéreuse.
9°	—— arquée;		

Dans ce nombre, les espèces qui portent les numéros 4, 7, 8, 9 et 12 sont trop petites pour être fauchées et ne nous occuperont pas.

1° La Pédiculaire a toupet (*Pedicularis comosa*). Cette plante se reconnaît facilement à la beauté de son port, à la grosseur de sa tige et à son bel épi de fleurs jaunes, touffu et feuillé à sa base. Sa tige n'a guère qu'un pied de haut, elle est très droite, simple et parfois un peu velue. Les feuilles sont alternes et dentées à leur base.

2° La Pédiculaire a épi (*Pedicularis spicata*) et

3° La Pédiculaire feuillée (*Pedicularis foliosa*). Ces deux espèces se ressemblent avec tant de force que souvent les botanistes les confondent. Leur tige est droite, haute d'un pied environ garnies de feuilles lancéolées, profondément divisées à leurs bords par des échancrures arrondies ou crénelées. — Leurs fleurs sont jaunes, disposées en épi terminal, entremêlées de feuilles assez longues.

4° La Pédiculaire interrompue (*Pedicularis interrupta*). Cette espèce est d'un tres bel aspect et s'élève à 2 pieds de haut. — Les feuilles sont ternées ou quaternées et disposées en verticilles autour de la tige.— Elle se distingue facilement par sa taille, de toutes les autres espèces du genre.

5° La Pédiculaire des marais, vulgairement herbe aux poux. (*Pedicularis palustris*), produit une tige droite, rameuse, glabre, haute de 8 à 15 pouces, garnie de feuilles alternes, profondément découpées et fortement dentées. Ses fleurs sont purpurines, et disposées par leur rapprochement en une sorte d'épi. — Commune dans les prés humides et marécageux de la France, son odeur un peu vireuse doit la faire regarder comme suspecte. Les chèvres et les cochons sont les seuls animaux qui la mangent.

6° La Pédiculaire rose (*Pedicularis rosea*). Ses tiges sont simples, nombreuses, droites, médiocrement feuillées, glabres et raides. La base de la plante est entourée d'un gazon épais formé par des feuilles radicales que la faux épargne, et leur sommet est terminé par un épi floral, d'un rose tendre.

On prétend que ces plantes sont dangereuses ; cependant

Bosc affirme avoir vu constamment les espèces *à épi* et *feuillées*, mangées par les bestiaux.

§ V. — Plantes du genre Cocrète (*Rhinanthus*).

Ce genre, que quelques botanistes nomment encore rhinanthe et qui donne son nom à la famille, comprend 10 espèces et fournit à nos prés les suivantes :

Hauts.— 1° La cocrète velue ;
De plaine.— 2° — glabre.

1° La Cocrète velue (*Rhinanthus hirsuta*). Cette plante, qui offre tous les caractères de celle qui va suivre, est confondue avec elle par le vulgaire, sous le nom de Crête de coq ou de Cocriste ; toutes deux sont quelquefois si abondantes dans les prés, qu'elles étouffent le bon foin ; et comme leurs tiges sont à moitié desséchées et leurs graines même mûres à l'époque de la récolte, elles fournissent une fane inutile dont les chevaux ne veulent point à cause de sa dureté.

La Cocrète glabre (*Rhinanthus glabra*). La tige de cette espèce est quadrangulaire, droite, simple ou plus ou moins rameuse, haute d'un pied ou davantage, garnie de feuilles allongées, opposées, glabres et dentées. — Ses fleurs sont jaunes, munies à leur base de bractées lancéolées, dentées et disposées en épi terminal. Cette plante est commune dans les prés et dans les pâturages humides ; elle fleurit en mai et juin.

§ VI. — Plantes du genre Melampyre (*Melampyrum*).

Les melampyres sont des plantes herbacées, dont les feuilles sont simples, opposées, et les fleurs en épis terminaux, garnis de bractées. — On en connaît une dizaine d'espèces, dont la plus grande partie croît naturellement en Europe.

Le nom de ce genre est d'origine grecque, et signifie *blé noir*; il paraît avoir été donné à ces plantes, parce que leurs graines ont en quelque sorte la forme d'un grain de froment, et qu'elles sont ordinairement noirâtres.

Dix espèces constituent ce genre, qui fournit à nos prés de plaine, les deux suivantes :

1° La melampyre à crêtes ;
2° —— des prés.

1° La Melampyre a crêtes (*Melampyrum cristatum*). Sa tige est droite, simple, ou le plus souvent divisée en rameaux étalés, et haute d'un pied environ ; ses feuilles sont étroites, lancéolées, glabres et très entières ; ses fleurs sont rougeâtres, mêlées de blanc ou de jaune et quelquefois entièrement blanches ; elles sont disposées au sommet de la tige, en épis oblongs et serrés ; cette plante est assez commune dans les prés où elle constitue un bon fourrage.

2° La Melampyre des prés (*Melampyrum pratense*), haute de quinze à dix-huit pouces ; la tige de cette espèce est divisée en rameaux étalés et entièrement glabres ; ses feuilles sont lancéolées et pétiolées, et ses fleurs jaunes et rapprochées les unes des autres, de manière à former une sorte de grappe terminale. — C'est également une bonne plante.

§ VII. — Plantes du genre Orobanche (*Orobanche*).

Ce genre de plantes forme, suivant quelques botanistes, le type d'une famille particulière, sous le nom d'*orobanchées ;* il se compose de plantes herbacées à tiges plus ou moins charnues, garnies d'écailles scarrieuses au lieu de feuilles, et dont les fleurs sont disposées en épi terminal ; on en connaît une trentaine d'espèces, dont six croissent en France, et dont deux seulement croissent dans nos prés hauts ; ce sont :

1° L'orobanche vulgaire ;
2° —— bleuâtre.

1° L'Orobanche vulgaire (*Orobanche vulgaris*). Cette espèce, haute d'un pied et demi à deux pieds, a des tiges d'un jaune roussâtre ainsi que tout le reste de la plante ; elle est renflée et comme tubéreuse à sa base, garnie d'écailles imbriquées en cette partie, et plus écartées sur le reste de la tige. — Ses fleurs sont assez grandes, disposées en un épi long de six à dix pouces; elle fleurit en juin : c'est un mauvais fourrage.

2° L'Orobanche bleuatre (*Orobanche cœrulea*). Sa tige est simple, droite, légèrement pubescente, haute d'un pied au plus, et terminée par un épi de six à douze fleurs d'un bleu violet : c'est également un mauvais fourrage.

SECTION III.

FAMILLE DES LABIÉES. (FORMANT L'ORDRE SIXIÈME.)

Caractères botaniques.

Un calice monosépale, persistant et denté au sommet, une corolle d'une seule pièce et formant deux lèvres; quatre étamines distinctes et didynames, c'est-à-dire deux grandes et deux petites; un style simple, terminé par un stygmate double; fruit composé de quatre graines nues au fond du calice.

Quarante-six genres composent cette famille dans laquelle on ne rencontre que des plantes herbacées ou tout au plus légèrement ligneuses, et qui pour la plupart sont propres aux parties méridionales de l'Europe; leur tige est ordinairement rectagone, équarrie dans leur jeunesse et garnie de rameaux opposés ainsi que les feuilles; les fleurs sont disposées par verticilles, bouquets axillaires ou épis entiers et non interrompus; elles exhalent une odeur presque toujours forte et sont repoussées des bestiaux.

Ces plantes fournissent à nos prés les quatre genres suivans :

1° Sauge; 2° bugle; 3° menthe; 4° brunelle.

§ Ier. — Plantes du genre Sauge (*Salvia*).

Ce genre de labiées fournit 136 espèces dont nous ne mentionnerons qu'une seule : la Sauge des prés (*Salvia pratensis*), plante abondante dans le foin des prairies sèches, où elle tient a place d'autres plantes utiles; les chevaux ne la mangent pas : haute d'un à deux pieds; cette plante se distingue à ses feuilles oblongues, grossièrement ridées, à ses fleurs d'un bleu vif, et plus encore à l'odeur forte et presque fétide qu'elle répand autour d'elle.

§ II. — Plantes du genre Bugle (*Ajuga*).

Ce genre de plantes est très voisin des germandrées; ses fleurs sont verticillées, disposées en un épi feuillé et terminal; les feuilles sont opposées et les tiges très souvent rampantes : on en connaît quatre espèces, qui toutes se rencontrent dans nos foins des prés hauts; ce sont :

1° La bugle rampante;
2° — des Alpes;
3° — pyramidale;
4° — du levant.

1° La Bugle rampante (*Ajuga reptans*). Cette plante est très commune au printemps dans les prés hauts, mais un peu humides. De la base de ses tiges, qui ne s'élèvent pas toujours assez pour être coupées avec succès, sortent un grand nombre de rejets rampans; ses feuilles sont opposées, ovales, munies de quelques dents, presque glabres; les fleurs sont blanchâtres ou rougeâtres et forment un bel épi terminal.

2° La Bugle des Alpes (*Ajuga Alpina*). Les tiges de cette espèce sont plus élevées, les feuilles sont ovales, les fleurs plus petites forment un épi plus lâche quoique également verticillé; les feuilles sont légèrement velues.

3° La Bugle pyramidale (*Ajuga pyramidalis*). Cette espèce, un peu moins commune que la première, n'a point de jets rampans; elle est couverte de poils blancs, presque cotonneux; ses feuilles sont grandes, velues et dentées à leur contour, au point de paraître anguleuses; ses fleurs sont bleues ou rougeâtres.

4° La Bugle du levant (*Ajuga orientalis*). Cette espèce ne diffère de la précédente que par sa taille qui est beaucoup plus élevée, et surtout par ses fleurs disposées en verticilles axillaires. Comme elle, toute la plante est cotonneuse, et comme toutes les quatre, elle constitue un mauvais fourrage.

§ III. — Plantes du genre Menthe *(Mentha)*.

Ce genre de labiées contient des plantes herbacées, presque toutes vivaces, à tiges plus ou moins tétragones, garnies de feuilles simples, opposées et à fleurs petites, nombreuses et formant le plus ordinairement au sommet des rameaux, un épi ou une tête; on en connaît 60 et quelques espèces, vingt seulement croissent en France, et sur ce nombre nous citerons les suivantes comme se rencontrant dans les foins de nos prés bas.

1° La menthe à feuilles rondes;
2° —— sauvage;
3° —— aquatique;
4° —— des champs;
5° —— pouillot.

1° La Menthe a feuilles rondes, vulgairement Baume sauvage (*Mentha rotundifolia*) a des tiges droites, hautes d'un pied à dix-huit pouces, cotonneuse; garnie de feuilles sessiles, ovales ou arrondies, ridées en dessus, tomenteuses et blanchâtres en dessous, et dentelées à leurs bords. — Ses fleurs sont blanchâtres ou d'un rouge très clair disposées en épis allongés. — Cette plante est commune dans les prés humides de la France, de l'Angleterre et de l'Allemagne.

2° La Menthe aquatique (*Mentha aquatica*), et

3° La Menthe sauvage (*Mentha sylvestris*) ressemblant beaucoup à la précédente, ne nous occuperont pas davantage.

4° La Menthe pouillot, vulgairement Pouillot (*Mentha pulegium*). Sa tige est presque cylindrique, pubescente, très rameuse, longue de six à douze pouces, garnie de feuilles ovales, obtuses, à peine dentées.—Les fleurs sont purpurines et disposées par verticilles épais, occupant une grande partie de la longueur des tiges.

Les menthes peuvent être considérées comme un des genres

dont les espèces offrent le plus d'uniformité dans leurs vertus, et parmi les labiées, elles paraissent être celles qui jouissent du plus haut degré de la propriété excitante et tonique qui appartient à toutes les plantes de cette famille. — Elles ont toutes une odeur agréable, pénétrante, plus ou moins exaltée et qu'elles communiquent au foin qui les renferme; leur saveur est amère, aromatique, un peu camphrée, et l'impression qu'elles font sur la langue, est d'abord chaude, puis elles laissent un sentiment de fraîcheur piquante assez durable.

La dessiccation paraît plutôt augmenter que diminuer ces qualités qui sont dues à un principe gommo-résineux amer et un peu âcre.

De tout ce qui précède, nous conclurons que si les menthes ne peuvent, en raison de leurs principes constitutifs, être mises au rang des bonnes plantes fourragères, elles peuvent au moins céder au foin qui les contient, et qui par son origine est presque toujours fade, une odeur aromatique agréable et une saveur résino-acide qui le fait appéter des chevaux. Nous les considérerons donc quand elles sont en assez petit nombre pour ne pas diminuer d'une manière sensible le poids de la ration, comme un assaisonnement naturel qui n'est pas à dédaigner.

§ IV.— Plantes du genre Brunelle (*Prunella*, Linnée; *Brunella,* Jussieu).

Les tiges de ce genre sont presque simples et les feuilles opposées. — Les fleurs sont verticillées, forment un épi serré et terminal, garni de bractées assez grandes; on en distingue six espèces, dont trois se rencontrent dans nos prés, où elles se distribuent comme il suit :

Aux prés hauts. — 1° La brunelle découpée;
2° —— à feuilles d'hyssope;
Aux prés bas. — 3° —— commune.

1° La Brunelle découpée (*Prunella laciniata*) n'étant, au dire des auteurs, qu'une variété de la brunelle commune, dont elle ne diffère que par la couleur de sa fleur qui est blanche ou un peu rougeâtre, nous renvoyons à cette dernière pour sa description.

2° La Brunelle a feuilles d'hyssope (*Prunella hyssopifolia*). Sa tige est haute d'un pied, velue, branchue, feuillée et quadrangulaire; ses feuilles sont très entières et légèrement velues; ses fleurs sont d'un pourpre bleuâtre.

3° La Brunelle commune (*Prunella vulgaris*). Cette plante est commune dans les prés; ses tiges sont droites, quelquefois un peu couchées et légèrement velues; ses feuilles sont ovales, oblongues; les fleurs sont purpurines, blanches ou bleues.

Chacune de ces trois espèces constitue une fort mauvaise nourriture que les chevaux refusent.

SECTION IV.

FAMILLE DES SCROFULAIRES. (FORMANT L'ORDRE SEPTIÈME.)

Caractères botaniques.

Calice d'une seule pièce, persistant et divisé en plusieurs lobes; corolle monopétale, irrégulière et divisée en lobes inégaux. Quatre étamines didynames, c'est-à-dire dont deux sont plus courtes; ovaire simple, non adhérant au calice, et à deux loges; un style et un stygmate; graines plus ou moins nombreuses.

Cette famille de plantes que l'on a encore nommée *Personnée*, a été établie par M. Brown, qui lui réunit aussi la famille des rhinantées ou pédiculaires dont nous nous sommes occupés déjà. Les plantes scrofulaires sont généralement herbacées; quelques-unes cependant s'élèvent en arbrisseaux. — Leurs feuilles sont opposées ou alternes, les fleurs sont accompagnées de bractées, et le mode de leur inflorescence n'est point uniforme. Cette famille comprend dix-neuf genres, et nous fournira les deux suivans :

Des prés bas. — 1° Scrofulaire;
2° Fratiole.

§ Ier. — Plantes du genre Scrofulaire (*Scrophularia*).

Ce sont des plantes herbacées dont les feuilles sont le plus souvent opposées, et dont les fleurs portées sur des pédoncules rameux, sont disposées en petits bouquets axillaires ou en grappes allongées et terminales; on en connaît une cinquantaine d'espèces, dont douze seulement croissent naturellement en France; et sur ce dernier nombre, une seule habite nos prés humides et bas : c'est la Scrofulaire aquatique, vulgairement Bétoine d'eau, Herbe du siége (*Scrophularia aquatica*), plante qui produit une tige quadrangulaire d'un rouge brun, droite, ordinairement simple, haute de deux à quatre pieds, garnie de feuilles allongées, opposées, glabres, d'un vert sombre et bordées de crénelures arrondies; ses fleurs sont d'un pourpre noirâtre, portées sur des pédoncules rameux, et disposées en une grappe droite, panniculée et terminale. Cette plante a une odeur fétide, nauséabonde et de saveur amère; c'est un très mauvais fourrage.

C'est, dit-on, à l'efficacité prétendue de son emploi, pour guérir toutes sortes de blessures, lors du siége que les Protestans soutinrent dans La Rochelle, sous Louis XIII, que cette plante doit son nom d'herbe du siége.

§ II. — Plantes du genre Gratiole (*Gratiola*).

Ce genre, composé d'une quarantaine d'espèces, ne fournit non plus à nos foins des prés bas, qu'une espèce, et c'est la seule qui soit indigène à l'Europe.

La Gratiole officinale, vulgairement Herbe au pauvre homme (*Gratiola officinalis*) produit une tige droite, glabre ainsi que toute la plante, haute d'un pied environ, cylindrique et feuillée dans toute son étendue; les feuilles sont opposées, ovales, lancéolées, dentées vers leur sommet, lisses et pourvues de trois nervures longitudinales; les fleurs naissent des aisselles des feuilles; elles sont pédonculées et d'un blanc jaunâtre. — Cette plante est trop amère pour former un bon fourrage; c'est un purgatif si violent, que souvent la muqueuse intestinale est corrodée par son contact.

SECTION V.

FAMILLE DES BORRAGINÉES. (FORMANT L'ORDRE NEUVIÈME.)

Caractères botaniques

Calice à cinq divisions et persistant; corolle monopétale et régulière, également découpée à cinq lobes; cinq étamines; un ovaire surmonté d'un style et d'un stygmate simple ou bifurqué; ovaire à quatre lobes se changeant en quatre graines nues.

Cette famille doit son nom aux rapports plus ou moins marqués que chacun des individus qui la composent ont avec le genre bourrache qui en fait le type : ce sont des plantes herbacées, munies de feuilles simples, alternes et communément couvertes de poils durs ou d'autres aspérités qui les rendent rudes au toucher; les fleurs de ces plantes, complètes et régulières, assez agréables dans certains genres, ont un pédoncule commun, presque toujours recourbé en queue de scorpion d'une façon remarquable; la plupart contiennent du nitre tout formé dans leur substance.

Les vingt-quatre genres qui la composent, fournissent à nos foins les six suivans :

1° Vipérine; 2° grémil; 3° consoude; 4° myotole; 5° buglosse; 6° cynoglosse.

§ Ier. — Plantes du genre Vipérine (*Echium*).

Les vipérines sont des plantes annuelles ou bisannuelles à feuilles entières, alternes, hérissées et à fleurs portées sur des épis unilatéraux et souvent panniculées. Les anciens leur avaient donné ce nom, probablement à cause des taches qui sont sur leurs tiges. On en reconnaît 63 espèces, dont une seule croît dans nos prés hauts : c'est la VIPÉRINE COMMUNE, vulgairement HERBE AUX VIPÈRES (*Echium vulgare*). Sa tige est droite, simple inférieurement, chargée supérieurement de rameaux latéraux et florifères, hérissée de poils raides, insérés sur un point ou tubercule coloré; ses feuilles sont linéaires et hérissées de poils semblables à ceux des tiges; ses fleurs sont ordinairement bleues, quelquefois blanches ou d'un rose clair, tournées d'un seul côté et disposées en épis feuillés, roulés à leur extrémité avant leur entier développement, et formant par leur ensemble, une longue grappe terminale.

Cette plante est une des plus parasites des prés, d'une foule de localités de la France; les animaux la repoussent, et elle diminue par sa présence dans le foin, la quantité et la qualité de cet aliment; elle est remarquable quand elle est en fleur, par son bel aspect.

§ II. — Plantes du genre Grémil (*Lithospermum*).

Les plantes de ce genre sont herbacées ou rarement suffrutescentes; on en compte environ trente espèces, neuf croissent en France; mais une seule se rencontre dans nos foins des prés hauts : c'est le GREMIL OFFICINAL OU HERBE AUX PERLES (*Lithospermum officinale*) dont la tige est droite, haute de deux pieds environ, simple ou rameuse et garnie de feuilles sessiles, lancéolées, chargées de poils couchés, très courts. — Les fleurs sont petites, blanchâtres et portées sur de courts pédoncules. C'est un mauvais fourrage en raison de sa saveur, âcre et de la dureté de ses tiges.

§ III. — Plantes du genre Consoude (*Symphytum*).

On connaît aujourd'hui huit espèces de ce genre, qui ne fournit à nos prés bas que la CONSOUDE OFFICINALE OU GRANDE CONSOUDE (*Symphytum officinale*), plante à tige herbacée, haute de deux pieds à deux pieds et demi, hérissée de poils et garnie de feuilles lancéolées et rudes au toucher; ses fleurs sont blanchâtres, jaunâtres ou rougeâtres, disposées à l'extrémité de la tige et des rameaux, en grappes courtes et un peu roulées avant leur développement; c'est un fort mauvais fourrage.

§ IV. — Plantes du genre Myosote (*Myosotis*).

Les myosotes ou myosotides sont des plantes herbacées, à

feuilles simples, alternes et dont les fleurs dans le plus grand nombre, sont disposées en épis latéraux ou terminaux ; on en connaît une quarantaine d'espèces ; une seule va nous occuper : c'est la Myosotide des marais, vulgairement Scorpione (*Myosotis scorpioïdes*) dont la tige est presque simple, les feuilles oblongues et sessiles, et les fleurs petites et ordinairement bleu céleste ; on en distingue deux variétés principales, dont l'une croissant dans les lieux humides et les prés bas, est presque glabre, et l'autre habitant les bois et les lieux secs, est plus ou moins chargée de poils. L'une et l'autre de ces variétés sont communes en France : naturellement petite, cette plante, quand elle est bien serrée par ses voisines, s'élève quelquefois à deux pieds et plus : c'est le *vergiss-mein-nicht* des Allemands, et cette désignation suffira, je pense, pour la faire reconnaître dans les foins où elle pourra se rencontrer. — Les chevaux en sont friands.

§ V. — Plantes du genre Buglose (*Anchusa*).

Ce genre doit le nom de buglose qu'il porte en français, et que Tournefort lui avait donné en latin (*Buglossum*), à la forme des feuilles de la principale espèce à laquelle les anciens trouvaient la figure d'une langue de bœuf. On compte une vingtaine d'espèces de bugloses, parmi lesquelles nous citerons comme appartenant aux prés secs.

La Buglose officinale (*Anchusa officinalis*), plante qui pousse des tiges hautes de plus de deux pieds, rameuses, cylindriques et chargées de poils rudes et épars ; ses feuilles sont très pointues, rudes au toucher, couvertes de poils écartés. Cette plante blesse le palais des chevaux qui en rencontrent dans leur foin ou leur paille, car elle est aussi fort commune dans les champs de céréales.

§ VI. — Plantes du genre Cynoglosse (*Cynoglossum*).

Ce sont des végétaux herbacés, à feuilles simples, alternes et à fleurs disposées en grappes terminales ; quarante espèces composent le genre; une seule entre dans la composition des foins des prés hauts : c'est la CYNOCLOSSE OFFICINALE (*Cynoglossum officinale*), communément nommée encore LANGUE DE CHIEN; sa tige est droite, simple inférieurement, rameuse dans sa partie supérieure, haute de deux pieds, ou environ, garnie de feuilles lancéolées, d'un vert blanchâtre en dessus, plus blanches encore en dessous et couvertes de poils; ses fleurs sont rougeâtres ou bleues, veinées de rouge plus foncé et disposées à l'extrémité de la tige, et des rameaux en grappes lâches et tournés d'un seul côté.

Cette plante constitue un fort mauvais fourrage : elle est narcotique et légèrement astringente, et contient, au dire de M. GROGNIER, un principe repoussant que la chimie n'a pas fait connaître.

SECTION VI.

FAMILLE DES LISERONS OU CONVOLVULACÉES. (FORMANT L'ORDRE DIXIÈME.)

Caractères botaniques.

Calice à cinq divisions; corolle régulière et divisée en cinq lobes égaux; cinq étamines opposées aux lobes; ovaire libre, surmonté d'un style unique, quelquefois cependant de deux à cinq, ayant chacun un stygmate; cet ovaire devient une capsule à trois loges, contenant chacune une ou plusieurs graines recouvertes d'une enveloppe dure et osseuse.

Les plantes de cette famille sont des herbes dont plusieurs sont laiteuses; les feuilles sont le plus souvent alternes, les fleurs ordinairement axillaires sont portées sur des pédoncules uniflores ou multiflores. — Cette famille ne comprend que dix genres en y comptant celui dont une espèce va nous occuper, et que les botanistes classent *à la suite* des liserons sans lui assigner une autre place.

§ UNIQUE. — Plantes du genre Cuscute (*Cuscuta*).

Les cuscutes sont des plantes parasites s'entortillant autour de certains végétaux, aux dépens desquels elles se nourrissent. On en connaît aujourd'hui onze espèces dont deux seulement nous occuperont; les graines de toutes ces espèces se développent d'abord dans la terre; mais après leur germination elles s'attachent aux plantes qui les entourent, et y enfoncent, pour se nourrir de leur substance, de petits suçoirs dont elles sont pourvues; leurs racines se desséchant de bonne heure, elles ne tarderaient pas à mourir si elles ne trouvaient à vivre aux dépens de la séve de quelque autre plante; nous allons examiner les suivantes :

1° La cuscute d'Europe; 2° la cuscute épithym.

1° La Cuscute d'Europe (*Cuscuta Europœa*). Ses tiges sont grêles, jaunes ou rougeâtres; ses fleurs sont légèrement teintes de rose ou entièrement blanches et disposées par petits faisceaux.

2° La Cuscute épithym (*Cuscuta epithymum*). Cette espèce diffère de la précédente par ses fleurs plus petites, entièrement sessiles et n'ayant ordinairement que quatre divisions.

Ces deux plantes croissent par toute l'Europe dans les bois, les prairies et les champs cultivés; on les trouve principalement sur la bruyère, le chanvre, le lin, la luzerne, les thyms la vesce, le chaume de certaines graminées céréales et autres, etc., etc. Ces plantes passent pour être apéritives; on prétend aussi qu'elles possèdent les propriétés des plantes sur lesquelles elles vivent, mais toutefois à un moindre degré.

SECTION VII.

FAMILLE DES APOCINÉES. (FORMANT L'ORDRE QUATORZIÈME.)

Caractères botaniques.

Calice d'une seule pièce à cinq divisions; corolle régulière, également quinquifide, mais dont les divisions sont presque toujours tournées obliquement, et sont tantôt nues, et tantôt accompagnées d'appendices écailleux. Les étamines sont au nombre de cinq et alternes avec les lobes; un ou deux ovaires supérieurs sur le sommet desquels s'articule un seul stygmate dépourvu de style, ou un seul style dépourvu de son stygmate. Le fruit est une baie ou une capsule renfermant dans une seule loge plusieurs semences nues ou couronnées d'une aigrette.

Cette famille, reconnue comme très naturelle, se compose de plantes herbacées, d'arbrisseaux et d'arbres mêmes. La plupart des plantes de la première section sont remplies d'un suc laiteux ; les feuilles sont opposées et alternes, garnies ordinairement à leur aisselle, d'un rang de poils très petits et quelquefois presqu'imperceptibles ; les fleurs n'affectent aucune disposition uniforme.

La famille des apocinées tire son nom de l'apocin, l'un de ses genres les plus connus, sur les seize genres qui la constituent; un seul va nous occuper : c'est le genre asclépiade.

§ UNIQUE. — Plantes du genre Asclépiade (*Asclepias*).

Ce genre, qui offre à la botanique une foule de curiosités d'anatomie végétale, n'a point de lait dans ses tiges, comprend une cinquantaine d'espèces réparties en quatre sections, et fournit à nos prés hauts les deux espèces suivantes :

1° L'Asclépiade blanche ou Dompte-venin (*Asclepias vincetoxicum*) ;

2° L'Asclépiade noir (*Asclepias nigra*).

Ces deux plantes, assez ressemblantes pour que nous les réunissions ici, portent plusieurs tiges droites et simples qui atteignent deux pieds de hauteur, et ont la grosseur du petit doigt environ ; leurs feuilles sont ovales et d'un vert pâle, leurs fleurs sont disposées deux à deux par petits bouquets, et paraissent en juin ou juillet; c'est un mauvais fourrage auquel les chevaux ne touchent pas, ou ne touchent, quand ils sont en liberté, que lorsque la plante a perdu son âcreté par la gelée, au dire de *Buc'hoz*.

CHAPITRE IX.

COMPRENANT LES PLANTES FOURRAGÈRES APPARTENANT AUX FAMILLES QUI CONSTITUENT LA CLASSE X DE JUSSIEU.

Plantes dicotylédones, monopétales, étamines épigynes ou sur le pistil; anthères réunies.

SECTION Ire.

FAMILLE DES SEMI-FLOSCULEUSES (1). (FORMANT L'ORDRE PREMIER.)

Caractères botaniques.

Fleurs réunies dans un calice commun, nommé *calathide* ou corbeille; la corolle de chaque fleuron ayant assez la forme d'un cornet de papier, et traversée par le pistil ordinairement bifurqué et posé sur le sommet de l'ovaire; cinq étamines réunies par leurs anthères. Fruit composé d'une graine nue au fond de chaque fleur.

Nous n'assignerons point de *physionomie générale* aux plantes de cette famille que les botanistes modernes désignent encore sous le nom de *lactucées;* et cela, parce que divisées en plusieurs sections dont chacune a son caractère particulier, nous ne pourrions sans être confus, les généraliser ici; nous dirons seulement que sur les vingt-trois genres qui la constituent, on rencontre dans les foins des individus appartenant aux sept suivans :

(1) Cette famille, ainsi que les deux qui vont suivre, appartiennent à cette grande classe ou phalange végétale que les botanistes nomment CYNANTHÉRÉES, et que l'on divise en trois ordres, formant les familles des SEMI-FLOSCULEUSES, des FLOSCULEUSES et des RADIÉES. Ce que le vulgaire considère dans ces plantes comme en étant la fleur, est réellement l'assemblage d'une multitude de petites fleurs très distinctes et très complètes. Aussi M. Mirbel nomme-t-il *calathide*, c'est-à-dire *corbeille de fleurs*, cet assemblage souvent fort agréable à l'œil. Nous n'assignerons donc à aucune d'elles les caractères particuliers que nous avons coutume de mettre en tête de nos sections.

1° Laitron, 2° épervière; 3° crépide; 4° scorsonère; 5° salsifis; 6° chicorée; 7° liondent.

§ Ier. — Plantes du genre Laitron (*Sonchus*).

Ce genre de plantes appartient, d'après Jussieu, à la famille des chicoracées dont la chicorée forme le type; on en connaît environ trente espèces dont nous décrirons trois comme plantes de nos prés humides et marécageux, ce sont :

1° Le laitron des champs;
2° — des marais;
3° — commun.

1° Le Laitron des champs (*Sonchus arvensis*), plante à tige herbacée, haute de trois pieds environ, dressée, presque simple, à peu près cylindrique, fistuleuse; les feuilles sont alternes, embrassantes, laminées, glabres, un peu aiguës à leur sommet, et bordées de petites dents en forme d'épine; les fleurs d'un jaune doré, sont grandes, peu nombreuses et disposées au sommet de la tige en une sorte d'ombelle; c'est une des bonnes plantes des prés bas.

2° Le Laitron des marais (*Sonchus palustris*). Cette espèce produit de fortes tiges, hautes d'environ six pieds, dressées, presque simples, anguleuses, tubulées; les feuilles sont alternes, embrassantes, roncinées, glabres, aiguës au sommet et bordées de petites dents raides; les fleurs d'un jaune pâle, sont nombreuses et disposées en pannicule terminale et formant l'ombelle.

Cette plante, sans être un bon fourrage, n'est cependant pas malfaisante.

3° Le Laitron commun ou des potagers (*Sonchus oleraceus*), plante herbacée, haute d'un à deux pieds, à tige rameuse, cylindrique, glabre, tendre, creuse et fragile; ses feuilles sont alternes, embrassantes, lisses, très variables, ordinairement roncinées et dentées; les fleurs d'un jaune pâle, sont également disposées en ombelle au sommet de la tige et des branches. Les lapins, les vaches, les chevaux, les moutons et les chèvres aiment beaucoup ce laitron; sa saveur est amère et il contient un suc laiteux très abondant.

§ II. — Plantes du genre Epervière *(Hieracium)*.

Ce genre de plantes, comme le précédent, appartient d'après la classification de Jussieu, à la famille des chicoracées, et suivant les modernes, à la famille des cynanthérées et à la tribu des lactucées. — Voici comment M. Henri Cassini s'exprime pour établir leurs caractères dans un article du Dictionnaire des Sciences naturelles.

« M. Decandolle observe que la détermination et la classi-
« fication des espèces de ce genre est l'un des points les plus
« difficiles de la botanique européenne, parce que ces plantes
« offrent toutes des variations nombreuses dans la forme des
« feuilles et dans le nombre des poils qui les couvrent; que
« leur tige est quelquefois grande, rameuse, feuillée, quel-
« quefois courte, simple, nue et chargée d'un petit nombre de
« fleurs, et que ces variations ont lieu dans des espèces très
« voisines ou quelquefois dans différens individus d'une même
« plante. » Ce botaniste pense que les caractères les plus constans sont ceux qui tiennent à la grandeur des *fleurs*, à la forme et à l'aspect des poils, ou à la consistance des feuilles.

Quatre-vingt-dix espèces, presque toutes européennes, composent ce genre, qui fournit à nos prés hauts et bas les espèces indiquées ci-après.

Aux prés hauts.

1°	L'épervière	rongée;	7°	L'épervière	velue;
2°	——	orangée;	8°	——	piloselle;
3°	——	dorée;	9°	——	à bouquet;
4°	——	des Alpes;	10°	——	des montagnes;
5°	——	de Haller;	11°	——	à grandes fleurs;
6°	——	de Schrader;	12°	——	fausse-blutaie.

Aux prés bas.

13° L'épervière des marais.

Nous allons appliquer à sept ou huit seulement de ces treize espèces, une description particulière.

1° L'Épervière orangée (*Hieracium aurantiacum*). Cette espèce, qui porte le numéro douze dans l'ordre que les botanistes lui ont assigné, est la première qui nous offre dans son développement une hauteur suffisante pour qu'il soit possible de la faucher avec quelque avantage; les espèces des Alpes (*Alpinum*), Dorée (*Aureum*), Piloselle (*Pilosella*) étant trop petites, se distingue de celles-ci par les poils longs et lâches dont sa tige et ses feuilles sont hérissées; ses feuilles radicales sont oblongues, rétrécies, entières et chargées de poils; sa tige, haute d'un pied et demi, est droite, simple, également velue, garnie vers sa base de quelques feuilles, mais nue à son sommet; ses fleurs sont d'un pourpre orangé qui sert encore à distinguer cette espèce de ses sœurs.

2° L'Épervière velue (*Hieracium villosum*) est une petite plante qui atteint à peine dix pouces, et n'en a communément que sept ou huit; elle offre tous les caractères génériques du type auquel elle appartient; nous ne nous y arrêterons pas, elle est trop petite pour ne pas être perdue dans les foins quand elle s'y rencontre.

3° L'Épervière a ombelle ou a Bouquet (*Hieracium ombellatum*). Sa tige est droite, simple, dure, feuillée et s'élève jusqu'à trois pieds; ses feuilles sont éparses, lancéolées, linéaires, quelquefois très étroites, dentées sur leurs bords et âpres au toucher.

4° L'Épervière a grandes fleurs (*Hieracium grandiflorum*) est une très belle espèce, haute d'un pied et demi, et remarquable par les oreillettes pointues de ses feuilles; sa tige est un peu épaisse, profondément striée, velue, feuillée et rameuse; les feuilles qui naissent du collet de la racine, sont longues de six à huit pouces, et larges de deux et demi; elles sont rétrécies à leur base et bordées de dents aiguës, en crochet et tournées en arrière; celles qui ornent la tige, ont à leur base quelques dents et deux oreillettes pointues;

les supérieures sont étroites, pointues et en forme de lance ou de dard.

5° L'Épervière marécageuse (*Hieracium paludosum*) dont la tige s'élève jusqu'à deux pieds, est glabre, feuillée, cylindrique inférieurement et anguleuse à son sommet. Toutes les feuilles sont glabres, menues et d'un vert tendre. — Les feuilles qui croissent le long de la tige sont lancéolées, ovales, très pointues, dentées et ayant deux oreilles ou redents à leur base.

Quant aux espèces que nous ne mentionnons point ici et qui sont *assimilables* par leur exiguïté aux trois que nous avons indiquées en parlant de l'épervière orangée, nous dirons en passant que ce sont néanmoins de fort bonnes plantes fourragères.

En général, la présence de ces plantes (la marécageuse exceptée, qui est pourtant aussi une excellente plante des prés bas) dans le fourrage, en décèle la bonne origine et doit être un titre à l'acceptation.

§ III. — Plantes du genre Crépide (*Crepis*).

Le genre crépide étant immédiatement voisin du précédent, nous maintiendrons pour lui les considérations générales qui nous ont occupés en traitant du genre épervière; nous dirons seulement qu'on en connaît une trentaine d'espèces, toutes herbacées, à fleurs jaunes, dont huit se rencontrent en France, et qui fournit à nos prés de plaine, les trois espèces suivantes :

1° La crépide bisannuelle;
2° — verdâtre;
3° — des toits.

1° La Crépide bisannuelle (*Crepis bisannuis*) a sa tige haute de deux à quatre pieds, dressée, rameuse et sillonnée; ses feuilles sont profondément découpées, et les fleurs sont disposées en corymbe terminal. Cette espèce est commune dans les prés et fleurit en mai ou juin.

2° La Crépide verdatre (*Crepis virens*). Sa tige est dressée et rameuse; ses feuilles sont lancéolées, roncinées, glabres; les supérieures très étroites, linéaires, dentées; les fleurs plus petites que dans l'espèce précédente, sont disposées en corymbe irrégulière, un peu rougeâtres en dessous.

3° La Crépide des toits (*Crepis tectorum*) dont la tige est un peu grisâtre, offre des rameaux divergens, des feuilles supérieures ayant des bords entiers et roulés en dessous des fleurs un peu plus grandes que la précédente.

Chacune de ces trois espèces constitue un bon fourrage.

§ IV. — Plantes du genre Scorzonère (*Scorzonera*).

Ce genre de plantes a beaucoup de rapports avec les salsifis dont nous parlerons plus loin, et dont il reçoit le nom en certaines contrées; il se compose de plantes dont les feuilles sont ordinairement entières, quelquefois laciniées; les fleurs jaunes dans la plupart des espèces et bleuâtres dans quelques autres. Ce genre comprend trente-cinq espèces, et fournit à nos divers prés les suivantes :

Dans les prés hauts. —	1°	La scorzonère	d'Espagne;
	2°	——	à feuilles étroites;
Dans les prés de plaine. —	3°	——	laciniée;
	4°	——	nerveuse;
	5°	——	petite.

1° La Scorzonère d'Espagne (*Scorzonera hispanica*) est très bien connue par l'usage alimentaire que l'on fait de ses racines; sa tige est glabre, haute de deux ou trois pieds et rameuse; les feuilles sont alternes, sessiles, à demi-embrassantes, vertes, médiocrement dentées ou ondulées à leurs bords; les inférieures sont ovales, oblongues, rétrécies à leur base et comme en spatule dans le milieu. — Les fleurs sont solitaires, terminales, de couleur jaune et supportées par un calice cotonneux à sa base. C'est un très bon fourrage.

2° La Scorzonère a feuilles étroites (*Scorzonera angustifolia*) offre une tige simple, grêle, quelquefois un peu rameuse, souvent velue à sa base et haute d'un pied au plus ; les feuilles sont nombreuses, presque toutes radicales, en touffe, linéaires, très étroites, glabres ou un peu velues et aiguës. — Les fleurs sont solitaires, terminales, supportées par un pédoncule cotonneux, un peu renflé au sommet. C'est également un bon fourrage.

3° La Scorzonère laciniée (*Scorzonera laciniata.*) Cette espèce se distingue à ses feuilles très étroites et divisées en dents très aiguës; ses tiges sont droites, hautes d'un pied au moins, cylindriques, striées et rameuses. L'aspect général de la plante est d'un vert foncé ; elle n'est pas commune dans les foins, et c'est fâcheux : car les chevaux l'aiment beaucoup.

4° La Scorzonère nerveuse (*Scorzonera nervosa*) se distingue par ses feuilles lancéolées, planes et nerveuses, par ses tiges simples, uniflores, variant en hauteur de six pouces à un pied, et plus, et par la présence ou la privation d'un duvet qui revêt quelquefois en partie les tiges et les feuilles.

5° La Scorzonère humble ou basse (*Scorzonera humilis*) offre une tige presque simple, tendre, peu feuillée, glabre, cylindrique et un peu cotonneuse ; les feuilles sont presque toutes radicales, pétiolées, oblongues, aiguës, rétrécies à leurs extrémités, glabres, marquées de nervures longitudinales qui les font ressembler à celles du plantain ; les feuilles de la tige sont rares, étroites, linéaires et sessiles ; les fleurs sont solitaires et terminales, à corolles jaunes. Toutes les espèces, quand elles portent leurs fruits, sont surmontées d'une aigrette plumeuse très fine.

Ces deux dernières espèces croissent dans les prés en pente et accessibles à l'eau, mais elles y sont rares. — Les animaux herbivores les recherchent avec ardeur.

§ V. — Plantes du genre Salsifis (*Tragopogon*).

Ce genre de plantes, qui offre tous les caractères du précédent, se compose de dix-sept espèces, et ne fournit à nos prés qu'une seule plante des prés de plaine : c'est le SALSIFIS DES PRÉS (*Tragopogon pratensis*) ou BARBE DE BOUC, plante commune dans les prés ni secs ni humides, et dont le sol est gras et profond. Cette plante atteint deux pieds ou deux pieds et demi d'élévation, et forme des touffes qui sont fort du goût des chevaux. Malheureusement, quand on coupe les foins, cette plante a déjà perdu une partie de ses feuilles, qui alors qu'elles sont jeunes et vertes, ont un goût à la fois sucré et amer qui les fait rechercher des hommes autant au moins que des chevaux ; elle a un inconvénient, c'est de sécher difficilement.

§ VI. — Plantes du genre Chicorée (*Chicorium*).

On connaît cinq espèces de chicorée, qui sont des plantes herbacées, vivaces, à fleurs bleues ou quelquefois blanches ou roses. Ce genre fournit à nos prés de plaine, la CHICORÉE SAUVAGE (*Chicorium intybus*), plante vivace qui croît sans culture sur le bord des chemins, le long des haies, dans certains champs et dans quelques prairies; aussi la rencontre-t-on quelquefois dans le foin ou la paille ; le collet de ses racines donne naissance à des tiges rameuses, garnies de feuilles profondément découpées comme celles de pissenlit, mais beaucoup plus grandes; les feuilles de la tige vont en diminuant de grandeur jusqu'à leur extrémité où elles sont fort petites; les fleurs viennent ordinairement deux à deux sur les tiges; elles sont grandes et d'un beau bleu céleste ; quelquefois cependant, il s'en trouve de blanches et de roses. Cette plante fleurit en juin et juillet.

Ce que l'on ne connaît pas assez de la chicorée sauvage, c'est qu'elle est un excellent fourrage. Des essais tentés à la fin du siècle dernier, ont donné les plus beaux résultats : on la mélange à d'autres plantes, ou on peut la donner seule.

Les animaux auxquels on la présente aussi, font d'abord quelques difficultés à cause de son amertume, mais ils s'y accoutument bientôt.

§ VII. — Plantes du genre Liondent (*Leontodon*).

On connaît environ quinze espèces de ce genre, dont trois se rencontrent dans nos foins des prés hauts; ce sont :

1° Le liondent d'automne ;

2° — lancéolé,

3° — hérissé.

1° Le Liondent d'automne (*Leontondon automnale*) est une plante dont la tige, longue d'un pied environ, est rameuse, presque entièrement dépourvue de feuilles et glabre ; les feuilles sont presque toutes radicales, nombreuses, étalées sur la terre, lancéolées et dentées ; les fleurs d'un jaune doré, sont rougeâtres en dessous et au sommet. C'est un fourrage médiocre ainsi que les deux espèces dont il nous reste à parler.

2° Le Liondent lancéolé (*Leontodon hastile*). De la racine de cette plante s'élèvent de longues feuilles, dressées, lancéolées, glabres et lisses comme toutes les autres parties de la plante, et bordées de dents larges, courtes, disposées en ordre alterne sur les deux côtés de la feuille. La même racine produit des hampes simples, longues de six à douze pouces, et terminées par des fleurs jaunâtres. — Cette plante très variable, offre quelquefois des poils simples et peu nombreux, épars sur les feuilles et la hampe.

3° Le Liondent hérissé (*Leontodon hispidum*) porte des feuilles et des hampes plus ou moins hérissées de poils bifurqués ou, mais plus rarement, trifurquées, et c'est en quoi elle diffère principalement de l'espèce précédente qui est glabre, mais à laquelle elle ressemble beaucoup du reste.

SECTION II.

FAMILLE DES FLOSCULEUSES. (FORMANT L'ORDRE DEUXIÈME.)

Caractères botaniques.

Semblables aux semi-flosculeuses, à l'exception de la corolle qui est régulière et divisée à cinq lobes.

Cinquante-sept genres se groupent pour former la famille

végétale comprise sous cette dénomination ; et sur ce nombre, les quatre suivans se rencontrent dans nos prés.

1° La centaurée; 2° chardon; 3° armoise; 4° eupatoire.

§ Ier. — Plantes du genre Centaurée (*Centaurea*).

De Jussieu avait compris ce genre dans le nombre de ceux établis par lui pour former la famille des *cynarocéphales* dont l'*artichaut* formait le type. M. *De Candolle* qui ne considère les *cynarocéphales* que comme un *groupe* artificiel de cynanthérées qu'il partage en quatre divisions, classe les centaurées dans la quatrième, et les nomme *centaurées*, sans cependant en faire une *famille*. Quoi qu'il en soit, ce genre de fleurs *composées* qui comprend 130 individualités, fournit à nos prés hauts et de plaine, les espèces dont la nomenclature suit :

Aux prés hauts. — 1° La centaurée noire;
2° —— plumeuse;
3° —— uniflore;
Aux prés de plaine. — 4° —— de montagne;
5° —— jacobée;
6° —— des prés;
7° —— des blés.

1° La Centaurée noire (*Centaurea nigra*) offre une tige anguleuse, rameuse et haute d'un pied et demi; ses feuilles sont lancéolées, d'un vert sombre, rudes au toucher et garnies sur leurs bords de quelques dents anguleuses et distantes.

2° La Centaurée plumeuse (*Centaurea phrygia*) a de grands rapports avec la précédente; mais s'en distingue cependant avec assez de facilité quand elle est en fleur, à ses beaux calices dont les écailles sont terminées par des plumets recourbés et remarquables d'où elle a tiré son nom spécifique. Ce que nous avons dit des feuilles et des tiges de la centaurée noire lui est applicable.

3° La Centaurée uniflore (*Centaurea uniflora*). Quoiqu'ayant des fleurs semblables à celles de la centaurée plumeuse, en diffère par ses tiges et par ses feuilles ; les premières sont simples, cotonneuses, feuillées et hautes seulement de neuf ou dix pouces ; les feuilles sont étroites, lancéolées, cotonneuses, blanchâtres, douces au toucher et assez souvent entières, quoiqu'on en rencontre aussi de dentelées sur leurs bords.

4° La Centaurée de montagne (*Centaurea montana*) dont la tige est simple, droite, feuillée, cotonneuse et rarement haute de plus d'un pied ; ses feuilles sont lancéolées, entières et un peu cotonneuses.

5° La Centaurée jacobée (*Centaurea jacobea*) est trop petite pour être fauchée.

6° La Centaurée des prés (*Centaurea pratensis*) à tiges rameuses, anguleuses à leur sommet, et qui varient en hauteur depuis huit pouces jusqu'à trois pieds ; ses feuilles sont éparses, lancéolées, pointues, verdâtres, un peu cotonneuses et blanchâtres en dessous. Cette plante est fort commune dans les prés de toutes les expositions, mais plus particulièrement dans ceux de plaine.

7° La Centaurée des blés (*Centaurea cyanus*). C'est cette jolie plante que tout le monde connaît et reconnaît à l'élégance et à la couleur de ses fleurs ; elle est commune dans les champs, parmi les blés, et presque aussi fréquente dans les prés dont le sol est argileux ; elle s'élève communément à la hauteur d'un ou deux pieds ; sa tige est striée, un peu rameuse et cotonneuse ; ses feuilles sont longues, linéaires et blanchâtres.

Toutes ces plantes ont des tiges ligneuses qui en rendent la mastication difficile ; cependant les chevaux ne dédaignent aucune de ces espèces. Toutefois je crois que ce serait user de trop bonne volonté, que de la classer au rang des fourrages médiocres.

§ II. — Plantes du genre Chardon (*Carduus*).

Les botanistes qui ont rayé de leur classification les trois familles de cynanthérées que nous avons établies en commençant ce chapitre, pour n'en faire qu'une seule divisée en *tribus* naturelles, groupes, genres, etc., forment du genre qui nous occupe, le type de la tribu des *carduacées;* et, dit M. Henri *Cassini :* « Il faut se garder de le confondre avec « une foule d'autres plantes de divers genres, de diverses « tribus, et même de diverses familles que le vulgaire confond « sous le nom de chardons, et qui n'ont de commun que « d'être armées d'épines. » — Pour nous, qui ne faisons que de la botanique appliquée à l'hygiène hippique, les profondes et subtiles distinctions d'histoire naturelle établies par les Jussieu, les Lamarck, les De Candolle et autres, nous touchant peu, nous nous bornerons pour distinguer les chardons, aux caractères suivans : — Plantes herbacées à feuilles épineuses, plus ou moins découpées, souvent cotonneuses, toujours prolongées sur la tige et à calathides composées de fleurs purpurines ou blanches dans quelques variétés. — Ce genre se compose d'une quarantaine d'espèces, quinze sont propres à la France, et trois se rencontrent dans les foins des prés secs; ce sont :

1° Le chardon penché;
2° — crépu;
3° — à petites fleurs.

1° Le Chardon penché (*Carduus nutans*) offre une tige rameuse, dressée, cannelée et haute d'un pied et demi environ; les feuilles sont lancéolées, à dents épineuses et glabres; cette espèce ainsi que les suivantes que nous nous ne décrirons pas à raison de leur ressemblance, se rencontrent sur le bord des prés, le long des haies et fleurissent en juin ou juillet.

En parlant de cette plante comme aliment, le souvenir de l'âne revient toujours en mémoire, chacun sait qu'il mange avec plaisir les plantes de ce genre; mais le cheval, plus délicat dans le choix de sa nourriture, n'y touche jamais quand elle est sur pied dans un pâturage où il paît, et la mange bien rarement sèche. Je l'ai cependant vu quelquefois.

§ III. — Plantes du genre Armoise (*Artemisia*).

Ce genre de plantes comprend une cinquantaine d'espèces presque toutes propres à l'Europe, et dont deux seulement se rencontrent dans nos foins.

En général, les armoises sont des plantes remarquables par leur feuillage multifide, et par le duvet blanc et soyeux qui les recouvre; les fleurs peu apparentes sont disposées en une pannicule; les graines sont très petites et sans aigrettes. — Les espèces dont nous allons parler, sont les suivantes, toutes deux propres aux prés hauts.

1° Armoise commune;

2° — estragon.

1° L'Armoise commune (*Artemisia vulgaris*), plante que l'on nomme encore herbe a Saint-Jean, offre des tiges verticales, cannelées, rameuses et hautes de trois à six pieds; ses feuilles sont alternes, pinnatifides, vertes en dessus et couvertes d'un duvet blanchâtre en dessous; ses fleurs forment par leur réunion, de longues grappes terminales.

Le duvet dont cette plante est couverte, et son goût amer en éloignent les chevaux.

2° L'Armoise estragon (*Artemisia drammulus*) vulgairement l'estragon, la serpentine. — Les tiges de cette espèce sont grêles, rameuses, et s'élèvent à deux ou trois pieds de hauteur; ses feuilles sont simples, très entières, vertes, glabres, étroites et lancéolées; les fleurs sont petites, jaunâtres, et naissent au sommet de la tige et des rameaux.

Cette plante que l'on cultive dans les jardins potagers et que l'on mêle comme assaisonnement à la salade, sera considérée par nous comme une bonne plante, non pour ses qualités nutritives, mais pour ses qualités assaisonnantes; elle a une saveur âcre, piquante, mais agréable et un peu aromatique : elle excite l'appétit et la salivation. Malheureusement elle est rare dans les prés.

§ IV. — Plantes du genre Eupatoire (*Eupatorium*).

Quatre-vingts espèces constituent ce genre, dont la cinquième ou Eupatoire a feuilles de chanvre, vulgairement Eupatoire commune (*Eupatorium cannabinum*) se rencontre dans les prés bas et humides. C'est une plante dont les tiges sont hautes de trois à quatre pieds, velues, rougeâtres, remplies de moelle, feuillées et rameuses; les feuilles sont divisées en trois folioles lancéolées et dentées, elles ont une saveur amère et constituent un mauvais fourrage.

SECTION III.

FAMILLE DES RADIÉES. (FORMANT L'ORDRE TROISIÈME.)

Caractères botaniques.

Semblables aux semi-flosculeuses, seulement la même calathide supporte au centre des fleurons réguliers comme ceux des flosculeuses, et à la circonférence, des fleurons en languette semblables à ceux des semi-flosculeuses et qui forment le rayon.

Les soixante-dix genres qui constituent cette famille, dernière fraction des cynanthérées, fournissent à nos foins des plantes appartenant aux cinq genres qui suivent :

1° Chrysanthème; 2° inule; 3° senneçon; 4° camomille; 5° achillée.

§ Ier. — Plantes du genre Chrysanthème (*Chrysanthemum*).

Ce genre comprend une soixantaine d'espèces, dont six seulement se rencontrent en France, et dont une seule appartient à nos prés de plaine : c'est la Chrysanthème lemanthème, vulgairement grande Marguerite (*Chrysanthemum lemanthemum*). C'est une plante très commune dans les prés de plaine où elle étale en été la belle fleur à disque jaune et à couronne blanche qui lui a valu le nom grec qu'elle porte, et qui signifie *fleur d'or;* sa tige est dressée, un peu rameuse supérieurement, haute d'un à deux pieds et striée; ses feuilles inférieures sont spatulées, rétrécies à leur base en pétiole et crénelées ; les supérieures sont oblongues, obtuses, dentées en scie supérieurement ; sa tige et ses branches sont terminées par les fleurs.

Cette plante qui perd, du reste, beaucoup par la dessiccation, constitue un médiocre fourrage.

§ II. — Plantes du genre Inule *(Inula)*.

M. Henri Cassini, auquel la science doit un bien beau travail sur les synanthérées en général, a fait des plantes de ce genre, le type d'une tribu qu'il nomme INULÉES, tribu divisée en plusieurs sections. L'inule fait partie de la deuxième qu'il nomme *inulées proto-types*. Ce genre se compose de vingt espèces environ, qui fournissent à nos foins les deux qui suivent et qui habitent les prés bas.

1° L'inule hélénion ;

2° — à feuilles de sauge.

1° L'INULE HÉLÉNION (*Inula helenium*) produit des tiges d'environ quatre pieds, dressées, rameuses, cylindriques, épaisses et pubescentes ; les feuilles radicales sont longues de deux pieds et demi ; les feuilles de la tige sont alternes, graduellement plus courtes de la base au sommet de la tige ; les fleurs sont jaunes et solitaires au sommet des rameaux et des tiges. Cette plante connue encore sous le nom d'*aulnée* est un mauvais aliment.

2° L'INULE A FEUILLES DE SAUGE (*Inula salicina*) porte des tiges hautes de deux pieds, dressées, cylindriques, glabres et seulement rameuses à leur sommet ; elles sont garnies de feuilles alternes, sessiles, longues d'environ deux pouces, et garnies sur les bords de poils raides imitant des dentelures de scie ; elle porte des calathides solitaires, et composées de fleurs jaunes au sommet des tiges et des branches. — C'est également une mauvaise nourriture.

§ III. — Plantes du genre Senneçon *(Senecio)*.

Les 130 espèces de ce genre ne nous fournissent qu'un

seul individu, habitant de nos prés de plaine; c'est le SENNEÇON JACOBÉE OU HERBE DE SAINT-JACQUES (*Senecio Jacobœa*). Ses tiges sont rameuses, presque glabres, un peu anguleuses, hautes de deux ou trois pieds; les feuilles un peu pétiolées, sont pennatifides, presque glabres, d'un vert foncé et à lobes plans; les fleurs sont jaunes et nombreuses; c'est une plante dont les propriétés vulnéraires et le goût un peu amer, sont loin de déprécier les foins, mais diminuent pourtant leur qualité.

§ IV. — Plantes du genre Camomille (*Anthemis*).

Ce genre comprend une quarantaine d'espèces, dont le plus grand nombre vient en Europe; ce sont des plantes herbacées, à feuilles ordinairement très découpées, à fleurs situées communément à l'extrémité des rameaux. — Il fournit à nos prés les deux espèces nommées :

1° La camomille romaine;
2° —— des teinturiers.

1° LA CAMOMILLE ROMAINE OU ODORANTE (*Anthemis nobilis*) se rencontre dans les prés secs; ses tiges sont rameuses, menues, et presque couchées; ses feuilles sont aiguës et un peu velues; elles ont, ainsi que les fleurs, une odeur forte et aromatique.

Cette plante nuit aux foins par son odeur d'abord, et encore par la difficulté qu'on éprouve à la dessécher. C'est un mauvais fourrage.

2° LA CAMOMILLE DES TEINTURIERS OU ŒIL DE BOEUF (*Anthemis tinctoria*) est une espèce dont les tiges sont droites, rameuses vers leur sommet et hautes d'un à deux pieds; les feuilles sont velues et blanchâtres en dessous, à découpures fines, étroites et aiguës; les fleurs sont jaunes, terminales, solitaires et portées sur des pédoncules blanchâtres.

Cette plante, à laquelle on attribue des qualités vulnéraires, se rencontre dans les foins des prés secs des départemens méridionaux, qu'elle appauvrit.

§ V. — Plantes du genre Achillée (*Achillea*).

Ce genre de plantes se compose d'une trentaine d'espèces dont le feuillage agréable est nuancé depuis le blanc jusqu'au vert le plus foncé; leurs fleurs sont blanches, jaunes ou rarement rougeâtres, leur odeur plaît, leur taille varie de deux à trois pieds, et les individus qu'il fournit à nos prés sont les suivans :

Aux prés hauts. — 1° L'achillée des Alpes ;
2° — à feuilles de tanaisie;
Aux prés de plaine. — 3° — mille feuilles ;
Aux prés bas. — 4° — sternutatoire.

1° L'Achillée des Alpes (*Achillea Alpina*). Ses tiges s'élèvent à un pied et demi environ après avoir d'abord été un peu couchées ; elles sont abondamment pourvues de feuilles lancéolées, pointues, vertes et profondément découpées en scie; chaque découpure étant elle-même denticulée. Cette espèce est bien distincte de toutes les autres du même genre.

2° L'Achillée a feuilles de tanaisie (*Achillea tanacetifolia*) offre une tige anguleuse à peine velue, haute d'environ trois pieds et surchargée de feuilles un peu distantes entre elles, longues de plusieurs pouces, larges de deux ou trois, ailées, plates et rangées comme les dents d'un peigne.

3° L'Achillée millefeuille (*Achillea millefolia*) ou achillée commune, est, comme son surnom l'indique, très répandue sur le bord des chemins, dans les prés, etc., etc. C'est la plus petite des quatre qui nous occupent; sa taille ne s'élève guère au-dessus de 18 pouces, sa tige est verte et parfois rougeâtre inférieurement, quelque peu velue et cannelée ; ses feuilles arrangées et étroites, sont sessiles, deux fois ailées, vertes et finement découpées.

4° L'Achillée sternutatoire (*Achillea ptarmica*), plante commune et d'un port élégant ; elle a une tige cylindrique,

7.

verte et feuillée, un peu branchue et haute de deux pieds et demi à trois pieds; ses feuilles sont lancéolées, étroites, pointues et finement dentées sur leurs bords, leur couleur est vert foncé : c'est le *bouton d'argent* du vulgaire.

Aucune de ces quatre espèces ne peut être considérée que comme un fourrage médiocre.

CHAPITRE X.

COMPRENANT LES PLANTES FOURRAGÈRES, APPARTENANT AUX FAMILLES QUI CONSTITUENT LA CLASSE XI DE JUSSIEU.

Plantes dicotylédones, monopétales, à étamines épigynes et à anthères distinctes.

SECTION Ire.

FAMILLE DES DIPSACÉES. (FORMANT L'ORDRE PREMIER.)

Caractères botaniques.

Les fleurs de cette famille sont, comme dans les précédentes, réunies plusieurs ensemble sur un réceptacle commun, couvert de paillettes qui les séparent les unes des autres ; elles sont en outre entourées d'un calice commun, particulier et monophyle ou d'une seule pièce. La corolle est monopétale ; les étamines en nombre variable ; l'ovaire simple, surmonté d'un seul style terminé par un stygmate simple ou divisé, et qui devient avec le calice une capsule au fond de laquelle est insérée une seule graine.

La famille des dipsacées ne diffère de celles des synanthérées dont nous venons de parcourir les divisions, que par des caractères botaniques dont la fleur est le siége et que l'œil nu ne parvient pas toujours à saisir. Du reste, elle se compose de plantes à tiges herbacées ou rarement ligneuses, portant des feuilles opposées et des têtes de fleurs terminales. Cette famille comprend quatre genres, dont un seul nous offrira quelques individus : c'est le genre scabieuse.

§ UNIQUE.— Plantes du genre Scabieuse (*Scabiosa*).

Les scabieuses sont des plantes herbacées, à feuilles opposées, simples et découpées, et dont les fleurs sont rapprochées plusieurs ensemble en tête disposées à l'extrémité des tiges et des rameaux. On distingue plus de 120 espèces de scabieuses, en grand nombre européennes; beaucoup d'entre elles se ressemblent tellement par le port, qu'il est souvent fort difficile de les distinguer au premier coup d'œil. Ce genre fournit à nos prés les espèces qui suivent :

Aux prés hauts. — 1° La scabieuse colombaire;
Aux prés de plaine. — 2° —— succise;
Aux prés bas. — 3° —— des champs.

1° La Scabieuse colombaire (*Scabiosa columbaris*) est très élégante quand elle est en fleur; sa tige est cylindrique, presque glabre, haute d'un à deux pieds, rameuse dans le haut, garnie à sa base de feuilles crénelées et légèrement velues; les supérieures sont assez ordinairement entières, ses fleurs sont bleuâtres ou rougeâtres. — Les chevaux recherchent cette espèce au printemps; mais quand elle est fanée, elle est presque réduite à rien par la dessiccation. C'est une bonne plante dans les herbes que l'on donne en vert.

2° La Scabieuse succise (*Scabiosa succisa*) est encore nommée mors du diable, parce que la racine tronquée et comme rongée, passait, au dire des bonnes femmes du moyen âge, pour être rongée par le diable. Les caractères étant les mêmes que ceux de la précédente, nous ne les répéterons pas ici. Commune dans les prés argileux Bourgelat la met avec raison au nombre des plantes qui gâtent les foins.

3° La Scabieuse des champs (*Scabiosa arvensis*) assez semblable à la première pour l'aspect et les caractères; elle en diffère cependant par ses qualités nutritives; elle croît dans les prairies en bon fonds : les chevaux la recherchent plus que la première, et dans quelques cantons des Cevennes, on la cultive comme fourrage. La scabieuse des champs est une des espèces les plus anciennement connues du genre; on croit que le nom de *scabiosa*, qui paraît dériver de *scabies* gale, lui a été donné en raison des propriétés antipsoriques qu'on lui attribue.

SECTION II.

FAMILLE DES VALÉRIANÉES. (FORMANT L'ORDRE DEUXIÈME.)

Caractères botaniques.

Un calice d'une seule pièce divisé en quelques petits lobes et formant une aigrette; corolle monopétale, portée sur l'ovaire, tubulée et divisée en plusieurs lobes ordinairement égaux. Etamines variant en nombre de un à cinq. Ovaire simple, adhérant au calice, un style et un stygmate. Capsule quelquefois monosperme; d'autres fois formant deux ou trois loges, contenant chacune une graine.

Cette famille de plantes a été primitivement une section de celles des dipsacées; c'est dire assez que les caractères sont à peu de chose près identiques; aussi, nous bornerons-nous à dire que les plantes de cette famille sont des herbes ou des sous-arbrisseaux à feuilles opposées et entières, et à fleurs ordinairement disposées en corymbes terminaux ou axillaires.

Deux genres composent cette famille qui ne nous en fournit qu'un seul qui est le type, c'est-à-dire le genre valériane.

§ UNIQUE. — Plantes du genre Valériane (*Valeriana*).

Ce genre a donné son nom à la famille : il se compose de cinquante espèces au moins, qui toutes sont des plantes herbacées à feuilles opposées et simples, et dont les fleurs sont disposées en pannicules; onze de ces espèces croissent naturellement en France, et sur ce nombre, nos prés hauts et bas reçoivent les espèces suivantes :

Les prés hauts. — 1° La valériane rouge;

Les prés bas. — 2° —— dioïque.

1° LA VALÉRIANE ROUGE (*Valeriana rubra*) remarquable par ses belles fleurs d'un rouge plus ou moins vif et disposées en pannicule terminale. Cette espèce pousse des tiges droites, très lisses, fistuleuses, hautes de deux ou trois pieds, garnies de feuilles opposées, glabres, élargies, entières, aiguës à leur sommet, et d'un vert glauque.

2° La Valériane dioïque (*Valeriana dioïca*) porte des tiges droites, grêles, cylindriques, striées, hautes d'un pied environ, et garnies de feuilles assez semblables à celles de la précédente espèce; ses fleurs forment aussi une pannicule terminale, mais blanche et légèrement purpurine.

Les chevaux sont friands de ces deux espèces, et de la dernière surtout, qu'ils aiment avec passion.

CHAPITRE XI.

COMPRENANT LES PLANTES FOURRAGÈRES APPARTENANT AUX FAMILLES QUI CONSTITUENT LA CLASSE XII DE JUSSIEU.

Plantes dicotylédones, polypétales, étamines épigynes, c'est-à-dire insérées sous le pistil.

SECTION UNIQUE.

FAMILLE DES OMBELLIFÈRES. (FORMANT L'ORDRE DEUXIÈME.)

Caractères botaniques.

Calice entier adhérant à l'ovaire et quelquefois le dépassant par cinq très petites dents. Corolle composée de cinq pétales égaux ou inégaux et protégeant cinq étamines qui leur sont alternes. Deux styles sur l'ovaire qui devient en mûrissant, un fruit composé de deux graines revêtues chacune d'une double peau membraneuse.

On donne ce nom à une famille de plantes regardée comme l'une des plus naturelles et remarquable par la disposition de ses fleurs en parasol ou ombelle, d'où lui vient son nom; elle est encore facile à reconnaître par l'uniformité assez générale de ses autres caractères.

Ses tiges sont herbacées dans la plupart des plantes de cette famille, ligneuses dans un bien petit nombre; les feuilles alternes, portées sur des pétioles élargis et engaînant les tiges, sont simples ou plus souvent diversement composées. — Les fleurs sont portées sur des pédoncules particuliers, uniflores, qui se réunissent plusieurs ensemble en un même point pour former une *ombelle*. Cette ombelle, subdivisée en plusieurs ombelulles, peut être nommée ombelle double ou composée. Dans quelques genres c'est une ombelle simple qui ne se partage pas en plusieurs.

L'organisation uniforme des ombellifères prouve combien

cette famille est naturelle ; tous les auteurs systématiques, dit M. Jussieu, auquel nous empruntons littéralement presque tous ces détails, l'ont conservée dans son intégrité. Cette uniformité est telle qu'on pourrait croire que la famille n'est qu'un grand genre dont les espèces sont très nombreuses; aussi a-t-il fallu recourir à des distinctions très minutieuses pour établir ces genres.

Presque toutes les espèces de cette famille croissent dans nos différens prés, et entrent ainsi dans la composition des fourrages où elles sont alternativement nutritives à divers degrés, aromatiques ou assaisonnantes et nuisibles ou vénéneuses.

Voici, en suivant cette division, l'ordre de leur classification, qui nous permet d'établir trois articles dans cette section.

Ombellifères.

Nutritives.

1° Boucage ;
2° Panais ;
3° Cerfeuil ;
4° Carotte ;
5° Buplèvre ;
6° Panicaut ;

Aromatiques.

7° Carvi ;
8° Aneth ;
9° Coriandre ;
10° Cumin ;
11° Sison.

Nuisibles.

12° Impératoire ;
13° Cigüe ;
14° Phellandre ;
15° Oenanthe ;
16° Bubon ;
17° Berle ;
18° Angélique ;
19° Livêche ;
20° Berce ;
21° Paucédane ;
22° Sélin ;
23° Hydrocotyle.

Article premier. — *Ombellifères nutritives.*

§ Ier. — Plantes du genre Boucage *(Pimpinella)*.

Ce genre d'ombellifères réunit dix-huit espèces qui fournissent à nos prés hauts une plante constituant un bon fourrage ; c'est la première espèce de ce genre ou le

Boucage a feuilles de pimprenelle (*Pimpinella saxifraga*) que l'on nomme encore Bouquetine du Languedoc. Cette plante dont la tige est haute d'un pied, presque nue, se divise en quelques rameaux épars, à l'aisselle desquels se trouve une petite feuille ; celles-ci sont ailées, dentelées sur leurs bords et assez semblables à celles de la pimprenelle ; les fleurs se flétrissent de bonne heure et se rencontrent rarement dans les foins.

§ II. — Plantes du genre Panais (*Pastinaca*).

Les plantes de ce genre sont des plantes herbacées, à feuilles alternes, simples ou ailées dont les fleurs sont petites et jaunes, et qui comprend huit espèces ; une seule parmi elles se rencontre dans les prés de plaine un peu humides ; c'est le

Panais cultivé (*Pastinaca sativa*) que l'on nomme encore grand chervi, pastenade ou pastenaille blanche. Cette plante offre des tiges droites, fermes, cannelées, fistuleuses, hautes de trois à quatre pieds, rameuses, garnies de feuilles pubescentes dont les folioles sont dentées et assez grandes ; les fleurs sont régulières et disposées en une ombelle qui se compose parfois de vingt ou trente rayons.

Les feuilles de panais cultivé sont un excellent fourrage pour les bestiaux, et on cultive en Angleterre et en Allemagne cette plante comme plante fourragère. Cette coutume commence aussi à s'introduire dans quelques contrées du midi de la France, où il serait à désirer qu'elle prît faveur.

La racine de cette plante est susceptible de fournir douze pour cent de sucre ; elle est comestible, et les Allemands en font une espèce de conserve. On doit prendre garde, toutefois, de ne pas confondre cette racine avec celle de la cigüe, qui lui ressemble beaucoup.

§ III. — Plantes du genre Cerfeuil (*Chærophyllum*).

Ce genre ne se distingue guère des autres plantes de sa

famille, que par la forme grêle et allongée de ses fruits. On connaît aujourd'hui une vingtaine d'espèces de ce genre, qui fournissent à nos prés hauts les deux suivantes :

1° Le cerfeuil sauvage;

2° — odorant.

1° Le Cerfeuil sauvage (*Chœrophyllum silvestre*) porte une tige fistuleuse, rameuse, striée, velue dans la partie inférieure, un peu renflée à chacun de ses nœuds, et haute de deux à trois pieds; ses feuilles sont fort grandes, larges, molles, velues légèrement et marquées souvent de taches blanches. La précocité de cette plante surpasse de beaucoup celle des autres plantes réputées printannières, et sur ce rapport seulement, elle pourrait fournir un excellent fourrage printannier. —*Régnier*, d'après *Anderson*, qui le premier a parlé de le cultiver pour cet usage, rapporte dans la bibliothèque physico-économique, des expériences desquelles il résulte qu'il en avait fait deux coupes avant l'époque où le trèfle peut être en état d'être fauché; elle a une odeur forte qui devient aromatique par la dessiccation et une saveur un peu amère. C'est un bon fourrage, pour les ânes surtout; aussi le nomme-t-on vulgairement *persil d'âne*.

2° Le Cerfeuil odorant (*Chœrophyllum odoratum*). Cette espèce est assez semblable par son aspect, à celle dont nous venons de parler, seulement le fruit est plus long et profondément cannelé. Cette plante est commune dans les prés des montagnes du Dauphiné, de la Provence, du Languedoc, de l'Alsace, etc. Elle a une odeur agréable qui a quelque chose de celle de l'anis; on lui donne en plusieurs localités, les noms de *cerfeuil musqué*, *cerfeuil d'Espagne*, *fougère musquée*, etc. Elle partage comme plante fourragère, les propriétés de la précédente.

Il est encore une espèce de cerfeuil que M. Tessier regarde comme un très bon fourrage, mais dont nous ne nous occuperons pas, sa taille exiguë le rendant rare dans les foins ; c'est

.*l peigne*, ou *peigne de Vénus* (*Chærophyllum pecten*), ommun parmi les moissons que dans les prés.

§ IV. — Plantes du genre Carotte *(Daucus)*.

Ce genre renferme des herbes dont les feuilles sont plusieurs fois ailées, les folioles menues plus ou moins, les ombelles à rayons nombreux et très ouverts, mais se contractent à mesure que les gaînes mûrissent. Quatorze espèces constituent ce genre, qui fournit à nos prés de plaine l'espèce suivante :

La Carotte commune (*Daucus carota*) est la même que celle qui se cultive en grand dans les jardins potagers ; elle n'offre d'autres différences avec elle, que d'avoir des racines plus dures et plus grêles, et des tiges plus chargées d'aspérités. Ces dernières s'élèvent à deux ou trois pieds, sont rameuses, légèrement cannelées et chargées de poils courts et rudes au toucher ; les feuilles sont grandes, légèrement velues et molles. Quoiqu'elle ne contienne aucun principe malfaisant, cette plante n'est pourtant point un bon fourrage, parce que les tiges, en se desséchant, deviennent ligneuses.

La racine de carotte dont nous aurons occasion de parler plus loin, se donne quelquefois aux chevaux comme médicament alimentaire ; c'est tout ce que nous devons en dire ici.

§ V. — Plantes du genre Buplèvre *(Puplevrum)*.

Glabres dans toutes leurs parties, les espèces de ce genre sont encore remarquables par leurs feuilles qui sont simples dans le plus grand nombre. Trente espèces le composent, et nos prés hauts nourrissent les trois dont voici les noms :

1° La buplèvre perce-feuille ;
2° — des montagnes ;
3° — nerveuse.

1° La Buplèvre perce-feuille (*Bupleurum rotondifolium*). Cette plante est remarquable par la manière dont la tige et les rameaux percent les feuilles, circonstance d'où elle a tiré le nom caractéristique de son espèce; sa tige est cylindrique, lisse, rameuse et haute d'un pied et demi; ses feuilles sont ovales, arrondies inférieurement, d'un vert glauque et un peu nerveuses. Cette plante, assez fréquente dans les champs et les prés secs et sablonneux, passe pour astringente et vulnéraire.

2° La Buplèvre des montagnes (*Buplevrum longifolium*). Cette espèce a les feuilles larges et courtes; la tige est simple, feuillée et haute d'un peu plus d'un pied; ses feuilles inférieures sont longues, rétrécies à leur base, de façon à former une queue ou pétiole; toutes les autres sont pointues. Cette plante qui croît en Provence, dans le Dauphiné et le Mont-d'Or lyonnais, partage les qualités de la précédente.

3° La Buplèvre a feuilles nerveuses (*Buplevrum rigidum*) porte une tige grêle et longue de près de deux pieds, presque nue, faible et très rameuse: ses feuilles sont elliptiques, raides et ondulées; elle est, sous le rapport économique, semblable aux précédentes. — Toutes les autres espèces herbacées, bien que pouvant se rencontrer dans les prés, ne se trouvent guère dans les foins, vu l'exiguïté de leur taille.

§ VI. — Plantes du genre Panicaut (*Eryngium*).

Ce genre d'ombellifères se compose de plantes herbacées, à feuilles alternes, simples ou découpées, épineuses sur leurs bords, et à fleurs ramassées en tête sur un réceptacle commun. — On en connaît aujourd'hui une soixantaine d'espèces; une seule se rencontre dans nos prés hauts : c'est le Panicaut commun (*Eryngium vulgare*) dont les tiges sont hautes de trois ou quatre pieds, droites, cylindriques, vertes, sillonnées profondément et à côtes anguleuses. — Les feuilles sont alternes, épineuses sur leurs bords, dures et vertes. — C'est un mauvais fourrage par sa dureté.

Article II. — *Ombellifères aromatiques.*

§ Ier. — Plantes du genre Carvi *(Carum carvi).*

Une seule plante constitue ce genre de Linnée ; c'est le CARVI COMMUN que Lamarck a réuni à cause de sa grande identité de caractère ou genre sesseli dont nous n'aurons pas à nous occuper. M. Desfontaines compte deux espèces de ce genre, et leur attribue les caractères suivans :

Tiges lisses et striées, hautes d'un pied et demi, garnies de feuilles deux fois ailées, disposées en croix ou presque verticillées autour de la côte principale. — Les fleurs sont blanches, petites, et constituent une ombelle lâche et terminale. Cette plante qu'on trouve dans les prés montagneux, a une odeur de fenouil et une saveur d'anis fortement prononcée. — On la nomme encore CUMIN DES PRÉS.

Toute la plante produit un excellent fourrage.

§ II. — Plantes du genre Aneth *(Anethum).*

Ce genre se compose de trois espèces qui fournissent deux d'entre elles à nos prés hauts, ce sont les espèces nommées :

1° Aneth odorant ;

2° Aneth doux.

1° L'ANETH ODORANT (*Anethum graveolens*) s'élève d'environ un pied et demi sur une tige un peu rameuse, et dont les fleurs sont finement découpées ; les fleurs sont jaunes et petites. L'odeur de cette plante est forte et moins agréable que celle du fenouil. Les chevaux ne mangent pas l'aneth pur ; mais ceux de sang en Angleterre prennent sans difficulté des bowls dont cette graine forme la base et le miel l'excipient.

2° L'ANETH DOUX (*Anethum faniculum*), vulgairement FENOUIL COMMUN OU DES VIGNES. Ses tiges s'élèvent très haut ; elles sont munies de feuilles amples : les fleurs sont jaunes et forment des ombelles larges et ouvertes ; les chevaux la mangent en vert avec assez de plaisir. Cette plante possède en outre, une foule de propriétés économiques qu'il n'est pas de notre sujet d'énumérer ici.

§ III. — Plantes du genre Coriandre (*Coriandrum*).

Deux espèces composent ce genre : ce sont des plantes herbacées, à feuilles ailées, alternes et à fleurs disposées en ombelles larges.

Nous ne citerons ici comme se rencontrant dans les prés de plaine du midi, que la

Coriandre testiculée (*Coriandrum testiculatum*), dont la tige est droite, souvent rameuse, haute de douze à quinze pouces, garnie de sa partie inférieure, de feuilles deux fois ailées, à folioles ovales et arrondies ; les fleurs sont d'un blanc rougeâtre, mais cette indication est ici superflue, la plante ne se rencontre jamais dans les foins en cet état.

Quand la plante est en végétation et tant qu'elle est verte, elle exhale une odeur très forte et désagréable qui ressemble, surtout quand on froisse quelques-unes de ses parties entre les doigts, à celle de la punaise des lits. — En se desséchant, la plante perd cette odeur pour en acquérir une aromatique dont le principe réside essentiellement dans ses graines, que l'on recherche pour cette raison. C'est un fourrage ligneux, trituré avec difficulté par les chevaux, et peu riche en principes nutritifs. — Peu abondant dans les foins, il les assaisonne et peut alors y être toléré.

§ IV. — Plantes du genre Cumin (*Cuminum*).

Une seule espèce constitue ce genre, originaire de l'Éthiopie, de l'Égypte et du Levant, mais que l'on rencontre cependant quelquefois dans les prés du midi de la France.

Le Cumin officinal (*Cuminum officinale* ou *Cyminum*) produit une tige haute de six à huit pouces, glabre, striée, rameuse, garnie de quelques feuilles alternes, découpées, très menues et presque capillaires ; les fleurs sont petites, blanches ou purpurines, formant par leur réunion, une ombelle à quatre ou cinq rayons.

La plante est moins ligneuse que la précédente, mais ne peut également être considérée que comme assaisonnement. Ses graines ont une odeur forte, mais agréable, et une saveur aromatique âcre et piquante.

§ V. — Plantes du genre Sison (*Sison*).

Ce genre de plante n'a qu'une existence vague et contestée; sa ressemblance avec les berles, les a fait réunir par MM. De Candolle et Lamarck, avec ces dernières. Quoi qu'il en soit, les sisons de Linnée sont des plantes herbacées, à feuilles alternes plus ou moins composées et à fleurs petites disposées en ombelles terminales.

Nous citerons les deux espèces suivantes comme appartenant à nos prés humides.

1° Le sison amome;
2° — verticillé.

1° Le Sison amome, vulgairement amome (*Sison amomum*) produit une ou plusieurs tiges, hautes d'un pied et demi à deux pieds, grêles, glabres et très rameuses; ses feuilles radicales sont ailées, composées et dentées; ses fleurs sont blanches, disposées en petites ombelles terminales, et produisant des fruits menus, arrondis, striés et aromatiques, fournissant par sa dessiccation, une huile essentielle aromatique qui communique au foin qui les entoure, une odeur et une saveur agréables.

2° Le Sison verticillé (*Sison verticilatum*). Cette plante produit une tige droite, assez grêle, peu rameuse, haute d'un pied ou environ, garnie à sa base de feuilles allongées, opposées et partagées à leur base en plusieurs lobes étagés ou verticillés; ses fleurs sont blanches, disposées en ombelles terminales. — Le fruit est ovale et comprimé.

Cette espèce partage les propriétés de la précédente.

ARTICLE III. — *Ombellifères vénéneuses.*

§ Ier. — Plantes du genre Impératoire *(Imperatoria).*

Ce genre d'ombellifères est très facile à confondre avec les angéliques et les livèches ; il ne fournit à nos prés hauts qu'une seule des quatre espèces dont il se compose ; c'est

L'IMPÉRATOIRE COMMUNE, nommée encore IMPÉRATOIRE OSTRUTHIER, IMPÉRATOIRE AUTRUCHE, BENJOIN FRANÇAIS (*Imperatoria ostrothium*). Cette plante pousse des tiges hautes d'un pied et demi à deux pieds ; les feuilles qui naissent de la racine, sont amples, divisées communément en trois parties qui portent chacune trois folioles larges et dentées. Celles qui partent de la tige sont alternes, rares et moins grandes ; ses fleurs sont petites, blanchâtres, et viennent sur une ombelle ample et terminale.

Abondante dans les prés hauts, cette plante est un mauvais fourrage.

§ II. — Plantes du genre Ciguë *(Cicuta).*

Ce genre comprend trois espèces différentes, dont le port a de l'élégance, mais dont les propriétés sont vénéneuses. Ces plantes, que l'on rencontre dans les prés marécageux et inondés une partie de l'année, sont :

1° La ciguë véreuse ;
2° — maculée ;
3° — à bulbes.

LA CIGUE VÉREUSE OU AQUATIQUE (*Cicuta verosa*) est une plante qui s'élève à six ou sept pieds de haut ; ses tiges sont droites, garnies de grandes feuilles composées qui ressemblent un peu à celles de la berle des marais ; les fleurs d'un blanc sale, sont disposées en ombelles, à l'extrémité des tiges et des rameaux ; elles paraissent en juin ou en juillet. — Cette espèce est regardée comme un poison très dangereux pour l'homme et pour les animaux ; on prétend même que l'eau dans laquelle cette plante croît, donne des maladies aux bestiaux qui s'en abreuvent.

2° La Cigue maculée (*Cicuta maculata*) pousse de sa racine plusieurs tiges droites et rameuses qui s'élèvent jusqu'à la hauteur de quatre pieds; elles sont marquées de taches rougeâtres principalement vers leur base, et garnies de feuilles surcomposées; leurs folioles sont lancéolées, d'un vert pâle et dentelées sur leurs bords; les fleurs sont réunies en ombelles à l'extrémité des rameaux et des tiges; elles sont blanches, presque régulières, et commencent à paraître dès la fin du mois de mai.

3° La Cigue a bulbes (*Cicuta bulbosa*) offre des tiges qui ne s'élèvent guère qu'à deux pieds de haut; elles sont droites, glabres et rameuses. Les feuilles du bas sont très amples et découpées en une multitude de folioles linéaires; les rameaux donnent rarement des fleurs, mais produisent dans leurs aisselles de petits bulbes de la grosseur d'un grain de froment, lesquels tombant à terre, donnent naissance à de nouvelles plantes; la tige principale se termine par une petite ombelle de fleurs blanches, auxquelles succèdent des semences qui mûrissent en août.

Ces deux dernières espèces, sans avoir toute l'énergie malfaisante de la cigüe véreuse, sont cependant fort dangereuses encore.

§ III. — Plantes du genre Phellandre (*Phellandrium*).

Une seule plante compose ce genre; c'est la Phellandre aquatique, vulgairement Mille feuille aquatique, Fenouil d'eau (*Phellandrium aquaticum*). Cette plante ne croît que dans les prés bas où séjourne constamment une eau stagnante et vaseuse; sa tige est droite, cylindrique, de la grosseur du doigt, fistuleuse, striée, rameuse et haute de deux à trois pieds; ses feuilles sont grandes, trois fois ailées, glabres, d'un vert gai, à follioles linéaires; les fleurs sont blanches, très petites, disposées en ombelle à dix ou douze rayons.

La phellandre aquatique est une plante suspecte, dit M. *Loiseleur-Deslongchamps;* les bœufs en mangent quelquefois les feuilles; mais en général, les autres bestiaux n'en veulent pas; elle donne aux chevaux qui en mangent, une paralysie mortelle du train postérieur.

§ IV.—Plantes du genre OEnanthe (*OEnanthe*).

Ce genre de plantes comprend environ une trentaine d'espèces, qui toutes sont des plantes herbacées, à feuilles alternes et à fleurs disposées en ombelle globuleuse.

Nous citerons comme pouvant se rencontrer dans les foins des prés marécageux, les espèces suivantes :

1° L'œnanthe fistuleuse;
2° — globuleuse;
3° — à feuilles de peucédane;
4° — pimprenelle;
5° — rapprochée;
6° — safranée.

1° L'OENANTHE FISTULEUSE (*OEnanthe fistulosa*), et

2° L'OENANTHE GLOBULEUSE (*OEnanthe globulosa*) offrent toutes deux une tige cylindrique, striée, fistuleuse et haute d'un pied au plus; les feuilles inférieures sont deux fois ailées, les supérieures ne le sont qu'une fois; les fleurs sont blanches et forment une ombelle composée de trois rayons, toutes deux habitent les endroits marécageux et le bord des étangs; aucun animal n'y touche : elles sont vénéneuses et ne diffèrent entre elles que par leur fructification.

3° L'OENANTHE A FEUILLES DE PEUCÉDANE (*OEnanthe peucedanifolia*);

4° L'OENANTHE PIMPRENELLE (*OEnanthe pimpinelloïdes*), et

5° L'OENANTHE RAPPROCHÉE (*OEnanthe approximata*). Nous réunissons ici ces trois espèces, parce qu'il faudrait en les séparant, répéter pour chacune d'elles la même description; elles sont semblables au dehors, et ne diffèrent que par de légères différences dans la fleur et le fruit. Toutes trois ont une tige haute d'un à deux pieds et glabre. Cette tige est droite et cannelée; les feuilles sont comme dans les précédentes, deux fois ailées inférieurement, une fois seulement au sommet. L'ombelle générale se com pos de six ou huit rayons de fleurs blanches.

Les deux premières croissent dans les prés humides de la France, de l'Allemagne, de l'Angleterre, du midi de l'Europe, etc. La troisième est commune dans les prés des environs de Paris.

Toutes trois constituent un poison dangereux; on doit donc s'assurer toujours que les foins n'en contiennent point.

6° L'Œnanthe safranée ou Œnanthe a suc jaune, vulgairement dans quelques cantons, Pansacre (*Œnanthe crocuta*) produit une tige fistuleuse, cylindrique, d'un vert roussâtre, cannelée, rameuse et haute de trois pieds environ; les feuilles sont grandes et d'un vert foncé; les fleurs sont blanchâtres, disposées en ombelles terminales de dix ou quinze rayons. Cette espèce croît dans les lieux marécageux : c'est un des plus violens poisons de l'Europe. Heureusement cette espèce est rare. Le vinaigre mêlé d'eau est le meilleur des remèdes qu'on puisse employer contre ses effets; mais il faut en faire usage sur-le-champ et ne pas l'épargner.

§ V. — Plantes du genre Bubon (*Bubon*).

Six espèces composent ce genre; une seule va nous occuper comme plante des prés bas et marécageux; c'est le Bubon de macédoine (*Bubon macedonicum*). C'est une plante dont les feuilles ressemblent beaucoup à celles du persil, et dont les tiges sont couvertes d'un duvet blanchâtre; les fleurs sont blanches et les fruits velus. C'est un fort mauvais fourrage.

§ VI. — Plantes du genre Berle (*Sium*).

Le plus grand nombre des auteurs modernes réunit ce genre au genre *sison*, d'autres le confondent avec les angéliques dont nous parlerons plus bas. Quoi qu'il en soit, composé de vingt-neuf espèces, ce groupe d'ombellifères fournit à nos prés hauts et bas quatre plantes, qui sont :

Aux prés hauts. — 1° La berle des Pyrénées ;
2° — des Alpes ;
3° — rampante ;
Aux prés bas. — 4° — verticillée.

Les caractères extérieurs de ces plantes, sont ceux de la famille en général, avec des différences qui ne tiennent qu'à la floraison, et que, pour cette raison, nous n'examinerons pas ici, renvoyant nos lecteurs à ce que nous dirons des angéliques.

Une autre espèce de ce genre, la BERLE DES BLÉS se rencontre dans les champs humides, où elle vicie les pailles des graminées auxquelles elle est mêlée ; nous nous en occuperons plus loin en parlant des chaumes de céréales considérés comme aliment.

§ VII. — Plantes du genre Angélique (*Angelica*).

Neuf espèces se groupent pour former ce genre ; parmi elles, deux se rencontrent dans les foins des prés hauts, ce sont les espèces suivantes :

1° L'ANGÉLIQUE A FEUILLES D'ANCHOLIE (*Angelica anquilegifolia*) ;

2° L'ANGÉLIQUE LIVÈCHE (*Angelica livisticum*).

Ces plantes sont remarquables par la régularité de leur port et leur taille gigantesque ; elles sont peu du goût des chevaux, car elles sont ligneuses et renferment sous un gros volume, peu de principes nutritifs. Cependant, elles ne sont pas vénéneuses.

Les deux espèces se ressemblent assez pour que nous leur puissons appliquer un seul *signalement*. Nous dirons donc que leur taille est haute de deux ou trois pieds ; leur tige striée, glauque et un peu rougeâtre, feuillée et rameuse, les feuilles sont vertes en dessus et d'une couleur brunâtre en dessous.

§ VIII. — Plantes du genre Livêche (*Ligusticum*).

Ce genre réunit vingt-trois espèces, et fournit à nos foins des prés hauts, les trois qui suivent :

1° La livèche commune ;
2° — du péloponèse ;
3° — des prés.

1° La Livèche commune, vulgairement Ache des montagnes (*Ligusticum livisticum*). Cette plante est haute de quatre ou cinq pieds, cannelée, garnie de feuilles très grandes, deux à trois fois ailées et luisantes; les fleurs sont jaunâtres, disposées en ombelles terminales et médiocrement grandes.

Au dire de quelques auteurs, les paysans des montagnes emploient ses feuilles mêlées aux fourrages, pour guérir leurs bestiaux de la toux.

2° La Livèche du péloponèse ou Livèche cicutaire (*Ligusticum peloponense*). C'est de toutes les espèces du genre, celle qui a les feuilles les plus amples, la tige la plus épaisse et les fruits les plus gros; sa tige est haute de trois ou quatre pieds, très grosse, cannelée, creuse et un peu rameuse; les feuilles sont extrêmement grandes et découpées, l'ombelle est terminale, fort ample et arrondie. Cette plante a une odeur forte et désagréable qui n'empêche pas cependant que dans les Pyrénées orientales, on ne mange les tiges connues dans le pays, sous le nom de *couscouille*.

3° La Livèche des prés (*Ligusticum silaus*), haute de deux ou trois pieds, à tige striée, anguleuse et un peu rameuse vers son sommet; les feuilles sont d'un vert noirâtre, un peu luisantes et sans pétioles ; les fleurs forment une ombelle terminale médiocrement grande.

Leur présence dans le foin est bientôt dénoncée par l'odeur forte qu'elles exhalent et qui en éloigne les chevaux.

§ IX. — Plantes du genre Berce (*Heracleum*).

Genre de plantes vivaces dont on compte douze genres, et qui fournit à nos prés bas une plante unique ; c'est la Berce franc-ursine, première du genre (*Heracleum sphondilium*). Cette plante se rencontre dans les foins des prés humides, où elle se fait remarquer par l'étendue de ses feuilles ; sa tige qui atteint quatre pieds de haut, porte des ombelles blanches ; les folioles composées de plusieurs lobes, sont arrondies et crénelées dans leur contour. Grande et multipliée dans les prés bas qu'elle ruine ; elle est, tant par sa parenté que par la structure ligneuse de ses tiges, un fort mauvais fourrage ; sa présence dans le foin décèle l'origine de ce dernier.

§ X. — Plantes du genre Peucédane (*Peucedanum*).

On connaît une vingtaine de plantes de ce genre ; cinq croissent naturellement en France, et deux se rencontrent dans nos foins des prés bas, ce sont les espèces :

1° Peucédal officinal ;

2° — silaüs.

1° Le Peucédane officinal, vulgairement Fenouil de porc, Queue de pourceau (*Peucedanum officinale*) offre une tige haute de deux à trois pieds, cylindrique, rameuse, garnie de feuilles dont les inférieures sont grandes, et les supérieures garnies chacune de trois folioles linéaires. La tige et les rameaux se terminent par des ombelles lâches, ouvertes, dont les fleurs sont jaunes ; elle est commune dans les prés humides du midi de la France.

La hauteur de ses tiges et ses grandes feuilles la rendent un obstacle à la production du fourrage ; les chevaux ne la mangent pas.

2° Le Peucédane silaus, ou communément Saxifrage des Anglais, plante dont la tige est haute de deux ou trois pieds, striée, rameuse dans sa partie supérieure, et garnie de feuilles trois fois ailées ; les fleurs sont d'un blanc jaunâtre. C'est également un mauvais fourrage.

§ XI. — Plantes du genre Selin (*Selinum*).

Ce genre a quelques rapports avec les angéliques et les impératoires ; il contient une vingtaine d'espèces herbacées, la plupart croissant en Europe, et parmi lesquelles nous citerons comme se rencontrant dans nos foins des prés hauts et bas, les trois suivantes :

Aux prés hauts. — 1° Le selin sauvage ;
2° — glauque ;
Aux prés bas. — 3° — des marais.

1° Le Selin sauvage (*Selinum sylvestre*). Cette plante est un peu laiteuse ; elle pousse un grand nombre de tiges droites, lisses, glabres et cylindriques, rameuses, hautes de deux ou trois pieds et garnies de feuilles alternes, grandes, étroites et profondément découpées. — On considère pour l'homme, le selin sauvage comme un poison âcre d'un bien dangereux usage, et cependant, nos herbivores domestiques, le mouton seul excepté, le mangent sans inconvénient.

2° Le Selin glauque (*Selinum glaucum*). La tige de cette espèce est droite, ferme, cylindrique, haute de deux à quatre pieds, rameuse et garnie de feuilles grandes, inégalement dentées en scie ; ses fleurs sont disposées en ombelles un peu fléchies. Toutes ses parties contiennent un suc résineux, âcre et aromatique. — C'est un mauvais fourrage.

3° Le Selin des marais (*Selinum palustre*) produit une tige droite, cannelée, haute de deux à trois pieds, simple un peu rameuse, garnie de feuilles deux ou trois fois ailées à divisions aiguës. Cette espèce passe pour avoir des propriétés encore plus caustiques que celles du selin sauvage.

Le genre hydrocotyle ne se composant que de plantes rampantes, ne sera que mentionné ici, comme fournissant à nos prés bas et marécageux, une plante nuisible.

CHAPITRE XII.

COMPRENANT LES PLANTES FOURRAGÈRES APPARTENANT AUX FAMILLES QUI CONSTITUENT LA CLASSE XIII.

Dicotylédones, polypétales, étamines hypogynes ou insérées sous le pistil.

SECTION Ire.

FAMILLE DES RENONCULACÉES. (FORMANT L'ORDRE PREMIER.)

Caractères botaniques.

Calice composé de plusieurs pièces et quelquefois nul; corolle à cinq pétales devenant parfois plus nombreuses; étamines en nombre indéfini si ce n'est dans trois au quatre genres; anthères attachées le long du bord des filets; plusieurs ovaires surmontés chacun d'un style et d'un stygmate, et devenant autant de capsules qui renferment une au plusieurs graines; quelquefois aussi se transforment en une baie.

L'une des plus naturelles du système de Jussieu, cette famille de plantes a les plus grands rapports avec les anémones, et comprend des herbes, la plupart âcres et caustiques dont les feuilles sont simples et lobées; les fleurs axillaires ou terminales, et qui toutes sont de mauvais fourrages. Cette famille fournit à nos foins cinq genres, qui sont :

1° Pigamon; 2° anemone; 3° renoncule; 4° hellébore; 5° populage.

§ Ier. — Plantes du genre Pigamon (*Thalictrum*).

Ce genre de plantes est fort naturel, il a de grands rapports avec les clématites, tant par ses organes fructifères, que par son port et ses feuilles ailées. Il est peu de genres en botanique où les espèces soient plus difficiles à bien distinguer; aussi, conformément à l'exemple des auteurs célèbres, rapporterons-nous les cinq espèces de ce genre que l'on rencontre dans les prés, aux trois groupes qui ont pour type les espèces *mineur jaune* et à *feuilles d'Ancholie*. Mais avant, énumérons-les et indiquons les expositions où elles se rencontrent.

Aux prés hauts. —	1°	Pigamon	mineur ;
	2°	—	à feuilles étroites ;
	3°	—	à feuilles d'Ancholie ;
Aux prés bas. —	4°	—	jaunâtre ;
	5°	—	simple.

1° Le Pigamon mineur (*Thalictrum minus*) est une plante à tige redressée, rameuse, haute d'un peu plus d'un pied, peu feuillée, entièrement glabre; ses feuilles sont deux ou trois fois ailées, et ont presque toutes leurs bords partagés en trois lobes; ses fleurs sont jaunâtres et forment une pannicule très lâche, qui occupe souvent la moitié et plus de la tige. Cette plante est abondante dans les pâturages montueux de la France.

2° Le Pigamon jaunatre, vulgairement Rue des prés, Fausse rhubarde (*Thalictrum flavum*) a des tiges droites, rameuses, hautes de trois ou quatre pieds, un peu dures, striées, d'un vert jaunâtre, garnies de feuilles très amples d'un vert foncé en dessus, variables cependant par leur forme et leur grandeur; mais le plus ordinairement ovales. Les fleurs sont disposées en pannicules terminales et sont d'un blanc sale.

Cette plante qui habite dans les prés humides, altère la qualité des foins; les animaux la rejettent ordinairement.

3° Le Pigamon a feuilles d'ancholie ou Colombine plumacée (*Thalictrum aquilezifolium*), plante à tiges glabres, cylindriques et creuses, hautes de deux à trois pieds; elles sont garnies de feuilles amples, alternes, un peu arrondies ou ovoïdes, divisées à leur sommet en trois lobes obtus d'un vert presque glauque. Les fleurs sont jaunâtres et paraissent au commencement de l'été.

Ces plantes sont remarquables par l'élégance de leur port et de leur feuillage, mais constituent un fort mauvais fourrage en raison de leur âcreté.

§ II. — Plantes du genre Anémone (*Anémone*).

Ce genre est nombreux en espèces, la plupart remarquables par leur beauté; on en compte aujourd'hui environ trente-deux, dont six se rencontrent dans les foins des prés hauts, mais placés dans une région froide et tempérée. Ces espèces qui servent aussi à l'ornement de nos jardins, se distinguent assez difficilement pour que nous croyons pouvoir généraliser ici leur description après les avoir cependant nommées; ce sont :

1° L'anémone printanière (*Anemone vernalis*);
2° — de Haller (*Anemone hepatica*);
3° — pulsatile (*Anemone pulsatilis*);
4° — des prés (*Anemone pratensis*);
5° — des Alpes (*Anemone Alpina*);
6° — à feuilles de narcisses (*Anemone coronaria latifolia*).

Toutes ces plantes varient par leur taille de six pouces à deux pieds; leurs feuilles sont plus ou moins découpées et quelquefois même partagées en lanières étroites; leur couleur, d'un vert ordinairement foncé, est cependant agréable à voir. Considérées comme fourrages, les anémones participent des qualités nuisibles que nous avons attribuées aux renonculacées en général.

§ III. — Plantes du genre Renoncule (*Ranonculus*).

Nombreux et multiplié, ce genre de plantes forme le type de la famille de ce nom, et réunit plus de 150 espèces, dont 40 au moins se trouvent en France, et fournissent à nos prés divers, les douze que nous énumérerons plus bas.

Ce genre a le plus grand rapport avec les anémones; les plantes qui le composent constituent un fort mauvais fourrage, susceptible quand elles s'y rencontrent en grande quantité, de donner la mort aux chevaux qui en mangent. Telle est au moins l'opinion générale.

Cependant M. de LASTEYRIE pensait que mangées en petite quantité, elles stimulent l'estomac par suite de leur âcreté, et favorisent ainsi la digestion. — Bosc croit qu'elles sont loin d'être aussi malfaisantes que le dit leur renommée, et DAUBENTON lui-même, ainsi que nous l'apprend M. GROGNIER, voulait qu'on en semât comme plantes assaisonnantes, dans les pâturages des moutons.

BOURGELAT et avec lui tous les agronomes modernes, les considèrent comme des plantes vénéneuses, capables, dit l'illustre régénérateur de l'art vétérinaire, de détériorer totalement les fourrages et de les changer en une nourriture sinon mortelle, du moins très nuisible et très malfaisante. — M. LOISELEUR-DESLONGCHAMPS, pense au contraire que c'est à l'état frais seulement que les renoncules peuvent être nuisibles aux chevaux; une fois séchées et mêlées aux autres herbes des prairies, dit cet écrivain, ils les mangent sans aucun danger.

Quoi qu'il en soit, voici la liste des espèces que l'on rencontre dans nos foins, et que les officiers de troupes à cheval peuvent rencontrer dans les fourrages verts ou secs que l'on donne aux chevaux de leurs régimens.

Aux prés hauts.

1° La renoncule des	Pyrénées;	4° La renoncule des	montagnes;
2° ——	aconit;	5° ——	laineuse;
3° ——	déchiree;	6° ——	cerfeuil.

Aux prés de plaine.

7° ——	rampante;	9° ——	bulbeuse.
8° ——	âcre;		

Aux prés bas.

10° La renoncule scélérate ; 12° La renoncule flammule.
11° —— langue ;

1° La Renoncule des Pyrénées (*Ranonculus Pyrenæus*) produit une tige droite ; entourée à sa base d'un réseau formé par la partie inférieure des anciennes feuilles, et haute ordinairement de cinq ou six pouces, rarement plus ; ses feuilles sont linéaires et lancéolées, d'un vert glauque, glabres ainsi que la partie inférieure de la tige. Les fleurs sont blanches, larges d'un pouce ou environ et très variables en nombre. Cette espèce croît après la neige fondante, dans les pâturages les plus élevés des Pyrénées et des Alpes.

2° La Renoncule a feuilles d'aconit (*Ranonculus aconitifolius*), vulgairement Bouton d'argent. Cette espèce a des tiges hautes d'un pied, cylindriques, striées, presque glabres et rameuses ; les feuilles sont amples, divisées à leur base en cinq grands lobes ovales, aigus et dentés à leurs bords ; la fleur est blanche et fort souvent double.

3° La Renoncule déchirée ou déchiquetée (*Ranonculus multifidus*). Ses tiges sont droites, hautes d'environ deux pieds, velues, striées à l'une de leurs faces et cylindriques sur l'autre ; les feuilles sont alternes et partagées en découpures nombreuses ; elle est assez rare dans les foins.

Les quatrièmes et cinquièmes sont trop petites pour être fauchées.

4° La Renoncule cerfeuil (*Ranonculus Chœrophyllus*). Cette espèce produit une tige droite, souvent simple ou divisée quelquefois en un ou deux rameaux, un peu velue comme toute la plante, cylindrique et haute de huit à douze pouces. Cette tige est chargée vers le milieu de sa hauteur, d'une seule feuille simple découpée en trois lannières ; ses fleurs sont jaunes, larges d'environ un pouce, et solitaires au sommet de chaque rameau.

5° La Renoncule bulbeuse (*Ranonculus bulbosus*), et

6° La Renoncule rampante (*Ranonculus repens*), vulgairement Pied-de-pou ou Pied-de-poule. Ces deux espèces se ressemblent par leurs feuilles et leurs fleurs ; les premières sont pétiolées, un peu velues ainsi que le reste de la plante ; les fleurs sont d'un jaune brillant.

7° La Renoncule acre, vulgairement Bouton d'or, Grenouillette (*Ranonculus acris*). La tige de cette espèce est cylindrique, plus ou moins velue ainsi que ses feuilles, un peu rameuse dans sa partie supérieure, et haute de deux pieds ou environ ; les feuilles du bas de la tige sont pétiolées, partagées presque jusqu'à la base, en trois divisions, dont les deux latérales le sont elles-mêmes ; ce qui fait que chaque feuille paraît avoir cinq divisions. — Ses fleurs sont assez grandes, d'un jaune luisant, portées sur des pédoncules cylindriques et non sillonnés.

La renoncule âcre est, comme l'indique son nom, une des espèces dont le suc a le plus d'âcreté et se trouve le plus vénéneux. — M. Orfila a constamment provoqué au bout de douze ou quatorze heures la mort des chiens, dans l'estomac ou sur le tissu cellulaire desquels il appliquait, soit le suc, soit l'extrait de cette plante. C'est donc à juste titre qu'elle est regardée comme un poison violent pour les chevaux qui en mangent.

8° La Renoncule scélérate (*Ranonculus sceleratus*). Cette espèce qui doit probablement son nom qualificatif à ses propriétés vénéneuses, se distingue aisément des autres par ses feuilles qui sont glabres, d'un vert jaunâtre, un peu arrondies et à demi divisées en trois lobes incisés et crénelés ; ses fleurs sont nombreuses, petites et d'un jaune pâle ; elle est âcre et très caustique : son ingestion dans l'estomac y occasione de vives et insupportables douleurs, provoque des anxiétés, des syncopes, des convulsions, et en un mot tous les symptômes que produit un poison caustique. Ces phénomènes se manifestent surtout au ventre et à la gorge, et s'accompagnent presque toujours de la contraction spasmodique des lèvres, que par analogie à ce qui se passe chez l'homme, on nomme rire sardonique, et qu'éprouvent presque toujours aussi les étalons à l'approche de la jument qu'ils vont saillir. Les moutons la mangent pourtant.

9° La Renoncule langue, vulgairement Grande douve (*Ranonculus lingua*). Sa tige est cylindrique, redressée, fistuleuse, un peu rameuse supérieurement, glabre et haute de trois à quatre pieds; ses feuilles sont alternes, étroites et lancéolées, presque tout-à-fait glabres, longues de six à neuf pouces et légèrement dentées; ses fleurs sont larges d'un pouce et demi environ, d'un jaune d'or luisant et terminales; sa plante est bien loin d'être aussi vénéneuse que la précédente; mais ce n'est pas pour cela un bon fourrage.

10° La Renoncule flamule, vulgairement petite Douve (*Ranonculus flammulus*) produit une tige longue d'un pied ou environ, redressée et articulée.

Ses feuilles sont entières, glabres, alternes et légèrement dentées; ses fleurs sont d'un jaune d'or brillant, larges de quatre à cinq lignes et portées à l'extrémité des tiges.

Cette renoncule est abondante dans les prés humides; quelques agronomes prétendent qu'elle n'est vénéneuse qu'alors qu'elle est mangée par les chevaux en trop grande quantité; d'autres, et nous penchons à croire qu'ils sont plus près de la vérité en raison des qualités vénéneuses bien prononcées de ces plantes, disent qu'elle cause aux chevaux l'inflammation et la gangrène des intestins. — Une autre raison encore pour nous confirmer dans cette opinion, c'est que les auteurs la rangent parmi les renoncules les plus âcres.

Nous ne terminerons pas ce paragraphe sans ajouter ici quelques considérations générales sur les propriétés vénéneuses des plantes de ce genre, et sans indiquer les moyens d'y remédier. Cela nous paraît d'autant plus opportun, que, même en admettant que les renoncules ne soient dangereuses qu'à l'état vert, il peut arriver assez fréquemment que des chevaux de troupe soient soumis à leur influence lors du vert en liberté, en campagne, etc. Les officiers n'ayant pas toujours à leur aide un vétérinaire, me sauront gré, je pense, de ces renseignemens qui entrent d'ailleurs dans le plan de mon ouvrage.

L'inflammation de la bouche et l'excoriation de la langue, suivent de près la mastication de ces plantes, généralement âcres, caustiques et vénéneuses. Le docteur KRAPF ayant pris *une seule fleur* qu'il avait avalée broyée, éprouva des douleurs très vives et des mouvemens convulsifs dans l'intérieur du bas-ventre. Indépendamment de ces symptômes, il éprouva une douleur brûlante et convulsive dans toute la longueur de l'œsophage, pour avoir avalé *deux gouttes* du suc exprimé de la renoncule scélérate. Enfin, *la simple mastication* des feuilles les plus épaisses et les plus succulentes de cette espèce, suffit pour enflammer sa bouche, au point que les gencives fort rouges, saignaient au plus léger attouchement; il ne distinguait plus les saveurs, ses dents éprouvaient de temps en temps des tiraillemens, sa langue était enflammée, d'un rouge vif, crevassée au bout, et les papilles en étaient relevées; sa bouche était pleine de salive.

Ce tableau suffira, je présume, pour exprimer l'énergie d'action des renoncules en général, et faire comprendre la promptitude des soins que réclament les chevaux malades pour en avoir *mangé*.

Presque toutes celles que nous avons citées comme habitant nos prés, se rencontrent dans la nomenclature des plus âcres; nous mentionnerons particulièrement les espèces bulbeuse, âcre, scélérate, flammule et des Alpes.

L'eau paraît être de tous les moyens mis en usage contre ce genre d'empoisonnement, le plus préférable en raison de la nature chimique du principe vénéneux; les boissons émollientes et mucilagineuses données en abondance, seront donc les premiers et les seuls soins à employer avant l'arrivée d'un homme de l'art.

§ IV. — Plantes du genre Hellébore (*Helleborus*).

Quelques rapports de propriétés avaient fait donner par les anciens, le nom d'hellébore à deux espèces de vératre, ainsi que nous l'avons indiqué déjà, en parlant de ces dernières au commencement du volume. Cependant, comme on peut s'en convaincre par le numéro du chapitre et le nom des familles, elles diffèrent essentiellement; nous dirons seulement ici que l'origine de ce nom (*hellébore*) paraît venir de deux mots grecs qui signifient nourriture mortelle. Quoi qu'il en soit, ce genre de renonculacées se compose de dix espèces environ, qui fournissent à nos prés hauts, l'Hellébore vert (*Helleborus viridis*), plante qui produit une ou plusieurs tiges droites, glabres, hautes de six pouces à un pied, nues, très simples inférieurement, et feuillées seulement à leur partie rameuse; ses feuilles sont luisantes, un peu coriaces, partagées en sept, neuf ou quinze folioles lancéolées et dentées. — Les fleurs sont verdâtres et peu nombreuses.

Quoique mauvais par sa nature, l'hellébore vert n'est pas dangereux, les chevaux n'y touchent pas.

§ V. — Plantes du genre Populage (*Caltha*).

Ce genre se compose de onze espèces, qui toutes sont des plantes herbacées, à feuilles entières et à fleurs terminales; une seulement se rencontre dans les foins de nos prés bas, c'est le

Populage des marais ou souci d'eau, souci des marais (*Caltha palustris*) dont la racine donne naissance à une ou plusieurs tiges cylindriques, droites, peu rameuses, hautes de huit à douze pouces, chargées de deux à quatre feuilles arrondies, échancrées en cœur à leur base, et glabres comme tout le reste de la plante. — Les fleurs sont assez grandes, d'un jaune doré très éclatant et au nombre de deux ou trois à l'extrémité de chaque tige ou rameau.

Cette plante embellit les prés humides et marécageux

qu'elle émaille en mars ou avril; les chèvres et les moutons sont les seuls animaux qui la mangent; elle n'a pas cependant, à beaucoup près, le caractère malfaisant de ses sœurs.

SECTION II.

FAMILLE DES PAPAVÉRACÉES. (FORMANT L'ORDRE DEUXIÈME.)

Caractères botaniques.

Un calice composé de deux parties qui tombent séparément. Une corolle formée de quatre pétales et rarement plus; étamines en nombre indéfini; ovaire simple, libre, non adhérant, ordinairement uniloculaire; style simple ou nul, plusieurs stygmates. — Fruit capsulaire ou siliqueux, a une loge qui renferme une multitude de graines attachées aux cloisons de la capsule.

Cette famille doit son nom au pavot d'Orient, d'où provient l'opium; elle est composée de plantes herbacées dont les tiges et toutes les parties sont remplies d'un suc coloré ou simplement aqueux; les feuilles sont simples, alternes ou ramifiées et décomposées. Huit genres composent cette famille, qui ne fournit à nos prés qu'une seule espèce de plantes appartenant au genre pavot; c'est le pavot-coquelicot.

§ UNIQUE. — Du Pavot-Coquelicot.

Qui ne connaît cette plante d'un si bel effet quand elle est en fleur, et qu'elle émaille si agréablement nos champs et nos prés par l'éclat de ses larges fleurs d'un rouge ponceau, larges de trois pouces et tachetées de pourpre noirâtre à leur base?

Le Pavot-coquelicot ou Pavot rouge, ou Coq ou mieux encore Coquelicot (*Papaver rheas*) produit une tige droite, feuillée, cylindrique, plus ou moins rameuse, et haute d'un à deux pieds. Cette tige, ainsi que les feuilles qui sont d'un vert gai, sont recouvertes d'un duvet doux et cotonneux composé de poils droits et nombreux, mais clair-semés.

Cette plante est narcotique; la dessiccation lui fait certainement perdre une partie de ses principes somnifères, mais elle ne saurait les lui enlever tous : elle est donc nuisible dans les foins, quand elle s'y rencontre dans certaines proportions.

Buc'hoz lui attribue une propriété dyssentérique pour les chevaux qui en mangent, et le considère au moins comme inutile dans les prairies.

SECTION III.

FAMILLE DES CRUCIFÈRES. (FORMANT L'ORDRE TROISIÈME.)

Caractères botaniques.

Calice à quatre feuilles qui tombent promptement; corolle formée de quatre pétales disposés en croix, d'où la famille a pris son nom. Six étamines tétradynames, c'est-à-dire quatre longues et deux petites également opposées entre elles, et portées sur un disque charnu placé sous le pistil. L'ovaire est libre et porté sur le disque; il est tantôt court et surmonté d'un style et d'un stygmate, tantôt long et couronné alors d'un stygmate sans style. Le fruit dans le premier cas, devient une silicule courte et large, et, dans le second, une silique longue et étroite. Toutes deux sont ordinairement à deux loges séparées par un cloison et contenant plusieurs graines.

La famille des crucifères, une des plus nombreuses du règne végétal, puisqu'elle comporte trente-cinq genres au moins, ne fournit cependant à nos prés que peu de plantes qui sont plutôt toutes du goût des ruminans que des chevaux. Ces plantes appartiennent aux genres suivans :

1° Chou; 2° lunaire; 3° cameline.

§ Ier. — Plantes du genre Chou *(Brassica)*.

Ce genre est l'un des plus nombreux et des plus intéressans de la famille : il se compose d'environ une trentaine d'espèces que l'on rapporte en général à six races principales que nous n'avons pas à examiner ici; nous dirons seulement qu'il n'est pas rare de rencontrer dans quelques localités où on les cultive en grand, le colza et la navette au nombre des plantes des prairies, et pour cette raison, nous allons jeter un coup d'œil sur chacun d'eux.

1° Le Chou colzat ou Colza (*Brassica oleracea arvensis*). Cette plante s'élève à la hauteur de deux ou trois pieds sur une tige herbacée, flexible et tendre dans le moment de la coupe des foins, parce qu'alors la plante n'est pas encore complètement mûre; les feuilles dont la tige est garnie, sont en cœur, lisses, d'un vert glauque et légèrement découpées; les fleurs sont blanches ou jaunes; la plante a un goût oléagineux qui n'est pas désagréable et qui plaît aux chevaux;

2° La Navette (*Brassica asperifolia sylvestris*). Cette plante pousse des tiges glabres, rameuses, hautes de deux pieds, garnies à sa base de feuilles en lyre, chargées de poils courts sur leurs bords; les feuilles supérieures sont très glabres, les fleurs sont petites et jaunes.

On cultive dans plusieurs endroits cette plante comme plante fourragère; les chevaux en sont friands quand elle est verte; et j'ai vu dans les environs de Douai, où les chevaux du régiment où je servais, étaient cantonnés, les soldats avoir bien de la peine à les empêcher de se jeter dessus avec avidité, quand ils passaient dans un chemin vicinal bordé de colza ou de navette en fleur. C'est un fourrage nourrissant, sain, et duquel il ne faut pas donner de grandes quantités, en raison de sa richesse en principes assimilables.

§ II. — Plantes du genre Lunaire (*Lunaria*).

Les lunaires sont des herbes à tiges droites, rameuses, à feuilles pétiolées, cordiformes, grossièrement dentées, à fleurs assez grandes, élégantes et disposées en grappes terminales. Quand le fruit est parfaitement mûr, les valves tombent, la cloison persiste, offre une sorte de disque d'un blanc brillant ou comme argenté, qui a donné par sa forme et sa ressemblance comparée à celle de la lune, son nom à ces plantes.

Parmi les dix espèces que l'on connaît, nous citerons les deux suivantes :

1° La lunaire vivace ;

2° —— annuelle.

1° La Lunaire vivace (*Lunaria rediviva*). Cette espèce porte une tige cylindrique, un peu velue, haute de deux à trois pieds et garnie de feuilles inégalement dentées, offrant une différence notable de forme et de situation ; les inférieures sont opposées et en cœur, et les supérieures sont lancéolées et alternes ; les fleurs sont violettes et purpurines, et exhalent une odeur agréable. Cette plante croît dans les bois et les prés montueux de presque toute l'Europe.

2° La Lunaire annuelle, vulgairement Bulbonach, grande Lunaire, Médaille de Judas, Monnaie du pape, Satinée et Passe-satin (*Lunaria annua*) ne se distingue de la précédente que par la forme des dents de ses feuilles qui sont grandes et à peu près égales ; les supérieures sont toujours en cœur et sessiles. Du reste, elle croît dans les mêmes lieux que la précédente, et constitue comme elle un mauvais fourrage, parce que leurs feuilles, surtout celles de la lunaire annuelle, sont très amères.

§ III. — Plantes du genre Cameline (*Myagrum*).

Ce genre ne comprend que des plantes herbacées, indigènes à l'Europe, à feuilles alternes, à fleurs jaunes en grappes et en pannicules. Six espèces le composent : nous n'en mentionnerons qu'une : c'est la

Cameline cultivée (*Myagrum sativum*). Les tiges sont glabres, cylindriques et hautes d'un pied ; les feuilles sont molles, un peu velues, à dentelures courtes et distantes ; les fleurs sont jaunes, disposées en grappes panniculées et terminales. On rencontre cette plante dans les prés et dans les champs de toute l'Europe ; les ruminans la mangent avec plaisir ; les chevaux ne s'en soucient pas.

SECTION VI.

FAMILLE DES CAPARIDÉES (FORMANT L'ORDRE QUATRIÈME.)

Caractères botaniques.

Un calice composé d'autant de feuilles que la corolle et alternant avec chaque pétale; celles-ci sont au nombre de quatre ou cinq. Les étamines sont souvent indéfinies, l'ovaire simple surmonté d'un style ou simplement d'un stygmate. Cet ovaire devient une silique ou une baie à plusieurs loges, remplies de graines attachées aux parois.

Cette famille de plantes est ainsi nommée à cause de ses grands rapports avec les câpriers qui en forment le type; elle offre la plus grande analogie avec les plantes crucifères, papavéracées et les cystes. Cette famille fournit à nos foins des prés bas, une seule plante : c'est la Parnassie des marais, qui forme le dernier des six genres dont elle se compose.

§ unique. — De la Parnassie des marais.

La Parnassie des marais (*Parnassia palustris*), l'une des sept espèces du genre, donne, par sa racine, naissance à une ou plusieurs tiges droites, simples, glabres comme toute la plante, hautes de huit à dix pouces, et chargées vers leur tiers inférieur, d'une seule feuille sessile et demi-embrassante; chacune de ces tiges est terminée par une seule fleur blanche, assez grande, d'une forme agréable et qui se manifeste depuis la fin de juillet jusqu'en septembre : ce qui veut dire qu'on ne la rencontre pas dans les foins, toujours coupés avant cette époque.

Cette plante est douée d'une âcreté assez prononcée, qui en fait un mauvais fourrage.

SECTION V.

FAMILLE DES CARYOPHYLLÉES. (FORMANT L'ORDRE DEUXIÈME.)

Caractères botaniques.

Calice en tube ou profondément divisé; corolle à quatre ou cinq pétales terminées par un onglet souvent très allongé; étamines en nombre pareil ou double de celui des pétales, rarement en nombre inférieur, ovaire simple, surmonté de plusieurs styles et de plusieurs stygmates. Cet ovaire devient une capsule à une ou plusieurs loges, remplies de beaucoup de graines attachées à un placenta pyramidal qui s'élève du dufond de la capsule.

Cette famille doit son nom à l'œillet des jardins; elle se compose de plantes dont la tige est ordinairement herbacée et quelquefois ligneuse par le bas; les feuilles sont opposées et même réunies à leur base. Cette famille, très naturelle, se compose de trente genres, parmi lesquels nous citerons comme habitans nos prés, les suivans :

1° Spargoute; 2° ceraiste; 3° lampette; 4° nielle; 5° lin.

§ Ier. — Plantes du genre Spargoulte *(Spergula).*

Les plantes de ce genre se nomment encore *spargoule* ou *spergule*. Ce sont des plantes herbacées, à feuilles étroites, opposées ou verticillées, on en compte quatorze espèces, dont six françaises, parmi lesquelles nous indiquerons les trois qui suivent :

Des prés hauts. — 1° La spargoule des champs;
2° —— glabre;
Des prés de plaine. — 3° —— noueuse.

1° La Sparcoule des champs (*Spergula arvensis*) offre une tige noueuse, légèrement pubescente, divisée dès sa base en rameaux nombreux, étalés, hauts de dix pouces au plus, garnis de feuilles linéaires, verticillées et réunies au nombre de douze au plus ensemble. Ces feuilles sont pubescentes comme sa tige; les fleurs sont petites, blanches, et forment au sommet de la tige, une pannicule lâche. Cette plante que l'on nomme encore *sporée* en quelques endroits, est cultivée comme plante fourragère dans quelques parties du nord de la France, et dans plusieurs autres contrées de l'Europe. C'est une bonne nourriture, principalement pour les vaches, dont elle rend le beurre plus agréable. A l'état de fourrage artificiel, on peut la couper trois ou quatre fois par an, et la donner en vert; car sa dessiccation est longue et difficile, et si on parvient à la rendre parfaite, la plante éprouve une diminution telle, que les intérêts du cultivateur sont lésés.

D'après ce que nous venons de dire, il est donc rare de rencontrer cette plante bien sèche dans nos foins; cependant, c'est un bon fourrage.

2° La Spargoule glabre (*Spergula glabra*). Cette espèce produit une tige grêle, rameuse dès sa base, assez ressemblante à la précédente, si ce n'est par sa taille qui, n'étant que de deux ou trois pouces, la rend incapable d'être consommée autrement que sur pied. Du reste, également bon fourrage.

3° La Spargoule noueuse (*Spergula nodosa*) produit une tige grêle, simple ou rameuse à sa base, glabre ainsi que toute la plante, articulée et garnie de feuilles tubulées; les fleurs sont blanches, le plus souvent terminales, quelquefois cependant placées dans les aisselles des feuilles supérieures.

Cette plante, assez abondante dans les pâturages humides de France et d'autres contrées de l'Europe, est également un bon aliment.

§ II. — Plantes du genre Céraiste (*Cerastium*).

Les ceraistes sont des plantes herbacées, à feuilles simples, opposées et à fleurs terminales; on en connaît environ une trentaine d'espèces qui sont presque toutes indigènes à l'Europe; nous ne citerons que la suivante :

Le Ceraiste commun (*Cerastium vulgatum*). Les tiges de cette plante sont velues, visqueuses, bifurquées et disposées en touffe; ses feuilles sont ovales et ses fleurs blanches. C'est une plante assez commune dans les pâturages secs, où elle constitue un médiocre fourrage.

Il y aurait bien encore quelques individus de ce genre que nous pourrions citer, mais leur rareté dans les foins, autant que leur analogie avec la précédente, nous portent à les passer sous silence.

§ III. — Plantes du genre Lychnide (*Lychnis*).

Ce genre de plantes que l'on nomme encore Lampette, parce que les plantes qui la composent peuvent être employées à faire des mèches, se compose de plantes herbacées, à feuilles simples, opposées et à fleurs souvent réunies au sommet des tiges; on en compte une vingtaine d'espèces, parmi lesquelles nous citerons les suivantes, qui toutes croissent dans les prés hauts et secs.

1° La lychnide visqueuse;
2° —— fleur de coucou;
3 —— des Alpes;
4° —— dioïque.

1° La Lychnide visqueuse (*Lychnis viscaria*) offre une tige droite, simple, visqueuse dans sa partie supérieure et garnie de feuilles lancéolées, linéaires et très écartées; ses fleurs sont purpurines, disposées au sommet des tiges, par bouquets opposés, formant une sorte de pannicule. C'est un médiocre fourrage que les moutons seuls aiment beaucoup.

2° La Lichnide fleur de coucou, ou Lychnide laciniée (*Lychnis floscuculi*) produit par sa racine, une ou plusieurs tiges droites, cannelées, un peu rameuses et légèrement visqueuses dans leur partie supérieure; elles sont hautes de quinze à vingt pouces, garnies de feuilles lancéolées et glabres; ses feuilles sont grandes, ordinairement d'un pourpre clair, et se manifestent en juin ou juillet. Les bestiaux ne l'aiment pas et paraissent avoir du dégoût pour elle; elle est commune dans les prés.

3° La Lychnide des Alpes (*Lychnis Alpina*). Les tiges de cette espèce s'élèvent du milieu d'un bouquet de feuilles qui naissent de la racine et sont linéaires, glabres, nombreuses et disposées en gazon; ses tiges droites et simples, n'atteignant que quelques pouces, ne peuvent être fauchées; nous ne nous en occuperons pas davantage.

4° La Lychnide dioïque, vulgairement Compagnons blancs (*Lychnis dioica*) pousse des tiges droites, velues, un peu rameuses et hautes de quinze ou vingt pouces; ses feuilles sont lancéolées, oblongues, velues et molles au toucher; ses fleurs sont blanches, réunies au sommet de la tige, en pannicule lâche, et chacune d'elles ressemble parfaitement quand elle est isolée, à une petite étoile de la légion-d'honneur; les pétales au nombre de cinq, ainsi que dans toutes les autres lychnides, étant symétriquement réparties, et dans cette espèce, découpées en cœur, et blanches, ainsi que nous l'avons dit plus haut. Cette plante, assez commune dans les foins des prés secs, n'est qu'un très médiocre fourrage.

§ IV. — De la Nielle (*Agrostemma githago*).

Cette plante forme à elle seule un genre que M. de Jussieu, et avec lui M. Grognier nomment en latin du nom que nous avons ajouté au nom français. M. Mérat la nomme seulement *githago*, et donne le nom d'*agrostemma* à la Coquelourde. Quoi qu'il en soit, cette plante dont nous aurons occasion de parler plus au long en traitant des pailles, dans lesquelles on la rencontre plus souvent que dans les foins, est un mauvais aliment, dur, grossier; sans saveur et sans principes nutritifs suffisans pour justifier sa consommation.

§ V. — Plantes du genre Lin (*Linum*).

Une cinquantaine d'espèces, au moins, forment ce genre; seize se rencontrent en France particulièrement, et tout le monde connaît la précieuse plante qui nous fournit le chanvre; nous mentionnerons ici deux de ses sœurs comme apportant leur tribut à nos foins des prés secs; ce sont :

1° Le lin à feuilles étroites;

2° — purgatif.

1° Le Lin a feuilles étroites (*Linum angustifolium*). Ses

tiges sont droites, très grêles, ordinairement très simples, hautes de dix à quinze pouces et garnies de feuilles linéaires; Les fleurs sont bleues, de grandeur médiocre et portées sur des pédoncules plus longs que les feuilles ; elle est assez commune dans les prés du midi de la France et de la Bretagne ; sa dureté et son caractère fibreux doivent la faire regarder comme un mauvais fourrage.

2° Le Lin purgatif (*Linum catharticum*) produit une ou plusieurs tiges grêles, un peu étalées à leur base, redressées dans tout le reste de leur longueur, et hautes seulement de six à huit pouces; les feuilles sont ovales, opposées et glabres ainsi que toute la plante ; les fleurs, petites et blanches sont portées au sommet des tiges et des rameaux.

Cette plante, commune dans les prés hauts, a une saveur amère, désagréable et nauséabonde qui provoque le vomissement ; elle jouit aussi d'une propriété purgative très énergique.

CHAPITRE XIII.

COMPRENANT LES PLANTES FOURRAGÈRES APPARTENANT AUX FAMILLES QUI CONSTITUENT LA CLASSE XIV.

Plantes dicotylédones, polypétales, à étamines périgynes ou attachées au calice.

SECTION Ire.

FAMILLE DES ONAGRAIRES. (FORMANT L'ORDRE SIXIÈME.)

Caractères botaniques.

Un calice d'une seule pièce adhérant à l'ovaire et divisé au-dessus en plusieurs lobes; corolle attachée au sommet du calice et quelquefois nulle; étamines en nombre égal ou double de celui des pétales. L'ovaire adhérant au calice est simple, à plusieurs loges, surmonté d'un style terminé par un stygmate divisé et devient une capsule qui contient une ou plusieurs graines.

On a donné à cette famille de plantes le nom de l'ONAGRE (*OEnothera*); l'un des principaux et sans contredit le plus agréable des treize dont elle se compose. Elle ne nous fournira que deux espèces de plantes appartenant au genre ÉPILOBE.

§ UNIQUE. — Plantes du genre Epilobe (*Epilobium*).

On connaît aujourd'hui une vingtaine d'espèces de ce genre, dont la moitié au moins appartient à la France. Ce sont des plantes assez généralement herbacées, à feuilles simples, alterne ou opposées selon les espèces, et à fleurs disposées en épis au sommet des tiges; nous mentionnerons comme habitant les prés bas de certaines localités de la France,

1° L'épilobe velu;
2° —— des marais.

1° L'Epilobe velu (*Epilobium hirsutum*) à tiges cylindriques, velues et hautes de deux à quatre pieds. Les feuilles sont lancéolées, dentées en scie, pubescentes, sessiles, opposées inférieurement et alternes à la partie supérieure de la tige. Les fleurs sont purpurines, assez grandes et solitaires. C'est un médiocre fourrage.

2° L'Epilobe des marais (*Epilobium palustre*). Sa tige est assez grêle, ordinairement simple, glabre, haute d'un à deux pieds et garnie de feuilles lancéolées, entières, presque glabres et disposées autour de la tige, comme dans l'espèce qui précède. Cette espèce offre les mêmes fleurs que celle *velue*, et est elle-même presque cotonneuse à la partie supérieure de sa tige, ce qui en fait un mauvais fourrage.

SECTION II.

FAMILLE DES SALIÇAIRES. (FORMANT L'ORDRE NEUVIÈME.)

Caractères botaniques.

Un calice tubulé et divisé; une corolle composée de pétales dont le nombre égale celui des divisions du calice et attachés à son sommet; étamines en nombre égal et ayant la même attache. L'ovaire est supérieur, surmonté d'un style couronné d'un stygmate et devenant une capsule à une ou plusieurs loges.

Nommées encore *Salicariées*, les plantes de cette famille avaient d'abord reçu ce nom à cause de leur grande ressemblance avec la Salicaire que Tournefort avait nommée en latin *Salicaria*. Les progrès de la botanique croissant tous les jours, on fit une famille que l'on nomma des *salicinées*. Dès lors la possibilité de les confondre toutes deux, engagea les botanistes à changer le nom de la famille des salicaires ou salicariées en celui de Lythraires toujours du nom latin de la Salicaire que Linnée avait nommée *Lythrum*, nom qu'elle a conservé. — Cette famille ne nous fournira qu'une seule espèce de plantes appartenant précisément au genre salicaire, le troisième des sept qui la composent.

§ UNIQUE. — De la Salicaire commune (*Lythrum salicaria*).

Les racines de cette plante donnent par leur collet, naissance à une ou plusieurs tiges quadrangulaires, un peu rougeâtres, hautes de trois ou quatre pieds, simples inférieurement, rameuses dans leur partie supérieure et garnies de feuilles allongées, échancrées en cœur à leur base, opposées et sessiles. Ses fleurs sont d'une belle couleur purpurine, et formant, par leur ensemble, un bel épi terminal. On regarde généralement cette plante comme nuisant dans les prairies à la qualité des foins, surtout si elle y est un peu multipliée.

SECTION III.

FAMILLE DES ROSACÉES. (FORMANT L'ORDRE DIXIÈME.)

Caractères botaniques.

Un calice d'une seule pièce et souvent persistant; corolle à cinq pétales attachées au calice. Etamines nombreuses et disposées sur plusieurs rangs. Un ou plusieurs ovaires surmontés chacun d'un style et d'un stygmate. Les graines sont nues ou renfermées dans un péricarpe.

Cette famille de plantes réunies dans la méthode de Tournefort en raison de la ressemblance de leurs pétales, comprend cependant des végétaux bien dissemblables. Aussi M. DECANDOLLE, tout en leur conservant le nom générique de *rosacées*, les a-t-il divisées en sept sections auxquelles il donne un nom particulier tiré de l'affinité des groupes avec l'un des genres qui les composent. Les caractères généraux que nous leur assignons ici, varient dans chaque groupe ou tribu, et cela à tel point que, certains auteurs modernes les ont érigés en familles nouvelles. Trente-deux genres la composent en entier; sur ce nombre, qui, soit dit en passant, fournit presque tous les arbres de nos vergers, quatre seulement vont nous occuper, et ces quatre appartiennent à trois tribus différentes. Voici leurs noms et celui de la tribu dont ils font partie.

3° *Tribu.*	*Sanguisorbée*	— 1° pimprenelle;
		— 2° alchimille;
4° *Tribu.*	*Potentillée*	— 3° potentille;
5° *Tribu.*	*Spiracée*	— 4° spirée.

§ Ier. — Plantes du genre Pimprenelle *(Poterium)*.

Les pimprenelles sont des plantes herbacées à feuilles ailées et à fleurs rapprochées en tête terminale. On en compte huit espèces ; trois croissent naturellement dans nos climats, et sur ce nombre, deux viendront grossir notre recueil; ce sont les suivantes :

1° La pimprenelle commune;
2° —— hybride.

1° La Pimprenelle commune (*Poterium sanguisorba*) s'élève à un pied et demi environ sur une tige droite, médiocrement anguleuse, quelquefois un peu velue, rameuse vers son sommet, garnie de feuilles ailées, alternes, un peu velues et profondément dentelées. Les fleurs sont rassemblées à l'extrémité de chaque tige en un épi court, très serré en tête, arrondies et d'un vert qui devient rougeâtre en vieillissant.

2° La Pimprenelle hybride (*Poterium hybris*). Cette espèce diffère de la précédente par ses tiges velues et cylindriques ainsi que par ses feuilles ordinairement velues. Du reste, ces deux plantes ont beaucoup de rapports entre elles.

Les pimprenelles ont une saveur astringente et légèrement amère, et leurs feuilles sont presque partout employées comme assaisonnement des salades.

Les herbivores domestiques les aiment beaucoup, et cette raison les a fait cultiver comme fourrage artificiel par quelques agronomes; elles résistent aux grandes sécheresses et conservent leurs feuilles pendant que celles des autres plantes sont desséchées et grillées par la chaleur du soleil.

§ II. — Plantes du genre Alchimille *(Alchimilla)*.

Ce genre de plantes doit son nom à l'usage que faisaient les alchimistes de sa rosée pour l'accomplissement de ce qu'ils appelaient le *grand-œuvre*. Il se compose de dix espèces, dont deux seulement se rencontrent dans nos prés hauts et un peu humides. Ce sont celles dont les noms suivent :

1° L'alchimille commune;
2° —— argentée.

1° L'Alchimille commune ou le pied de lion (*Alchimilla vulgaris*) atteint un pied environ; elle forme, par ses feuilles qui sont larges, presque rondes et festonnées sur leurs bords, une masse arrondie d'un vert agréable. Cette plante n'est pas encore arrivée à l'état de maturité à l'époque de la fenaison; quand on ne la coupe pas, elle n'y arrive qu'au mois d'août. On la rencontre dans les prés montueux et le long des vallées.

2° L'Alchimille argentée ou l'alchimille des Alpes (*Alchimilla argentea*) est une fort jolie petite plante qui n'atteint guère que cinq ou six pouces, et qui par conséquent n'est pas toujours fauchée. Ses feuilles sont profondément découpées en cinq ou sept folioles distinctes, formant autant de digitations; elles sont d'un beau vert luisant en dessus, soyeux et satiné en dessous. Elles le disputent au satin pour la blancheur et le brillant de leur duvet, ce qui leur a valu le nom qu'elles portent.

L'une et l'autre de ces alchimilles forment un bon fourrage.

§ III. — Plantes du genre Potentille (*Potentilla*).

Ce genre forme le type de la quatrième tribu des rosacées ou potentillées, qui se compose aujourd'hui de cent et quelques espèces, parmi lesquelles nous mentionnerons comme appartenant à nos prés hauts et de plaine, les huit qui suivent :

Aux prés hauts 1° la potentille des Pyrénées;
2° —— dorée;
3° —— printannière;
4° —— argentée.

	5° La potentille à grandes fleurs ;		
	6°	——	blanche ;
Aux prés de plaine	7°	——	anserine ;
	8°	——	rampante.

Nous allons décrire ici, chacune des principales d'entre ces huit espèces.

1° La Potentille dorée (*Potentilla aurea*). Ses tiges sont redressées, hautes de six ou huit pouces au plus, pubescentes, simples ou permanentes, garnies de feuilles composées de cinq digitations oblongues, dentées à leur sommet, presque glabres, mais bordées de cils ou poils nombreux et soyeux. Ses fleurs sont d'un jaune d'or.

Assez pauvre en principes nutritifs, c'est un fourrage médiocre.

2° La Potentille printannière (*Potentilla verna*). Cette espèce est commune dans les pâturages secs et découverts ; ses tiges sont rameuses dès leur base, couchées, pubescentes et garnies de feuilles à cinq divisions inférieurement, et à trois seulement dans leur partie supérieure. Ses fleurs sont jaunes, assez petites et terminales. C'est une plante qui ne deviendrait inutile dans les foins, qu'autant qu'elle y serait en grande quantité.

3° La Potentille argentée (*Potentilla argentea*). Cette plante communément nommée quinte-feuille argentée ou argentine, a une tige redressée, haute de huit à douze pouces, cotonneuse, garnie de feuilles profondément incisées, d'un vert assez foncé en dessus, blanches et cotonneuses en dessous. Ses fleurs sont jaunes, assez petites, disposées au sommet de la tige et des rameaux, en corymbe très lâche.

Cette plante se rencontre dans les foins récoltés sur un sol léger et humide. Bourgelat la classe au premier rang parmi celles qui composent un fourrage médiocre ; et Bosc dit positivement que ses feuilles ne sont pas du goût des bestiaux et que les porcs seuls s'en accommodent.

4° La Potentille grandiflore ou a grandes fleurs (*Potentilla grandiflora*). La tige de cette espèce est presque droite, simple, haute de huit pouces environ, pubescente, garnie de feuilles profondément dentées, un peu velues; ses fleurs sont jaunes, disposées en petit nombre au sommet des tiges. Cette plante n'altère en rien la qualité des foins, quand elle n'est pas en trop grande quantité dans les bottes.

5° La Potentille blanche ou neigeuse (*Potentilla nivea*) est trop petite pour être fauchée, elle n'atteint que quatre ou cinq pouces; du reste, considérée comme plante de pâturage, c'est un médiocre aliment.

6° La Potentille anserine, vulgairement argentine (*Potentilla anserina*). Les tiges sont rameuses, rampantes, longues d'un à deux pieds, garnies de feuilles ailées, dentées en scies, vertes en dessus, blanches et soyeuses en dessous, ses fleurs sont blanches ou plus souvent jaunes et solitaires.

Employée pour divers usages domestiques, cette plante n'est qu'un bien médiocre aliment pour les chevaux.

7° La Potentille rampante ou quinte-feuille (*Potentilla repens*) formerait un bon fourrage si les tiges couchées sur la terre permettaient de la faucher.

§ IV. — Plantes du genre Spirée (*Spirœa*).

On connaît environ quarante espèces de ce genre dont la plupart sont de fort jolis arbrisseaux, presque tous exotiques; parmi les espèces herbacées, nous mentionnerons les deux suivantes qui appartiennent aux prés de plaine :

1° La Spirée filipendule;

2° —— ulmaire.

1° La Spirée filipendule, vulgairement Filipendule (*Spirœa filipendula*) offre une tige droite, glabre; simple ou peu rameuse, haute d'un à deux pieds, garnie, surtout dans sa partie inférieure, de feuilles glabres, d'un beau vert, ailées profondément et inégalement incisées. Ses fleurs sont blanches, nombreuses, et forment au sommet des rameaux, un large corymbe. C'est une assez bonne plante fourragère.

2° La Spirée ulmaire, vulgairement Reine des prés, Herbe aux abeilles, petite Barbe de chèvre (*Spiræa ulmaria*). Cette plante a une tige droite, haute de trois ou quatre pieds, ferme, un peu anguleuse, rougeâtre, médiocrement rameuse, garnie de feuilles amples, alternes, ailées, d'un vert foncé en dessus, blanchâtres et veloutées en dessous, irrégulièrement dentées en scie et composées de folioles ovales. La floraison offre la même disposition que dans la précédente. Les feuilles font un bon fourrage.

SECTION IV.

FAMILLE DES LÉGUMINEUSES. (FORMANT L'ORDRE ONZIÈME.)

Caractères botaniques.

Un calice de plusieurs pièces affectant la forme d'une clochette; corolle composée de cinq pétales imitant la forme d'un papillon. Rarement moins de dix étamines, distinctes ou réunies en deux faisceaux; un style et un stygmate. Le fruit est une gousse.

Cette famille de plantes est une des plus naturelles et des plus nombreuses en genres et en espèces. Son nom est tiré de la structure de son fruit qui est une gousse, en latin *legumen*. Les individus de cette famille sont, avec ceux de la famille des graminées, les plus répandus dans la nature, et servent, soit à l'alimentation de l'homme, soit à celle des animaux qu'il a soumis.

Les caractères extérieurs, qui distinguent les plantes de cette famille, sont les suivans : tiges herbacées, feuilles alternes accompagnées de stipules ou petites feuilles à la base du pétiole et disposées en barbe de plume : des fleurs à quatre pétales irrégulières, disposées de manière à ressembler dans beaucoup d'entre elles, à un papillon qui prend sa volée; ce qui leur avait fait donner le nom de *papillonacées* par Tournefort; des fruits en gousse ou légume, ainsi que nous l'avons dit plus haut, et une saveur douce et sucrée.

On les cultive dans trois buts différens : 1° uniquement pour fourrage; exemple : le trèfle, la luzerne, le sainfoin, l'ajonc ; 2° pour en retirer des fourrages et des grains ; exemple : la gesce, la vesce, le pois, le fenu-grec, l'orobe; 3° pour en retirer des graines seulement : le haricot, la fève, le lupin, le chiche, etc. Cette dernière catégorie ne nous regarde qu'indirectement ; mais les premières vont nous arrêter un instant.

Voici, sur les quatre-vingt-neuf genres qui composent la famille, les dix-huit dont nous allons nous entretenir successivement : 1° ajonc ; 2° genêt ; 3° lupin ; 4° arrête-bœuf ; 5° mélilot ; 6° trèfle ; 7° luzerne ; 8° lotier ; 9° phace ; 10° astragale ; 11° gesce ; 12° pois ; 13° orobe ; 14° vesce ; 15° fèves ; 16° lentille ; 17° cornille ; 18° sainfoin.

Nous ne maintenons ici l'ajonc et le genêt que pour mémoire, leur véritable place étant à la troisième partie de cet ouvrage.

§ Ier. — Plantes du genre Lupin (*Lupinus*).

Les plantes de ce genre sont herbacées ou frutescentes, à feuilles alternes et rarement simples ; leurs fleurs, assez grandes, sont disposées au sommet des tiges en grappe ou en épi, d'un joli aspect. Leurs feuilles, quand elles sont sur pied, prennent le soir, au coucher du soleil, une disposition particulière que Linnée nommait *leur sommeil*.

On connaît aujourd'hui vingt-huit espèces de lupins la plupart exotiques, nous ne parlerons ici que du suivant.

Le Lupin blanc (*Lupinus albus*), dont la tige est droite, cylindrique, ordinairement assez simple, haute d'un pied à dix-huit pouces, garnie de feuilles digitées et velues comme toute la plante. Ses fleurs sont blanches, alternes et disposées en grappes terminales. On cultive cette espèce dans quelques cantons pour la donner en vert aux bestiaux, ou pour s'en servir comme engrais.

Cette plante peut fournir un très bon fourrage vert aux chevaux de troupe dans les localités où on la cultive ; mais la dessiccation la rendant fibreuse et dure, c'est un fort mauvais aliment sec, propre tout au plus à faire de la litière ou à brûler.

§ II. — Plantes du genre Arrête-Bœuf (*Ononis*).

Quelques auteurs donnent aux plantes de ce genre le nom de Bugrane ou Bugrande; nous leur conserverons celui d'Arrête-Bœuf que leur a donné l'abbé Desfontaines. Ce sont des plantes pour la plupart herbacées et quelquefois disposées en sous-arbrisseaux; on en compte environ une trentaine d'espèces, parmi lesquelles nous citerons comme appartenant aux prés sablonneux et de plaine :

1° L'Arrête-Bœuf élevé ;
2° —— des champs.

1° L'Arrête-Boeuf élevé (*Ononis altissima*). Cette espèce est fort belle, et se distingue des autres, principalement par son port. Ses tiges hautes de trois pieds environ, sont droites, velues, cylindriques et garnies de rameaux distribués irrégulièrement. Ses feuilles sont grandes et ternées.

2° L'Arrête-Boeuf des champs (*Ononis arvensis*). Les tiges de cette espèce sont dures et rameuses, rougeâtres et velues, sans épines dans leur jeunesse, mais en acquièrent en vieillissant. Ses feuilles sont ovales, vertes et striées. L'une et l'autre de ces plantes sont un assez médiocre fourrage.

§ III. — Plantes du genre Mélilot (*Melilotus*).

Ces plantes ont de grands rapports avec la luzerne; ce sont des végétaux herbacés dont on connaît vingt-quatre espèces et qui fournissent à nos foins divers les cinq dont les noms suivent.

Aux prés hauts	1°	Le mélilot	parviflore;
Aux prés de plaine	2°	——	officinal;
	3°	——	blanc;
Aux prés bas	4°	——	élevé;
	5°	——	denté.

1° Mélilot parviflore (*Melilotus parviflora*) pousse une tige rameuse, haute d'un pied ou environ, garnie de feuilles à folioles ovales et dentées en scie. Les fleurs sont d'un jaune pâle, très nombreuses et disposées en grappes grêles, au moins une fois aussi longues que les feuilles. C'est un bon fourrage, assez abondant dans les prairies sèches et sur les collines de la Provence et de l'Italie.

2° Le Mélilot officinal (*Melilotus officinalis*) pousse plusieurs tiges hautes d'un à deux pieds, ordinairement garnies de feuilles à trois folioles ovales et dentées en scie. Ses fleurs sont petites, d'un jaune pâle, nombreuses, pendantes et disposées en longues grappes.

Cette plante, qui n'a qu'une légère odeur à l'état frais, en acquiert, par la dessiccation, une assez forte et assez agréable pour aromatiser le foin auquel il se trouve mêlé et le rendre plus agréable au goût des chevaux, qui, en général, l'aiment, surtout avant sa floraison.

3° Le Mélilot blanc ou Mélilot de Sibérie (*Melilotus alba*) produit une ou plusieurs tiges, hautes de trois à six pieds et même de huit à neuf, dit M. Loiseleur Deslongchamps, dans un terrain favorable. Ses feuilles sont très entières et bordées dans leurs deux tiers supérieurs, de dents en scie. Ses fleurs sont blanches, plus petites que dans l'espèce précédente, presque inodores et disposées en grappes grêles.

Cette plante, tant verte que sèche, est propre, selon M. Thouin, à la nourriture des animaux domestiques, auxquels elle fournit un aliment substantiel, solide et abondant. — On la cultive en prairie artificielle.

4° Le Mélilot élevé (*Melilotus altissima*). Cette espèce diffère du mélilot officinal, par ses tiges beaucoup plus élevées, puisqu'elles ont cinq ou six pieds de hauteur, et les folioles de ses feuilles qui sont plus allongées et plus étroites. Elle partage les propriétés de la précédente, et peut comme elle se cultiver en prairie artificielle.

5° Le Mélilot denté (*Melilotus dentata*). Cette espèce a beaucoup de rapports avec les deux espèces précédentes, mais ses feuilles sont plus allongées, bordées tout autour de dents plus fines et plus nombreuses. Ses fleurs sont jaunes comme dans le mélilot élevé, dont elle paraît avoir la hauteur.

Cette plante est également un bon fourrage des prés bas, mais elle n'est pas commune en France. C'est principalement dans les prairies des provinces rhénanes de la Prusse, qu'on la rencontre.

§ IV. — Plantes du genre Trèfle (*Trifolium*).

Ce genre de légumineuses qui comprend soixante-dix-sept espèces dont la majeure partie est du goût des chevaux, dont on cultive trois en prairies artificielles et dont sept ou huit autres concourent puissamment à la bonté des pâturages de toutes les expositions.

Quatre espèces :

1° Le trèfle des Hautes-Alpes (*Trifolium alpinum*);
2° — des Basses-Alpes (*Trifolium alpestre*);
3° — de Hongrie (*Trifolium pannonium*);
4° — celui de montagne (*Trifolium montanum*);

se rencontrent dans les prés hauts que nous avons dit être ceux qui fournissent le meilleur foin.

Trois autres espèces :

5° Trèfle rouge (*Trifolium rubrum*);
6° — rampant (*Trifolium repens*);
7° — des prés (*Trifolium pratense*);

se rencontrent dans les foins des prairies de plaine; les deux derniers se cultivent seuls en prairies artificielles, ainsi que le Trèfle incarnat (*Trifolium incarnatum*).

Ces plantes fournissent un fourrage moins abondant et qui se conserve moins que la luzerne. Il importe qu'il ait été récolté à temps, c'est-à-dire que les premières fleurs soient tombées; plus tard il devient trop dur.

Linnée avait réuni les trèfles aux mélilots, desquels ils ne diffèrent essentiellement que par leur taille malheureusement trop exiguë pour permettre de les couper avec fruit dans les prés ; ce qui nous dispense d'en parler davantage ici.

§ V. — Plantes du genre Luzerne (*Medicago*).

Ce précieux genre se compose de plantes herbacées, pour la plupart à feuilles alternes, ternées, et à fleurs portées ordinairement plusieurs ensemble sur des pédoncules qui naissent des aisselles des feuilles. On en connaît au-delà de quatre-vingts espèces dont on trouve, quarante en France seulement. — Toutes ces espèces forment des fourrages excessivement recommandables pour les chevaux et les autres herbivores domestiques. Une espèce surtout est, sous ce rapport, l'objet d'une grande culture dans les parties tempérées de l'Europe. Nous allons mentionner les trois suivantes :

Aux prés hauts	1°	La luzerne faucille ;
Aux prés de plaine	2°	—— cultivée ;
	3°	—— lupulline.

1° La Luzerne faucille (*Medicago falcata*). Cette espèce ressemble à plusieurs égards, à la luzerne cultivée ; mais elle ne s'élève pas comme elle, et son fruit est tout différent dans la forme. Ses tiges sont faibles, cylindriques, légèrement anguleuses, et assez dures pour avoir été considérées par quelques auteurs, comme étant ligneuses. Ses feuilles sont composées de trois folioles étroites, lancéolées, d'un vert agréable et presque entièrement glabres. La couleur des fleurs est souvent jaune, mais quelquefois purpurine ou violette. — Cette espèce croît dans les prés secs et montueux ; tous les bestiaux la recherchent. Quelques agronomes ont essayé d'en faire des prairies artificielles avec des succès divers, toutefois.

La Luzerne cultivée (*Medicago sativa*). Ses tiges sont herbacées, fermes, droites, cylindriques, un peu anguleuses, rameuses, lisses et hautes d'un pied et demi à trois pieds. Les feuilles sont composées de trois folioles ovales lancéolées, obtuses, vertes des deux côtés et parfois légèrement velues. Les fleurs sont disposées en grappes de couleur purpurine ou violette. — Cette plante croît naturellement dans les prés de France et d'Espagne; on la cultive en grandes prairies artificielles.

Cette espèce perd de ses propriétés nutritives à mesure que l'industrie humaine l'éloigne de son pays natal; elle devient aqueuse et ses principes ne sont plus aussi complètement élaborés.

Malgré cela, aucun fourrage ne peut lui être comparé pour la qualité; on a évalué qu'elle valait mieux d'un dixième que le meilleur foin; nul aliment plus que la luzerne n'entretient les chevaux dans un aussi fort état d'embonpoint. Cependant elle les échauffe, et le meilleur moyen de remédier à cet inconvénient, est de la mélanger par parties égales avec de la paille de froment ou d'avoine, ainsi que le font la plupart des cultivateurs des départemens du nord de la France, qui, l'hiver, donnent à leurs chevaux, beaucoup de luzerne sèche mêlée à la paille.

Ce mélange doit être fait non par couche, mais par confusion; la paille prend alors l'odeur de la luzerne, et les chevaux mangent avec plaisir l'une et l'autre.

Donnée en vert, la luzerne produit sur les chevaux, les effets d'un médicament légèrement laxatif.

3° La Luzerne lupulline (*Medicago lupullina*) est sur toutes ses parties, légèrement velue, principalement à ses sommités. Ses tiges sont herbacées et ne s'élèvent pas toujours à un pied. Les folioles de ses feuilles sont ovoïdes, obtuses, entières à leur base et dentées à leur sommet. C'est de toutes les légumineuses celle qui a la plus petite fleur. Ainsi que les deux précédentes, elle constitue un bon fourrage.

§ VI. — Plantes du genre Lotier (*Lotus*).

On connaît plus de soixante espèces de ce genre, parmi lesquelles nous mentionnerons les deux qui suivent, comme appartenant, la première, à nos prés de plaine, et la seconde à nos prés bas.

1° Le lotier corniculé ;
2° — siliqueux.

1° Le Lotier corniculé (*Lotus corniculatus*). Cette espèce présente plusieurs variétés, qui diffèrent tellement les unes des autres, qu'il n'est pas facile d'en faire une courte description qui convienne à tous ; cependant, voici les caractères génériques. Ses tiges, selon les variétés, sont plus ou moins glabres ou plus ou moins velues et hautes d'un pied au plus. Les folioles sont assez généralement ovales. Les fleurs jaunes et au nombre de six ou dix, sont portées sur des pédoncules trois fois plus grands que les feuilles. — Les chevaux aiment particulièrement cette plante qui, au dire de quelques agronomes, pourrait être cultivée en prairies artificielles.

2° Le Lotier siliqueux (*Lotus siliquosus*) produit plusieurs tiges herbacées, velues, longues de huit à dix pouces. Ses feuilles sont légèrement velues et ses fleurs assez grandes et d'un jaune pâle. — Cette espèce, quoique constituant un bon fourrage, est moins recherchée des chevaux que la précédente.

§ VII. — Plantes du genre Phace (*Phaca*).

Les plantes de ce genre sont toutes habitantes des prés hauts ; c'est une espèce à fruit aplati, d'où son nom qui signifie *lentille* en grec. Seize espèces le composent ; nous mentionnerons seulement les deux suivantes, parmi les cinq qui croissent en France.

1° Phace des Alpes ;
2° — de Gérard.

1° La Phace des Alpes (*Phaca alpina*), offre une tige cylindrique, légèrement velue, droite, haute de douze à quinze pouces, garnie de feuilles dont les folioles sont oblongues, obtuses et pubescentes. Les fleurs sont d'un blanc jaunâtre disposées en grappes allongées. — C'est une bonne plante des foins alpestres ;

2° La Phace de Gerard (*Phaca Gerardi*) ; sa tige est rameuse, longue de huit ou dix pouces. Les fleurs sont blanchâtres, disposées au nombre de quinze ou vingt en grappes axillaires. — Cette espèce, qui croît dans les Alpes de la Provence et du Dauphiné, constitue un bon fourrage.

§ VIII. — Plantes du genre Astragale (*Astragalus*).

Ce genre de légumineuses comprend cent soixante-sept espèces, dont cinq ou six se rencontrent dans les foins des prés hauts ; ce sont les espèces :

1° Astragale queue de Renard (*Astragalus alopecuroides*) ;
2° — à boursette (*Astragalus galegiformis*) ;
3° — à feuilles de réglisse (*Astragalus glyssiphyllos*) ;
4° — esparette (*Astragalus onobrichys*) ;

La stature de ces plantes varie de quatre pouces à cinq ou six pieds ; leur feuillage est léger, d'une verdure tendre mais facile à tomber ; leurs fleurs sont disposées en épis. Elles fournissent un fourrage sain et très nourrissant.

§ IX. — Plantes du genre Gesse (*Lathyrus*).

Les plantes de ce genre ne se distinguent qu'imparfaitement par leurs caractères botaniques des vesces et des pois ; et, dit M. DE LAMARK, leur *facies* particulier a plus servi à les rassembler dans leurs genres que la considération de leur fructification. On en connaît aujourd'hui environ une quarantaine d'espèces, dont plusieurs se rencontrent dans le midi de la France.

Ce genre est d'un grand intérêt comme fourrage ; il n'offre que des plantes grimpantes, à tiges anguleuses, à feuilles alternes, composées d'une ou deux paires de folioles attachées à des pétioles terminés en oreilles à fleurs disposées en grappes peu garnies sur de longs pédoncules axillaires. — Nous mentionnerons ici les trois espèces qui suivent.

Des prés hauts 1° La Gesse sauvage ;
Des prés bas 2° — des prés ;
3° — des marais.

1° LA GESSE SAUVAGE OU DES BOIS (*Lathyrus sylvestris*). Cette plante est une des belles espèces du genre. Sa tige est haute de trois ou quatre pieds, ailée, rameuse et grimpante lorsqu'elle rencontre des corps auxquels elle peut s'attacher. Ses feuilles ont deux folioles longues, très pointues, glabres et un peu nerveuses. Les fleurs sont assez grandes, de couleur rose ou purpurine et disposées en grappes de quatre à six ensemble. Cette espèce est commune dans les prés hauts et les bois élevés.

2° La Gesse des prés (*Lathyrus pratensis*). Ses tiges sont grêles, anguleuses, rameuses, faibles et ne s'élevant qu'à un pied et demi. Ses feuilles sont composées, un peu velues et marquées de trois nervures en dessous. Les pédoncules des fleurs portent à leur sommet trois à huit fleurs jaunes, disposées en grappe courte. C'est une des bonnes plantes des prés bas.

3° La Gesse des marais (*Lathyrus palustris*). Sa tige est un peu ailée, glabre, faible, à peine rameuse, et haute d'un pied et demi. Ses feuilles, composées de cinq à six folioles oblongues, sont lancéolées, vertes, longues d'un pouce et demi. Ses fleurs sont bleues et assez semblables à celles des orobes. C'est encore une de ces plantes dont il serait à désirer qu'il y eût un plus grand nombre, dans les foins des prés bas.

Tous les animaux domestiques aiment la fane et la graine des gesses. Quelques cultivateurs stratifient dans le grenier, celles qu'ils destinent à leur bétail, avec de la paille de froment ou d'avoine ; cette pratique diminue les motifs de craindre la moisissure à laquelle elle est sujette, et communique en outre son goût à cette paille qui devient ainsi plus agréable aux chevaux.

La Gesse cultivée (*Lathyrus sativus*) est particulièrement du goût des chevaux ; aussi Arthur Yung la met-il au-dessus de toutes les autres plantes fourragères, soit pour la qualité soit pour la quantité. Cependant aucun agronome, que je sache, n'a encore songé à la cultiver en prairies artificielles.

§ X. — Plantes du genre Orobe (*Orobus*).

Les orobes sont des plantes herbacées, à feuilles ailées et terminées par un filet droit et non roulé; les fleurs, d'un assez joli aspect, sont disposées en grappes simples. Ce genre qui diffère peu des gesses, des pois et des vesces, se compose de quarante espèces environ, parmi lesquelles nous citerons les deux suivantes :

1° L'orobe printannier;
2° —— tubéreux.

1° L'Orobe printannier (*Orobus vernus*); produit une ou plusieurs tiges droites, anguleuses, hautes de huit pouces à un pied, garnies de feuilles ailées très glabres; les fleurs sont blanchâtres ou purpurines, portées au nombre de quatre à huit sur un pédoncule, et formant une petite grappe d'un assez joli aspect. Entre tous nos herbivores, le cheval en est le plus friand; elle n'est pas rare dans les prés de plaine et les bois;

2° L'Orobe tubéreux (*Orobus tuberosus*). Les tiges sont anguleuses, rameuses, hautes de six ou huit pouces, garnies de feuilles ailées, oblongues, d'un beau vert en dessous, et glauques en dessus; les fleurs sont purpurines; elle vient dans les mêmes lieux et possède les mêmes propriétés que la précédente.

§ XI. — Plantes du genre Pois (*Pisum*).

Les plantes de ce genre ont avec celles des deux précédens, et avec le suivant, la plus grande analogie : on en connaît neuf espèces : sur ce nombre, une seule se rencontre dans les prés de plaine et dans les moissons : c'est le Pois des champs, ou Pisaille (*Pisum arvense*) qui fournit une tige cylindrique, faible, haute d'environ deux pieds et rameuse; ses feuilles sont composées de folioles crénelées. C'est un fourrage très estimé qui est du goût de tous les bestiaux.

§ XII. — Plantes du genre Vesce (*Vicia*).

Ce genre se compose de 90 espèces, en tout assez semblables aux plantes des quatre paragraphes précédens; nous en mentionnerons ici deux seulement, comme étant les plus communes dans les prés de plaine et les bois : ce sont :

1° La vesce de Provence ;

2° —— cracca.

1° La Vesce de Provence (*Vicia Gallo-Provencialis*), a des tiges droites, hautes, velues, anguleuses, s'élevant parfois à plus de trois pieds, et garnies de feuilles également velues; les fleurs sont blanchâtres, disposées en grappes qui naissent des aisselles des feuilles; elle est assez commune en Provence, en Languedoc et dans le Dauphiné.

2° La Vesce cracca (*Vicia cracca*) ne diffère pas assez de la précédente, pour que nous lui consacrions un article particulier; nous dirons seulement que M. Bosc pense que l'on pourrait la cultiver avantageusement comme fourrage.

Un assez grand nombre d'autres espèces se rencontrent encore dans nos prés, mais elles ne diffèrent que par la largeur des feuilles, la hauteur des tiges, etc. Ces distinctions peu importantes pour nous, intéressent le cultivateur qui les distingue, en général, en vesces d'été et vesces d'hiver, la première étant par ses fanes plus propre que l'autre à la nourriture des bestiaux.

La vesce se desséchant difficilement, sa fane moisit souvent pendant cette opération, et elle devient alors un mauvais aliment.

Bien récoltée, on doit cependant ne la donner qu'avec réserve aux chevaux; elle fait quelquefois maigrir ceux qui n'y sont pas habitués, et convient mieux aux vieux qu'aux jeunes. Par mesure de précaution, autant que par économie, on la stratifie avec la paille.

§ XIII. — Plantes du genre Fèves *(Faba)*.

Ce genre de légumineuses qui ne comprend qu'une espèce, est originaire de la Haute-Asie : c'est une plante haute d'environ trois pieds, qui se plaît dans les terrains argileux et humides, et que l'on cultive beaucoup pour les besoins de l'homme et des animaux.

Pour ces derniers, c'est le fruit seul qui peut être utilisé, la tige étant trop dure quand la plante est desséchée, pour former un aliment ; aussi, n'en eussions-nous pas fait mention ici, si, dans quelques endroits, on ne la semait pour en faire un fourrage que les bestiaux mangent assez bien. Dans ce cas, on la coupe dès qu'elle commence à entrer en fleur.

L'usage que l'on fait de leurs légumes pour la nourriture des chevaux, trouvera sa place à la troisième partie.

§ XIV. — Plantes du genre Lentille *(Ervum)*.

Ce sont des herbes à tiges grêles, garnies de feuilles alternes, terminées par une vrille ; les fleurs sont petites et axillaires ; on en connaît six à sept espèces, parmi lesquelles nous mentionnerons les suivantes comme appartenant aux prés de plaine.

1° La lentille ervilie ;

2° — velue.

1° La Lentille ervilie (*Ervum ervilia*) que l'on nomme encore Ers, Orobe des boutiques, Alliez, Pois de pigeon, pousse plusieurs tiges faibles, rameuses, hautes d'un pied environ, garnie de feuilles ailées à folioles étroites ; les fleurs sont blanchâtres, légèrement rayées de violet ; on la cultive dans quelques cantons du midi comme fourrage ; mais on le dit échauffant. Toutefois, elle n'est jamais en assez grande quantité dans les prés, pour avoir cette qualité.

2° La Lentille velue (*Ervum hirsutum*) ressemble assez à la précédente : elle fournit un très bon fourrage, mais très peu abondant.

§ XV. — Plantes du genre Coronille (*Coronilla*).

On compte seize espèces de ce genre dont nous ne mentionnerons qu'une seule : c'est la Coronille bigarrée (*Coronilla varia*). Les tiges de cette espèce sont herbacées, légèrement anguleuses, longues d'un à deux pieds, garnies de feuilles à folioles ovales, oblongues, d'un vert gai; les fleurs, agréablement variées de violet, de rose et de blanc, sont disposées par vingt à trente, en têtes bien fournies. Cette espèce croît dans plusieurs parties de l'Europe, dans les prairies sèches des collines. — Quelques agronomes l'ont préconisée comme fourrage, mais elle ne paraît pas être du goût des bestiaux, du moins quand elle est verte.

§ XVI. — Plantes du genre Sainfoin (*Hedysarum*).

Ce genre ne comprend plus guère aujourd'hui que trente et quelques espèces, dont beaucoup sont propres à la nourriture des chevaux, et dont cinq seront particulièrement mentionnées par nous. Toutes sont habitantes des prairies et des pâturages hauts; ce sont :

1° Le sainfoin à bouquets;
2° —— commun;
3° —— des montagnes;
4° —— couché;
5° —— à tête de coq.

1° Le Sainfoin a bouquets (*Hedysarum coronarium*), que l'on nomme encore Sainfoin d'Espagne, pousse des tiges droites, un peu flexueuses à leur partie supérieure, striées, médiocrement rameuses, hautes d'un pied et demi à deux pieds, garnies de feuilles ailées, alternes, ovales, à peine velues, pulpeuses et vertes à leurs deux surfaces, mais pourtant un peu plus pâles en dessous; les fleurs sont d'un rouge vif et quelquefois blanches. Cette plante est l'objet d'une grande culture en prairies artificielles; c'est une précieuse ressource dans une foule de contrées où le fourrage est rare.

2° Le Sainfoin commun (*Hedysarum Onobrychis*), qui ressemble assez à la précédente espèce, est beaucoup cultivé aujourd'hui en prairies artificielles ; cette espèce était à peine connue il y a deux cents ans, les chevaux la mangent verte ou sèche : elle a sur le trèfle et la luzerne, l'avantage de rendre plus vigoureux les chevaux qui en font usage, et de ne point occasioner de météorisation.

Les trois autres espèces, quoique constituant un excellent fourrage, sont trop petites pour être fauchées, et ne nous occuperont pas davantage.

CHAPITRE XIV.

COMPRENANT LES PLANTES FOURRAGÈRES APPARTENANT AUX FAMILLES QUI CONSTITUENT L'ORDRE XVe.

Plantes dicotylédones apétales, à fleurs unisexuelles.

SECTION UNIQUE.

FAMILLE DES EUPHORBIACÉES. (FORMANT L'ORDRE PREMIER.)

Caractères botaniques.

Fleurs monoïques ou dioïques, quelquefois hermaphrodites; calice d'une seule pièce quelquefois double; point de pétales; étamines en nombre variable; trois styles, capsules à autant de loges qu'il y a de découpures au style, qui s'ouvre intérieurement en deux valves, contenant chacune une à deux graines.

Cette famille, composée de vingt-trois genres, ne nous en fournira qu'un : c'est celui qui en forme le type, et sa description s'accordant par conséquent avec celle de la famille en général, nous dispense de la reproduire ici.

§ UNIQUE. — Plantes du genre Euphorbe *(Euphorbia)*.

Ces plantes forment le type, et donnent leur nom à la famille; elles sont herbacées ou frutescentes, et remplies dans toutes leurs parties, d'un suc laiteux fort âcre, qui en découle à la moindre déchirure de leur tissu. — Les espèces à tiges herbacées, sont feuillées à la manière des autres plantes, et portent des feuilles toujours simples, vulgairement alternes, quelquefois cependant, opposées et verticillées. — Les espèces qui se rencontrent dans nos près, sont nombreuses; nous citerons parmi elles :

1° L'euphorbe à feuilles menues;

2° —— épurge;

3° L'euphorbe doux ;
4° —— réveil-matin ;
5° —— verruqueux ;
6° —— des marais.

Toutes ces espèces, à l'exception de la dernière, se rencontrent indistinctement dans les foins de toutes les localités; celle-ci, seule, n'appartient qu'aux foins des prés bas.

1° L'Euphorbe a feuilles menues (*Euphorbia tenuifolia*), que quelques botanistes regardent comme une variété de l'Ésule, a des tiges grêles, feuillées, simples et hautes de près d'un pied; les feuilles sont alternes, linéaires, fort étroites, entières, un peu pointues et droites; les fleurs sont réunies en ombelles terminales. Cette plante habite les prés secs; elle est très commune dans les foins du Dauphiné.

2° L'Euphorbe épurge ou Épurge (*Euphorbia lathyris*) est peut-être l'espèce qui, par son port et son aspect, est la mieux caractérisée du genre; sa couleur bleuâtre et les quatre rangées de ses feuilles, la font remarquer assez pour qu'on ne puisse s'y méprendre; sa tige est droite, haute de deux à trois pieds, et quelquefois plus; elle est ferme, cylindrique, lisse, d'un vert rougeâtre ou bleuâtre, garnie de beaucoup de feuilles, et divisée à son sommet, en quatre rameaux en ombelle. On trouve l'épurge sur le bord des prés secs de l'Italie, de la France et de l'Allemagne.

3° L'Euphorbe doux (*Euphorbia dulcis*), haute d'environ un pied, la tige de cette plante est droite et feuillée ; les feuilles sont alternes, oblongues et un peu obtuses, lisses en dessus et légèrement velues et dessous ; elle croît aux mêmes lieux que la précédente.

Nous appliquerons à l'Euphorbe verruqueux (*Euphorbia verrucosa*), ce que nous avons dit du *doux*, et nous dirons de l'Euphorbe réveil-matin (*Euphorbia helioscopia*), qu'il est trop petit pour se rencontrer dans les foins.

4° L'Euphorbe des marais (*Euphorbia palustris*), est une

grande plante dont la tige est haute de trois pieds et plus; elle est cylindrique, glabre, un peu ferme, feuillée et rameuse, sa couleur est rougeâtre; ses feuilles sont éparses, nombreuses, entières, munies de petites dentelures sur leurs bords, longues de deux à trois pouces, sur six ou neuf lignes de largeur.

Toutes ces plantes se dessèchent mal, sont âcres, quelques-unes même corrosives, et constituent un fort mauvais fourrage que les animaux herbivores dédaignent tous.

CHAPITRE XV.

DES PAILLES.

SECTION Ire.

CONSIDÉRATIONS GÉNÉRALES SUR LES PAILLES ET LEURS QUALITÉS NUTRITIVES.

On donne le nom de Paille (*Palea*), aux tiges et aux feuilles des graminées céréales, après qu'elles ont été battues et desséchées pour la nourriture des chevaux ou des autres herbivores domestiques, ou encore, pour leur fournir de la litière.

Les pailles diffèrent de qualité suivant le genre, ou même la variété du genre de céréales qui les a produites. Voici l'ordre dans lequel on a coutume de les classer pour la nourriture des chevaux : 1° froment; 2° seigle; 3° orge; 4° avoine. Cependant, les agronomes diffèrent encore de sentiment sur le rang que doivent occuper entre elles les trois dernières, et nous pensons que cette différence tient au peu d'accord qui règne sur la question de savoir quelle est au juste l'importance des principes assimilables de cet aliment. En effet, nous lisons dans le *Précis d'un cours d'hygiène vétérinaire* de M. Grognier, et nous lui empruntons les résultats suivans obtenus par trois chimistes également célèbres dans l'analyse de la paille de froment seulement. M. Davy évalue à deux pour cent la quantité des principes alimentaires de cet aliment, c'est-à-dire un cinquantième. Zenneck le porte à 328 grains sur six onces, c'est-à-dire au dixième environ ; et Sprincel l'élève à cinquante pour cent ou la moitié; regardant, dit la note que nous citons, la production de *substances salines* dans les végétaux, comme la mesure de leur puissance nutritive. Quoi qu'il en soit, les chevaux ne mangeant pas seulement pour se nourrir, mais encore pour se lester l'estomac; la paille, plus légère que le foin, convient aussi beaucoup mieux, puisqu'elle tient la place d'une plus grande quantité de foin, qui, comme chacun le sait, rend les chevaux lourds et paresseux, et les dispose à la pousse. Sous le point de vue nutritif, personne n'ignore que les chevaux de l'Orient, et sans même sortir de l'Europe, ceux des cavaleries espagnole et italienne, sont nourris exclusivement de paille et de grain, et que le foin n'entre pas dans la composition de leurs rations. Le vieux proverbe que nous ont transmis les contemporains d'Olivier de Serres : « *Cheval de paille, cheval de bataille ; cheval de foin, cheval de rien* », nous prouve encore que les qualités alimentaires de la paille sont suffisantes pour entretenir les chevaux en bon état. En Angleterre, dans le Norfolk et autres comtés, on voit des chevaux nourris avec de la paille hachée, mélangée seulement avec des *balles* provenant des grains de différentes céréales.

Tous les animaux aiment la paille quand elle est fraîche et bien récoltée; néanmoins, c'est un aliment peu substantiel en somme, et que l'on donne aux chevaux qui travaillent peu, mangent beaucoup d'avoine et sont disposés à prendre trop d'embonpoint; c'est aussi pour eux une occupation à l'écurie, un lest, ainsi que nous l'avons dit plus haut, et une économie pour le gouvernement.

Les tiges des pailles diffèrent en qualité, suivant qu'elles ont été récoltées dans le midi ou dans le nord; ainsi dans le midi, sur des terrains humides et pendant des années chaudes et sèches, elle est meilleure qu'au nord ; sur des terrains humides et pendant les années pluvieuses et froides. Ces tiges sont aussi toujours creuses ou *fistuleuses* dans le nord, et pleines d'une moelle sucrée dans le midi, où l'on cultive aussi la première variété. La paille des blés à chaumes solides ou pleins, est bien meilleure que celle des blés à chaumes creux, et les chevaux la mangent plus volontiers; la paille des blés de mars, moins riche en principes nutritifs que celle de fromens d'hiver, est aussi bien moins de leur goût.

La paille qui a été mal battue, et qui par conséquent contient encore des grains en certain nombre, est beaucoup meilleure que celle qui en est complètement dépourvue, par la raison que les grains sont plus nourrissans que la paille; toutefois, ajoutons que les procédés de battage actuellement en vigueur, tendent à diminuer chaque jour cette chance. Thaer, dans ses Élémens d'agriculture, évalue ainsi le terme moyen proportionnel, entre la portion nutritive du grain et de la paille : 63 livres de paille d'orge, équivalent à une livre de grains de la même céréale, 61 livres de paille d'avoine, 50 de celle de froment, et 40 de celle de seigle représentent aussi une livre du grain qu'elles ont porté.

Le climat, le sol et la température de l'année, ainsi que les circonstances qui ont accompagné et suivi la récolte, influent sur l'abondance et la qualité des pailles; ainsi, celle qui provient des fromens versés, par exemple, celle qu'on laisse trop long-temps sur le champ après l'avoir coupée, moisit et perd une partie de sa saveur et de sa faculté nutritive. Toutes ces considérations, ainsi que celles qui se rattachent aux altérations diverses que les pailles peuvent éprouver, et à l'examen de leurs causes et de leurs effets, devant être examinées dans la partie économique de cet ouvrage, nous y renvoyons nos lecteurs.

Avant de passer à l'examen des différentes pailles que nous avons énumérées au commencement de ce chapitre, nous allons passer en revue les différentes plantes qui peuvent se trouver associées à elles, et leur description fera l'objet de la section suivante.

SECTION II.

DES PLANTES QUE L'ON TROUVE DANS LES PAILLES.

Quelque précaution que l'on prenne pour *émonder* les champs après l'apparition des céréales qui y ont été ensemencées; il est impossible de les débarrasser entièrement des plantes diverses qui, de quelque façon que ce soit, peuvent s'y rencontrer. Cette élimination que l'on nomme *sarclage*, laisse subsister une foule de plantes qui croissent avec les blés, sont coupées et desséchées avec eux, et restent avec la paille qu'elles rendent *fourrageuse* quand elles sont de bonne qualité et qu'elles déprécient quand au contraire ce sont des plantes nuisibles.

Nous n'avons pas la prétention de donner ici une nomenclature rigoureusement complète ni des unes ni des autres; nous pensons même que cela serait extraordinairement difficile, puisque leur présence dépend toujours de l'époque et du soin que l'on a mis à *sarcler*, et nous nous bornerons à citer ici les plus fréquentes : nous les décrirons dans l'ordre de leurs familles respectives, et nous les diviserons en bonnes et mauvaises.

Article Ier. — *Bonnes plantes dans la paille.*

Graminées. 1° L'agrostide ténue; 2° l'agrostide des champs; 3° la folle avoine; 4° le chiendent.

Polygonies. 1° La renouée sarrasin; 2° la renouée liseron.

Rubiacées. 1° Le gaillet bâtard; 2° le gaillet sucré.

Ombellifères. 1° La buplèvre à feuilles rondes.

Renonculacées. 1° La dauphinelle des blés; 2° la nigelle des champs.

Papaveracées. 1° La fumeterre officinale; 2° la fumeterre moyenne.

CRUCIFÈRES. 1° Le thlaspi bourse à pasteur; 2° le thlaspi perfolié; 3° le thlaspi des champs.

CARYOPHYLLÉES. 1° La spargoute des champs.

ROSACÉES. 1° L'alchimille vulgaire; 2° l'alchimille des champs.

LÉGUMINEUSES. 1° Le trèfle des champs; 2° la gesse tubéreuse; 3° la gesse cultivée; 4° la gesse sans feuille; 5° la gesse anguleuse; 6° le pois des champs; 7° la vesce grêle; 8° la vesce de Hongrie; 9° la lentille commune; 10° la lentille erville; 11° le mélilot de Messine; 12° le mélilot officinal.

§ Ier. — Des plantes *Graminées* que l'on rencontre dans les pailles.

1° L'AGROSTIDE TÉNUE (*Agrostis tenue*), et

2° L'AGROSTIDE DES CHAMPS (*Agrostis spica-venti*); toutes deux à tiges hautes, à fleurs disposées en une pannicule très étalée, verte ou rougeâtre, et composée de rameaux verticillés ou capillaires. Ces deux plantes constituent un très bon aliment.

3° LA FOLLE AVOINE, vulgairement AVRON (*Avena fatua*), est une plante dont les chevaux s'accommodent fort bien, mais que les cultivateurs s'efforcent de détruire parce qu'elle nuit aux récoltes dont elle étouffe les plantes par sa précocité, et qu'ainsi elle épuise le sol; sa tige est géniculée, sa hauteur de deux à trois pieds, et ses fleurs disposées en pannicules réunies trois par trois dans le même calice.

4° LE FROMENT RAMPANT OU CHIENDENT (*Triticum repens*). (Voir page 32.)

§ II. — Des plantes *Polygonées* que l'on rencontre dans les pailles.

1° LA RENOUÉE SARRASIN, vulgairement BLÉ NOIR, SARRASIN, (*Polygonum fagopyrum*), est une plante entièrement glabre, à tige droite, rameuse, haute d'un pied et demi environ, et garnie de feuilles en forme de cœur; ses fleurs sont d'un pourpre clair, disposées en corymbe au sommet de la tige. La plante entière, verte ou sèche, constitue un bon aliment.

2° La Renouée liseron, ou Vrille batarde, ou Sarrasin grimpant (*Polygonum convolvulus*); sa tige est volubile, anguleuse, haute de dix ou douze pouces, et garnie de feuilles en cœur; ses fleurs sont d'un blanc sale, et naissent des aisselles des feuilles. M. Grognier, dans son Précis d'un cours d'Hygiène vétérinaire, range cette plante au nombre de celles qui déprécient la paille, et M. Loiseleur Deslongchamps, dit, au contraire, que tous les bestiaux paraissent l'aimer. — Agronomiquement parlant, la première assertion est vraie; mais hygiéniquement ou *bromatologiquement*, la seconde l'est aussi, et c'est la seule qui nous importe ici.

§ III. — Des plantes *Rubiacées* qui se rencontrent dans les pailles.

Cette famille est nouvelle pour nous, et n'a fourni aucune plante dans le nombre de celles que nous avons examinées comme composant les foins; nous dirons donc quelle forme l'ordre troisième de la classe xi, dont les caractères se trouvent en tête du chapitre 10, et que ses caractères de famille sont les suivans :

Calice d'une seule pièce et quelquefois inapercevable; corolle également d'une seule pièce, régulière et découpée à quatre ou cinq divisions. Quatre ou cinq étamines; un style terminé par deux stygmates, composent la floraison. Le fruit consiste dans deux graines nues, accolées ou renfermées dans une enveloppe. Ce fruit est inférieur.

Cette famille fournit à nos pailles, les bonnes plantes qui suivent :

1° Le Gaillet batard (*Galium spurinum*). Ses tiges sont quadrangulaires, faibles, rameuses, longues d'un pied et demi, et garnies de feuilles lancéolées, rudes sur leurs bords, et roulées autour de la tige six ou sept ensemble ; les fleurs sont blanches et portées sur de longs pédoncules.

2° Le Gaillet sucré (*Galium saccharatum*), ressemble en tout au précédent, si ce n'est par la couleur de ses fleurs qui sont plus jaunes que blanches.

§ IV. Des plantes *Ombellifères* alliées aux pailles.

1° La Buplèvre a feuilles rondes, ou Buplèvre perce-feuilles (*Buplevrum rotondifolium*), que nous avons décrite en parlant des foins.

§ V. — Des plantes *Renonculacées* qui sont alliées aux pailles.

1° La Dauphinelle des blés ou des champs, que les botanistes nomment encore dauphinelle consoude, et que les cultivateurs et le vulgaire appellent pied d'alouette des champs (*Delphinum consolida*) est une plante haute d'un à deux pieds, à tige cylindrique, presque glabre, diffuse, à rameaux grêles, nus et un peu pubescens; ses feuilles sont petites, presque sessibles, à découpures palmées, lâches et linéaires, d'où est venu à la plante le nom figuratif de *pied d'alouette*. Ses fleurs sont ordinairement d'un beau bleu et éparses sur les rameaux où elles ne forment que des bouquets très lâches. Cette plante, commune dans les moissons, est coupée avec la paille, et la rend fourrageuse.

Quoiqu'un peu dure par elle-même, les qualités astringentes et vulnéraires qu'on lui accorde, doivent lui servir de *passe-port*, quand elle n'est pas trop abondante dans les bottes de paille.

2° La Nigelle des champs, vulgairement Nielle (*Nigella arvensis*), porte une tige droite, glabre comme toute la plante, et haute d'un pied environ. Cette tige est simple et divisée en rameaux étalés et ouverts ; ses feuilles sont alternes et à divisions linéaires ; ses fleurs sont solitaires à l'extrémité des rameaux : elles sont d'un bleu-clair fort agréable, quelquefois bleu-foncé, rayées de brun en travers.

§ VI. — Des plantes *Papavéracées* qui se trouvent dans les pailles.

1° LA FUMETERRE OFFICINALE (*Fumaria officinalis*). Sa tige est anguleuse, droite, rameuse, souvent diffuse, glauque ainsi que toute la plante, et haute de six à dix pouces ; elle est garnie de feuilles deux fois ailées, à folioles découpées ; ses feuilles sont d'un rose foncé mêlé de noir, disposées en grappes simples opposées aux feuilles. BOURGELAT place cette plante au nombre de celles dont la présence dans les champs contribue à faire de la paille un excellent aliment ; cependant, elle est amère et possède un goût particulier, analogue à celui de la fumée de suie : c'est à ce goût, qui paraît lui avoir valu chez les anciens, le nom de *fel terræ*, fiel de terre.

2° LA FUMETERRE MOYENNE (*Fumaria media*), qui diffère peu de la précédente, se rencontre aussi dans les champs.

§ VII. — Des plantes *Crucifères* qui se rencontrent dans les pailles.

1° LE THLASPI ou TABOURET CHAMPÊTRE (*Thlaspi campestre*), produit une tige droite, pubescente, rameuse dans sa partie supérieure, et haute de huit ou dix pouces : ses feuilles sont ovales ou en forme de lyre, glabres ou presque glabres ; ses fleurs sont blanches et petites, d'abord resserrées en corymbe, ensuite allongées en grappes.

2° LE THLASPI OU TABOURET PERFOLIÉ (*Thlaspi perfoliatum*). La tige de cette espèce est rarement simple, ordinairement rameuse dès la base, haute de quatre à huit pouces, parfois glabre comme toute la plante, et garnie de feuilles glauques plus ou moins dentées ; ses fleurs affectent la même disposition que dans l'espèce précédente.

3° LE THLASPI OU TABOURET DES CHAMPS, vulgairement MONNOYÈRE (*Thlaspi arvense*), produit une tige droite, rameuse à sa partie supérieure, et garnie à sa base de feuilles étroites et glabres ; les fleurs sont blanches, petites, pédonculées et disposées en grappes au sommet de la tige et des rameaux.

4° LE THLASPI OU TABOURET A BOURSETTE (*Thlaspi bursa pastoris*), vulgairement BOURSE A PASTEUR OU BOURSE A BERGER, produit une tige rameuse, haute d'un pied environ, garnie à sa base de feuilles pubescentes, et sur la tige, de feuilles en fer de flèche; les fleurs sont blanches, petites, disposées en une grappe qui s'allonge à mesure que la floraison avance, et qui finit par occuper les deux tiers ou les trois quarts de la longueur.

Toutes ces plantes sont très communes dans les champs de presque toute l'Europe, et contribuent beaucoup à en rendre la paille fourrageuse.

§ VIII. — Des plantes *Caryophyllées* qui sont mêlées aux pailles.

1° LA SPARGOUTE DES CHAMPS (*Spergula arvensis*), dont nous avons parlé en traitant des foins, est abondante dans les champs, et bonifie considérablemeut la paille qu'on en retire. Malheureusement, sa dessiccation est longue et difficile, ce qui rend sa récolte, comme fourrage, trop coûteuse pour en user. Toutefois, on l'utilise avec avantage comme fourrage vert, et on en fait pour cela, dans quelques cantons, des prairies artificielles.

§ IX. — Des plantes *Rosacées* qui sont alliées aux pailles.

1° L'ACHIMILLE VULGAIRE OU PIED DE LION (*Achimilla vulgaris*) dont nous avons parlé en traitant des foins; et

2° L'ALCHIMILLE DES CHAMPS OU PERCE-PIERRE (*Aphanes arvensis* de LINNÉE, *Alchemilla arvensis* de LAMARCK), est une petite plante, très commune dans les champs; les feuilles sont profondément découpées à plusieurs lobes étroits, et portées par de courts pétioles.

§ X. — Des plantes *Légumineuses* associées aux pailles.

1° LE TRÈFLE DES CHAMPS OU DES CAMPAGNES (*Trifolium agrarium*), produit une tige droite, légèrement pubescente, haute de quatre à six pouces seulement, et garnie légèrement de feuilles pétiolées. Ses fleurs sont jaunes, disposées en têtes ovoïdes.

2° La Gesse tubéreuse (*Lathyrus tuberosus*), offre une tige rameuse, grêle, faible, haute d'un pied à un pied et demi, garnie de feuilles dont les folioles sont ovales et glabres comme toute la plante. Les fleurs ont une odeur douce et agréable, sont d'une belle couleur rouge, portées quatre ou huit les unes près des autres, sur un même pédoncule, et formant de petites grappes d'un fort bel aspect.

Nous ne laisserons pas échapper l'occasion de dire ici que c'est à la production de quelques petits tubercules qui viennent çà et là sur sa racine, et sont de la grosseur d'une noisette ou un peu plus, que cette plante doit son nom. Ces renflemens contiennent une sorte de chair tendre et blanche dont le goût a beaucoup de rapport avec celui de la chataigne, et que l'on nomme dans les campagnes où cette plante est commune, anette, gland de terre, macjon, mégugeon, etc. Ces tubercules contiennent tous les principes nécessaires à la panification, mais ils sont trop petits et trop peu nombreux sur les racines de la plante, pour pouvoir être cultivés avec fruit. Néanmoins la révélation de leur existence pouvant avoir son utilité en campagne, nous avons cru pouvoir nous permettre cette digression.

3° La Gesse cultivée ou Gesse domestique, communément pois gesse, pois carré, pois breton, lentille d'espagne (*Lathyrus sativus*). Les tiges sont hautes d'un pied et demi à deux pieds, glabres comme toute la plante, ailées et garnies de feuilles à folioles étroites, lancéolées, à pétiole commun terminé par une vrille. Les fleurs sont solitaires, mêlées de blanc, de rouge et de bleu et quelquefois d'une seule couleur. On la cultive dans quelques endroits comme fourrage. Tous les herbivores l'aiment.

4° La Gesse sans feuilles (*Lathyrus aphaca*). Sa racine est fibreuse, annuelle, et produit une ou plusieurs tiges simples ou rameuses, grêles, faibles, hautes d'un à deux pieds, garnies de vrilles simples, dépourvues de folioles, mais munies à leur base de deux grandes stipules de couleur glauque, qui paraissent en tenir lieu. Les fleurs sont d'un jaune clair, assez petites et portées sur un long pédoncule qui part de l'aisselle des vrilles. Cette plante, commune dans les moissons, améliore comme fourrage la paille à laquelle elle se trouve mêlée. Les chevaux l'aiment beaucoup.

5° La Gesse anguleuse (*Lathyrus angulatus*), produit une tige grêle, anguleuse, garnie de feuilles à deux folioles linéaires, ayant leur pétiole commun terminé par une vrille presque toujours simple. Ses fleurs sont violettes, bleuâtres ou rougeâtres, assez petites et solitaires sur de longs pédoncules. Les gousses qui renferment les fruits sont allongées et contiennent souvent plus de douze graines.

Cette espèce est très commune dans les moissons où elle est si multipliée qu'elle nuit à la quantité de la récolte. Elle est susceptible d'être cultivée avec fruit comme fourrage. Tous les animaux herbivores l'aiment.

6° Le Pois des champs, encore nommé Pois gris, Pois de pigeon, Pois de brebis, pisaille (*Pisum arvense*). Sa tige est cylindrique, faible, haute de deux pieds environ, rameuse, garnie de feuilles composées ordinairement de quatre folioles crénelées. Les fleurs sont blanches ou purpurines, communément solitaires sur leurs pédoncules. C'est une excellente plante, qui croît assez souvent spontanément parmi les moissons.

7° La Vesce grêle (*Viscia gracilis*), pousse de sa racine une ou plusieurs tiges grêles, faibles, redressées, grimpantes, hautes d'un pied et demi environ et presque toujours glabres. Les feuilles, composées de six à dix folioles linéaires et aiguës, sont terminées par une vrille simple. Les fleurs sont purpurines, ou bien souvent d'un bleu clair, petites et portées par quatre au sommet d'un pédoncule plus long que les feuilles. Elle est assez commune dans les moissons de la France et de plusieurs contrées de l'Europe.

8° LA VESCE DE HONGRIE (*Viscia Pannonica*). La tige de cette espèce est droite, striée, pubescente, aussi haute que la précédente, et garnie de feuilles dont les folioles sont tronquées ou échancrées à leur sommet, avec une pointe particulière dans le milieu de l'échancrure. Ses fleurs sont jaunes ou purpurines, pendantes et portées deux à trois ensemble sur un pédoncule très court. Cette espèce croît dans les moissons et les champs cultivés du midi de la France.

9° LA LENTILLE COMMUNE (*Ervum lens*), produit une tige rameuse dès sa base, faible, penchée et haute de huit ou dix pouces, garnie de feuilles un peu velues et composées de cinq à six paires de folioles oblongues. Les fleurs sont bleuâtres et disposées ensemble sur un pédoncule. Le fruit est une gousse courte, large et plate, contenant deux ou trois graines dont tout le monde connaît la forme. Cette espèce croît naturellement dans les moissons de plusieurs parties de la France et de l'Europe.

10° LA LENTILLE ERVILLE, communément ERS, OROBE DES BOUTIQUES, ALLIEZ (*Ervum ervilia*), produit plusieurs tiges faibles, rameuses, hautes d'un pied environ et garnies de feuilles ailées, composées de folioles étroites, au nombre de huit ou dix paires. Les fleurs sont blanchâtres, légèrement rayées de violet; elles naissent des aisselles des feuilles, et sont portées deux ou trois sur un même pédoncule. Cette plante est naturelle dans les moissons du midi de la France, sur quelques points duquel on la cultive comme fourrage, quoiqu'elle passe pour être échauffante.

11° LE MÉLILOT DE MESSINE (*trifolium Melilotus Messanensis*), produit une tige haute de huit à douze pouces, glabre ainsi que toute la plante, et divisée dès sa base en plusieurs rameaux redressés, garnis de feuilles longuement pétiolées, et dont les folioles, presque tronquées au sommet, sont presque dentées en leurs bords. Les fleurs sont d'un jaune pâle, petites, peu nombreuses et disposées en grappes courtes.

Les légumes sont plus gros que dans la plupart des autres espèces; ils sont ovales, comprimés, relevés par des nervures nombreuses et régulières, et contiennent chacun deux graines. Cette plante est commune dans les moissons de la Provence.

12° Le Mélilot officinal (*Trifolium mélilotus officinalis*), donne par sa racine naissance à une ou plusieurs tiges de deux pieds d'élévation environ; elles sont ordinairement un peu étalées à leur base, redressées ensuite et garnies de feuilles à trois folioles ovales et dentées en scie. Ses fleurs sont petites, d'un jaune pâle, nombreuses, pendantes et disposées en longues grappes axillaires auxquelles succèdent des légumes ovoïdes, ridés glabres, et ne contenant souvent qu'une graine.

Cette plante, commune dans les champs cultivés de la France, n'a, à l'état frais, qu'une bien faible odeur; mais sa dessiccation lui en fait acquérir une plus forte et assez agréable, qui aromatise les foins et les pailles avec lesquelles elle est mêlée. Les chevaux en sont très friands, surtout avant sa floraison.

Article II. — *Mauvaises plantes dans les pailles.*

Asphodèles. 1° Le muscari à grappes; 2° le muscari à toupet.

Pédiculaires. 1° La mélampyre des champs.

Borraginées. 1° La buglosse officinale.

Convolvulacées. 1° La cuscute d'Europe; 2° la cuscute épithym.

Flosculeuses. 1° La sarrette des teinturiers; 2° le bluet des blés; 3° le chardon penché; 4° le chardon des champs.

Rubiacées. 1° Le saillet grateron.

Ombellifères. 1° La berle des blés; 2° le sison des moissons.

Papaveracées. 1° Le pavot coquelicot.

Crucifères. 1° La moutarde des champs.

Cargoschyllées. 1° La nielle des blés; 2° le behen blanc.

§ Ier. — Mauvaises *Asphodèles* dans les pailles.

1° Le Muscari a grappes ou ail des chiens (*Muscari racemosum*). Ses feuilles sont menues, presque cylindriques, creusées d'une cannelure en gouttière, longues de sept ou huit pouces, et du milieu de laquelle s'élèvent une ou deux hampes grêles, hautes seulement de six pouces et terminées par vingt-cinq à trente fleurs ovoïdes, petites, d'un beau bleu et disposées en un épi court, ovale, oblong. Cette plante est commune dans les champs du midi.

2° Le Muscari a toupet ou Jacinthe a toupet ou vaiger (*Hyacinthus comosus*), dont les feuilles linéaires, canaliculées à leur base, planes supérieurement et longues de huit à dix pouces, sont étalées au nombre de trois ou quatre sur la terre, et laissent passer au milieu d'elles une hampe cylindrique, nue inférieurement, haute d'un pied au plus, et portant dans les deux tiers ou les trois quarts de sa longueur, cinquante à quatre-vingts fleurs presque cylindriques, d'un bleu rougeâtre et disposées en grappes. Les hampes seules peuvent, en raison de la disposition qu'affectent les feuilles, se rencontrer dans les pailles récoltées sur les champs du midi où elle est très commune, et qu'elles vicient par leur contact.

Ces deux plantes sont classées aussi par quelques auteurs au nombre des Liliacées, dont les caractères botaniques se rapprochent infiniment de ceux de la famille des Colchiacées.

§ II. — Plantes *Pédiculaires* qui nuisent aux pailles.

1° La Mélampyre des champs, vulgairement Blé de vache, Queue de Renard, Cornette ou Rougeole (*Melampyrum arvense*); porte une tige droite, simple, divisée en rameaux étalés et haute de huit à douze pouces. Ses feuilles sont étroites, glabres et très entières; ses fleurs sont purpurines, mêlées de jaune et disposées, au sommet de la tige et des rameaux, en épis serrés. Cette plante est très commune dans les moissons et constitue, en herbe, une bonne nourriture pour les chevaux qui l'aiment beaucoup. Cependant, nous avons cru devoir la classer au rang des mauvaises plantes que l'on rencontre dans la paille, parce que ses tiges, qui se dessèchent difficilement et qui ne le sont jamais bien au moment d'amonceler les gerbes, altèrent fréquemment la paille.

§ III. — Plantes *Borraginées*, nuisibles dans les pailles.

1° La Buglose officinale (*Anchusa officinalis*) dont nous avons parlé à la page 79.

§ IV. — Mauvaises *Convolvulacées* dans les pailles.

1° La Cuscute d'Europe (*Cuscuta Europæa*) et

2° La Cuscute Épithym (*Cuscuta Epithymum*) dont nous avons parlé à la page 81.

§ V. — Mauvaises *Flosculeuses* dans les pailles.

1° La Sarrette des Teinturiers (*Serratula Tinctoria*). Cette belle espèce porte des tiges droites et hautes d'environ deux pieds; elles sont fermes, lisses, peu rameuses, glabres, striées et divisées en quelques rameaux panniculés. Ses feuilles inférieures sont grandes, ovales, oblongues, presque lancéolées et glabres à leurs deux faces. Les supérieures, plus étroites, sont finement denticulées en scie à leur contour, et ces dents, aiguës et très petites, sont néanmoins à peine piquantes.

Les fleurs sont terminales, solitaires à l'extrémité des tiges et des rameaux, et forment, par leur ensemble, une pannicule un peu diffuse. Les chevaux ne la mangent pas.

2° Le Bluet des Blés (*Centaurea Cyanus*), que l'on nomme encore vulgairement le Barbeau des Champs, l'Aubifoin, le Casse-Lunette, la Blavette, etc. Cette plante que tout le monde connaît et qui croît abondamment parmi les blés, pousse une tige droite, haute de deux pieds au plus, rameuse et couverte d'un duvet blanchâtre; les feuilles sont longues, étroites, cotonneuses, entières et garnies de quelques dents. Les fleurs sont ordinairement d'un beau bleu. Cette plante est nuisible dans les pailles à cause de la dureté de ses tiges et de leur amertume.

3° Le Chardon penché (*Carduus Nutans*). Ses tiges sont hautes d'un pied et demi, un peu épaisses, striées, ailées et rameuses. Les feuilles sont sinuées, découpées, très épineuses et d'un vert clair. Les fleurs sont grosses, courtes, penchées sur la tige, purpurines ou blanchâtres et répandant une odeur légèrement musquée. Quoique les chevaux ne la rebutent pas toujours, elle déprécie les pailles par sa place et son poids.

4° Le Chardon des Champs ou Chardon hémorrhoïdal (*Carduus* ou *Serratula Arvensis*), s'élève à deux ou trois pieds, sa tige est feuillée, glabre, cannelée et munie, à sa partie supérieure, de plusieurs rameaux en corymbe. Ses feuilles sont nombreuses, sinuées, oblongues et lancéolées, vertes et glabres en dessus, blanchâtres et un peu cotonneuses en dessous et hérissées d'épines assez fortes. Les fleurs sont terminales, purpurines ou blanchâtres, et leur calice ne pique point.

Cette plante est commune dans les champs, dont elle appauvrit les récoltes et déprécie les pailles.

§ VI. — Plantes *Rubiacées* qui déprécient les pailles.

1° Le Gaillet Grateron, nommé encore Rieble Grateron, Chapeau a Teigneux (*Galium Aparine*). Sa tige est grêle, quadrangulaire, longue de deux à quatre pieds, et chargée sur ses angles d'aspérités crochues. Les tiges de cette plante sont garnies de feuilles linéaires, rudes sur leurs bords et roulées, six ou huit ensemble, autour de la tige. Les fleurs sont blanches et solitaires, et les fruits qui leur succèdent sont hérissés de nombreux poils crochus.

Bourgelat mentionne, dans son Traité de la conformation extérieure du cheval, cette espèce, comme bonne dans les pailles; cependant sa dureté, que la dessiccation ne détruit qu'en partie, les crochets aigus dont ses tiges et ses feuilles sont pourvues et qui doivent nécessairement blesser le palais des chevaux, doivent, à mon avis, les faire réputer comme très mauvaises.

§ VII. — Plantes *Ombellifères* nuisibles dans les pailles.

1° LA BERLE DES BLÉS (*Sium Arvense*), qui se distingue des autres espèces de ce genre, par le nombre et la petitesse des six ou sept paires de folioles ovales qui composent ses feuilles. Sa tige est haute de trois ou quatre pieds, droite et sans beaucoup de ramifications. Les ombelles, ordinairement penchées, terminent les branches. Cette plante est malheureusement assez commune dans les champs humides.

2° LE SISON DES MAISONS (*Sison Legetum*). Sa tige est faible, rameuse, haute d'un pied environ. Ses feuilles sont ailées, composées d'une quinzaine de folioles arrondies à la partie supérieure de la tige et ovales, aiguës, dentées ou incisées à la partie supérieure. Ses fleurs sont blanches, réunies en ombelles terminales composées de deux ou trois rayons seulement. Cette plante est aussi commune que la précédente dans les moissons de France.

§ VIII. — Plantes *Papavéracées* qui nuisent aux pailles.

1° LE PAVOT-COQUELICOT (*Papaver rheas*), dont nous avons parlé à la page 131.

§ IX. — Plante *Crucifère* nuisible dans les pailles.

LA MOUTARDE DES CHAMPS OU SÉNEVÉ OU FAUSSE MOUTARDE (*Sinapis Arvensis*). Sa tige est droite, rameuse, légèrement velue inférieurement, haute d'un à deux pieds et garnie de feuilles presque glabres; les inférieures sont pétiolées, découpées à leur base en deux ou trois petits lobes; les supérieures sont sessiles, entières et simplement dentées; les fleurs sont d'un beau jaune et simplement dentées. Elle fleurit en mai, juin et juillet.

Cette plante est quelquefois si abondante dans les champs d'avoine, d'orge ou de blé de mars, qu'elle couvre les céréales alors qu'elle est en fleur, et semble, au premier coup-d'œil, constituer à elle seule la récolte du champ. Les chevaux qui en mangent en trop grande quantité éprouvent une salivation excessive, que l'on guérit par des boissons vinaigrées.

§ X. — Plantes *Caryophyllées* qui nuisent aux pailles.

1° La Nielle des Champs (*Agrostemma githago*), dont nous avons parlé à la page 139, comme d'un mauvais fourrage.

2° Le Behen blanc ou Cucubale blanc, que M. Decandole range parmi les silénés de la deuxième section (*Cucubalus Behen*), produit plusieurs tiges demi-ligneuses, simples inférieurement, et rameuses vers leur moitié supérieure; elles sont glabres et garnies de feuilles ovales, lancéolées. Les fleurs sont d'un blanc mat, leur calice est renflé et ovoïde, découpé supérieurement en cinq ou six dentelures, menues et profondes. Cette plante, qui devient ligneuse en vieillissant et en se desséchant, ne nuit aux pailles que par la place qu'elle occupe inutilement dans les bottes.

SECTION III.

DE LA PAILLE DE FROMENT.

Le Froment cultivé ou simplement le Froment, le Blé ou le Bled (*Triticum sativum*, de Lamarck et *Triticum sativum* ou *Turgidum* de Linnée), pousse des tiges hautes de trois ou quatre pieds et garnies de quatre à cinq feuilles engaînantes; chaque tige se termine par un épi long de trois ou quatre pouces et quelquefois davantage. Cet épi épais est composé de vingt-quatre épillets imbriqués, sessiles, ventrus et garnis de barbes. La graine est ovale, creusée sur l'un de ses côtés d'un sillon longitudinal et rempli d'une substance blanche, qui forme la farine dont on fait le plus ordinairement le pain.

On ne sait de quel pays cette précieuse graminée est originaire, tous les climats et toutes les latitudes lui conviennent, et dans les nombreuses variétés qui se rattachent à chacune des trente espèces dont ce genre se compose, il en est qui ont la paille pleine et forte, d'autres qui l'ont creuse et grêle.

L'aspect extérieur de la paille de froment, varie suivant les localités où elle a été récoltée, et partant suivant les procédés de battage ; néanmoins, qu'elle soit entière ou brisée, sa couleur est d'un jaune doré ou brillant, uniforme ; son odeur est légèrement suave et sa saveur douce et sucrée, cette dernière qualité résidant principalement dans les nœuds.

Ce n'est pas seulement à l'état sec, que le chaume du froment fournit à nos chevaux un aliment précieux ; en vert ils n'en sont pas moins friands, et dans quelques cantons où les fourrages sont rares et chers, on le cultive exprès pour le leur faire consommer immédiatement après l'avoir coupé. Cette nourriture convient à merveille au dire des agronomes pour *refaire* promptement les chevaux épuisés.

La paille de froment est de tous les chaumes de céréales la plus nutritive et la plus usitée pour cet usage, elle ne peut être confondue qu'avec celle de seigle dont on la distingue pourtant par sa plus grande finesse, son moins d'élévation, la teinte moins jaune qu'elle réflète, sa flexibilité et sa ténacité moindres.

Sa récolte, son mode d'administration et ses altérations diverses, devant être traités dans la deuxième partie de cet ouvrage, nous terminerons ici cette section.

SECTION IV.

DE LA PAILLE D'ORGE.

Vingt espèces environ constituent le genre orge, un grand nombre n'appartiennent pas à l'Europe, et dans le nombre de celles qui sont indigènes une seule va nous occuper, c'est la première des cinq qui sont cultivées en France.

L'Orge commune ou grosse Orge, Escourgeon, Epeautre (*Hordeum vulgare*), offre un chaume droit et haut d'un ou deux pieds et quelquefois plus, garni de feuilles alternes, engaînantes à leur base, linéaires et glabres. Ses fleurs sont rapprochées en épis imbriqués à six rangs et disposés trois par trois. La corolle est une bulbe bivalve dont l'extérieur est terminé par une très longue arête; le fruit est une gaîne ovale, ventrue, pointue à ses deux extrémités, sillonnée par une rainure longitudinale et très étroitement enveloppée par la corolle persistante.

De même que le froment et toutes les plantes que l'homme s'est appropriées dès l'enfance du monde, on ne sait pas au juste quelle est la patrie de l'orge, cultivée aujourd'hui dans presque toutes les contrées du globe.

L'aspect de la paille d'orge est assez semblable à celui de la paille de froment; cependant, comme nous l'avons vu, elle est plus flexible, plus tenace et plus jaune.

Plus dure et moins nourrissante, beaucoup de chevaux la refusent lorsqu'elle n'est pas mêlée avec d'autres fourrages. Elle entre rarement dans le commerce, comme aliment, et ne fait jamais, en temps de paix, partie des approvisionnemens militaires, autrement que pour servir de lien aux bottes de foin ou de paille de froment. Elle a peu de saveur, et contient beaucoup de substances salines et d'autres principes chimiques difficiles à extraire.

L'Orge distique ou l'Orge a deux rangs (*Hordeum distachion*), est aussi fréquemment cultivée que la précédente, et partage ses qualités et son aspect.

SECTION V.

DE LA PAILLE D'AVOINE.

Nous avons déjà mentionné quatorze espèces sur les trente environ qui constituent le genre avoine : deux autres vont ici grossir cette liste, comme étant susceptibles de nous fournir de la paille; ce sont :

1° L'Avoine cultivée (*Avena sativa*), et

2° L'Avoine nue (*Avena nuda*), que nous réunissons ici en raison de leur grande ressemblance.

Les tiges de la première supportent des feuilles larges et un peu rudes, engaînant par leur base le chaume de la plante qui s'élève à deux pieds et demi environ au-dessus du sol; ses fleurs forment, par leur réunion, une pannicule étalée, quelquefois penchée d'un seul côté et composée d'épillets penchés élégamment sur leurs pédoncules. Les graines sont oblongues, aiguës et variant dans leur couleur suivant les variétés de l'espèce. Chacun des épillets est terminé par une barbe longue.

La seconde espèce ne diffère de celle-ci que par sa taille un peu plus exiguë et l'absence de barbe dans ses épillets, que la culture en prive presque constamment.

Quelques auteurs rangent la paille d'avoine immédiatement après celle de froment dans l'ordre des qualités, et prétendent que celle qui provient des semailles les plus atardées est la meilleure, parce que, disent ces agronomes, *le moindre temps que le grain a eu pour se former ne lui a pas permis d'absorber toutes les parties nutritives de la tige.*

Dans le cas où l'on donne la paille d'avoine aux chevaux, alors que le grain est à peine formé, Rozier nomme cet aliment *foin-paille* et le préfère au foin naturel. Nous sommes heureux de pouvoir, en nous rangeant à son avis, reproduire ici les raisons à l'aide desquelles il explique cette préférence.

Quel est le temps où les plantes ont le plus de sucs et le plus de principes, « sinon celui où, de concert avec la nature, elles réunissent tous leurs efforts afin de donner la « vie, l'accroissement et la perfection à l'individu qui doit re- « produire son espèce? Le moment où le grain est fécondé « est le moment le plus vigoureux de la plante, un seul coup « d'œil suffit pour s'en convaincre : mais si vous voulez avoir « une conviction encore plus intime, mâchez une tige d'avoine

« avant l'époque de sa floraison, mâchez-la quand le grain « est formé, enfin mâchez-la lorsque le grain est mûr; vous « y trouverez, dans le premier cas, un goût d'herbe et beau- « coup d'eau; dans le second, moins de goût d'herbe et plus « de goût sucré; enfin, dans le troisième, point d'eau ou « très peu d'eau, plus de goût d'herbe et très peu de goût « sucré. »

Lorsque la paille a été coupée avant la maturité complète de la graine, ainsi que cela a lieu dans une foule de localités, elle est presque aussi bonne que le foin pour la nourriture de nos herbivores; néanmoins, il faut prendre garde qu'elle ne soit noircie, moisie, ni pourrie sur le sol.

Malheureusement ce fourrage, si bon d'ailleurs, est d'un prix trop élevé.

Quoi qu'il en soit, la paille d'avoine, desséchée et de laquelle on a extrait le grain, est mangée avec plaisir par les chevaux; cependant, comme toutes les céréales, elle a cédé tous ou presque tous ses principes nutritifs aux grains qu'elle a portés, et perdu de sa valeur comme aliment.

L'avoine est originaire des climats froids et ne réussit qu'autant qu'elle est placée sur des lieux élevés et un peu humides.

Les *gerbées* d'avoine, c'est-à-dire, la botte battue, dans laquelle il est resté quelques grains, convient mieux aux chevaux que les autres, parce que la paille en est plus tendre.

SECTION VI.

DE LA PAILLE DE SEIGLE.

LINNÉE avait réuni, dans son *Species plantarum*, quatre plantes graminées, qu'il considérait comme autant d'espèces de seigle, et deux plantes, découvertes depuis, étaient venues élever à six le nombre des espèces de ce genre. Aujourd'hui, les deux dernières admises ont été classées ailleurs, et trois des quatre espèces primitives ont également été réunies aux fromens et aux *agropyrum*, de façon que le SEIGLE COMMUN (*secale cercale*), ou simplement SEIGLE, constitue maintenant à lui seul le genre de ce nom.

Cette plante produit une ou plusieurs tiges grêles, hautes de quatre à six pieds, articulées, garnies à leurs nœuds de feuilles linéaires et glabres. Ses fleurs sont nombreuses, verdâtres, disposées au sommet des tiges en un épi simple, comprimé, long de quatre à cinq pouces. On croit assez généralement que le Levant est le pays originaire du seigle.

Il n'est pas rare de rencontrer dans beaucoup de localités une assez grande quantité de paille d'orge unie à celle de froment. Ce mélange constitue ce que, par rapport au grain qu'on en retire, les cultivateurs nomment le MÉTEIL.

Cette paille, usitée en Allemagne, n'est, dit M. GROGNIER, plus pauvre que celle de froment, en principes nutritifs, que parce qu'elle croît sur des terrains plus arides; elle est longue, flexible, plus sèche, plus siliceuse et moins savoureuse que la première; cependant, quoique moins recherchée, les chevaux la mangent pourtant. On la rend plus agréable en la mêlant avec de la luzerne, du sainfoin, du trèfle ou du foin, et plus mangeable et plus sapide en la mouillant; à ce dernier état elle est plus tendre, et il semble qu'elle devrait toujours être donnée après avoir subi cette préparation. Mais, disent les palefreniers, elle affaiblit ainsi les chevaux et les *avachit*. Toutefois, cette assertion n'est pas démontrée jusqu'à l'évidence.

Dans certaines localités on sème le seigle uniquement pour le couper en vert et le donner aux chevaux, qui trouvent, dans cette nourriture, un aliment frais et succulent. Dans quelques autres endroits encore, on le cultive comme fourrage destiné à être conservé : on le coupe un peu avant ou au moment de la floraison, on le fane et on le conserve pour l'usage. Nous ne croyons pas avoir besoin de dire que c'est un excellent foin.

Nous terminerons ce chapitre en disant que, depuis peu de temps, on a étendu la dénomination de paille aux fanes de plusieurs plantes de familles diverses. Ces plantes sont : 1° le maïs ; 2° le millet ; 3° les fèves ; 4° les lentilles ; 5° les pois ; 6° les vesces ; 7° le sarrasin ; 8° le colza ; 9° le lin.

Cette nomenclature élève à treize le nombre total des pailles qui peuvent servir à l'alimentation des chevaux ; nous nous contenterons de les avoir énumérées ici ; car, ne servant pas habituellement à composer les rations de nos chevaux de troupe, nous n'en reparlerons avec quelques développemens, que dans la troisième partie de cet ouvrage, alors que nous traiterons des substitutions.

Ainsi que nous l'avons déjà dit en parlant des pailles d'avoine, les bottes de chaume céréales dans lesquelles on a laissé des graines, se nomment *gerbées*, et prennent le nom de *conseau* lorsqu'elles proviennent du mélange de froment et de seigle, qui constitue le *méteil* par son grain.

Enfin, on nomme *dragée*, une mixture de paille d'avoine et de fane de pois, vesces ou autre légumineuse.

CHAPITRE XVI.

DES GRAINS ET DE LEUR ÉCORCE.

SECTION Ire.

CONSIDÉRATIONS GÉNÉRALES SUR L'AVOINE, SES VARIÉTÉS ET SES QUALITÉS NUTRITIVES.

On donne en général ce nom aux semences de l'Avoine cultivée (*Avena sativa*) et de l'Avoine nue (*Avena nuda*) récoltées et conservées pour la nourriture de l'homme et des animaux; leurs semences sont longues, pointues aux deux bouts et sillonnées longitudinalement sur un de leurs côtés; elles sont lisses et varient de couleur suivant le sol, le climat et la figure du lieu où elles ont été récoltées. En général, leur écorce est lisse et brillante, plus ou moins épaisse et diversement nuancée suivant les variétés; leur odeur est nulle à peu près, ou légèrement aromatique, et leur saveur d'abord quelque peu résineuse, est fade et mucilagineuse ensuite.

La culture a multiplié considérablement les variétés de ces deux espèces, qui, la première surtout, font la richesse de plusieurs localités du Nord et de l'Est de la France, et parmi ces variétés, qui tiennent presque toutes à la couleur et à la forme du grain, on distingue les suivantes :

1° L'Avoine brune; elle est plus grosse que la *cultivée*, que certains agronomes considèrent comme étant le type de l'espèce, mais peut se confondre fréquemment avec elle.

2° L'Avoine blanche, dont les grains sont longs, peu renflés, souvent nullement colorés et recouverts d'une écorce mince; on la cultive en raison de l'abondance de sa production, plutôt que pour sa qualité.

3° L'Avoine noire ; ses grains sont courts et renflés, elle n'a point de barbes, ou n'en a que de fort courtes ; elle est principalement cultivée dans les départemens des Côtes-du-Nord, du Finistère, du Morbihan et d'Ille-et-Vilaine, ainsi qu'aux environs de Paris où on la recherche.

4° On a fait sous le nom d'Avoine fleurie, une variété d'un grain en tout semblable à la précédente, mais recouvert d'une poussière fine et blanche, pareille à celle qui recouvre les prunes et les raisins et que l'on nomme *fleur*.

5° L'Avoine de Hongrie, ou Unilatérale ou Mutique, qui doit son second nom à la direction des grains sur la tige tous du même côté ; son fruit est très gros, sans barbe et très nourrissant : on la cultive dans les bons terrains des départemens du Nord, de la Somme, et du Pas-de-Calais, ainsi qu'aux environs de Paris et de Lyon.

6° L'Avoine patate, dont les grains gros et courts sont considérés par M. Morel de Vindé, comme plus nourrissans que ceux d'aucun autre.

7° L'Avoine de la Saint-Jean, fauchée toujours avant la maturité complète, du grain, et produisant dix-sept fois plus que l'avoine ordinaire.

8° L'Avoine rouge, dont les grains d'un fauve rougeâtre sont très pleins, et résistent bien à l'humidité.

Et 9° enfin, l'Avoine a deux barbes, dont le grain est petit mais très abondant, et assez riche en principes alibites ; on cultive cette espèce dans les montagnes du Rhône, de la Haute-Loire, du Puy-de-Dôme, du Cantal, etc.

Quelle que puisse être la variété de l'avoine dont on sera appelé à faire usage pour la nourriture des chevaux de troupe, il faut bien se pénétrer de l'idée que celle dont le grain est le plus gros, le plus tendre et le plus farineux, est celle qui doit être préférée ; c'est le plus ordinairement l'avoine brune de Champagne et la noire de Bretagne qui réunissent au plus haut degré ces qualités.

Sous le rapport de la dureté de l'écorce, les deux espèces

d'avoine que nous avons indiquées, forment encore deux catégories distinctes : ainsi, l'avoine cultivée dont l'écorce est très épaisse et surpasse même l'amande en pesanteur, forme avec l'AVOINE COMMUNE et l'AVOINE ORIENTALE, la première série; et l'AVOINE NUE, dépourvue d'une enveloppe si fine, qu'elle peut être comparée, sous ce rapport, à celle des blés, forme à elle seule la seconde. C'est essentiellement avec cette dernière espèce, que se fait le meilleur gruau destiné à la nourriture de l'homme.

Une troisième distinction, enfin, est celle qui se tire de l'époque où ces graminées ont été semés, et les partage ainsi en *avoines d'hiver* et *avoines d'été ou du printemps*.

Les premières dont l'écorce est mince et fine, laissent à l'amande tout l'espace nécessaire à son entier développement, et contiennent ainsi beaucoup plus de principes farineux et sucrés, et moins de principes résineux; chacun de leurs grains offre aussi un volume plus considérable, et détermine la faveur dont cette variété est l'objet.

Les secondes, demeurant beaucoup moins long-temps à croître, ne peuvent acquérir, en raison des principes exposés par ROZIER, et que nous avons rapportés à la page 186, de sucs nutritifs; ces dernières demeurant dans la tige et les feuilles de la plante; aussi, leur écorce est-elle toujours plus grosse, et faut-il les donner en plus grande quantité que la précédente; règle générale, l'écorce est toujours, par sa grosseur, en raison inverse des quantités nutritives du grain.

L'avoine est la plus légère de toutes les graines céréales, et cette légèreté tient à l'épaisseur de son écorce; celle-ci renferme une matière résineuse qui lui donne des propriétés stimulantes et échauffantes qu'elle n'aurait pas si elle en était privée : car sa farine est fade et généralement regardée comme mucilagineuse et adoucissante.

M. DECANCOLLE pense que les propriétés existantes de l'avoine qui, dit-il, semblent faire exception à l'uniformité des graines graminées, n'existent, comme nous l'avons déjà dit, que dans l'enveloppe de ces graines; mais il les attribue à la présence d'une petite quantité d'un principe aromatique, que l'on croit être de la vanille, principe niché dans l'enveloppe de sa graine, et qu'on peut en extraire à l'aide de l'eau seulement. Ainsi, suivant cet illustre agronome, l'avoine cuite serait tout-à-fait fade et sans principes stimulans.

Un célèbre chimiste anglais, sir HUMPHREY DAVY, a porté, dans son Traité de chimie agricole, à 743 sur 1000, le chiffre des parties nutritives de l'avoine; à 60, celles de gluten. Si cette assertion, qualifiée d'erronée par M. MATHIEU DE DOMBASLE, l'est en effet; elle ne l'est pas assez, je pense, pour ne pas donner une idée assez exacte de la puissance nutritive de l'avoine, que VOGEL, autre chimiste non moins distingué, pense être de 59 pour cent.

Les graines d'avoine sont cordiales, et donnent aux chevaux plus qu'aucun autre aliment, la force et la vigueur dont ils font preuve dans l'exécution des travaux auquels on les soumet.

Après sa récolte, et dans les magasins de l'armée, l'avoine n'est jamais pure, elle est toujours associée à une quantité plus ou moins grande de graines étrangères qui modifient en plus ou en moins en bien ou en mal ses qualités nutritives, et que nous allons examiner ici; l'exposé de ses bonnes ou mauvaises qualités, de ses falsifications et de ses altérations devant être fait dans la deuxième partie de ce volume, consacrée au développement de considérations économiques sur les alimens du cheval.

SECTION II.

DES GRAINS ÉTRANGERS, ASSOCIÉS A L'AVOINE.

Ces grains divers sont le fruit de vingt-deux plantes appartenant à onze familles; elles se classent dans l'ordre suivant :

1° GRAMINÉES. 1° L'orge commune; 2° le froment cultivé; 3° l'épeautre; 4° le seigle commun; 5° le maïs; 6° l'ivraie commune; 7° l'avron ou folle avoine.

2° Polygonées. 1° La renouée sarrasin.

3° Plantaginées. 1° Le plantain pucier.

4° Pédiculaires. 1° L'orobanche majeure.

5° Flosculeuses. 1° La centaurée des blés; 2° la centaurée jacée.

6° Radiées. 1° La camomille puante; 2° la camomille des champs; 3° l'achillée des champs.

7° Ombellifères. 1° La caucalide à grandes fleurs.

8° Papavéracées. 1° Le pavot coquelicot.

9° Crucifères. 1° Le colza; 2° la moutarde des champs.

10° Légumineuses. 1° La vesce cultivée; 2° la gesse chiche; 3° le pois des champs; 4° la fève ordinaire, et 5° la trigonelle ou fenu-grec.

11° Urticées. 1° Le chanvre cultivé.

Parmi ces graines diverses, dont nous allons examiner les caractères physiques, il en est dont le volume est trop minime pour qu'elles puissent résister à l'épreuve du crible, aussi ne les rencontre-t-on que dans des avoines vierges de toutes manipulations semblables. D'autres, au contraire, y sont mélangées à dessein.

§ Ier. — Graines de plantes *Graminées* unies à l'avoine.

1° De l'Orge commune (*hordeum vulgare*) *et de ses qualités nutritives*.

Ses graines sont oblongues, renflées, anguleuses sur le dos et les côtés, de couleur jaune paille; aigues à leurs deux extrémités, sillonnées dans leur longueur, et renfermées dans leurs balles qui leur sont étroitement attachées. Ces grains sont luisans etlourds.

Cette graine est constamment associée artificiellement à l'avoine dans des proportions variées; c'est un excellent aliment que dans tout le midi de l'Europe en particulier, on substitue à l'avoine pour la nourriture du cheval.

Cependant l'orge passe pour être plus nourrissante et moins échauffante que l'avoine; elle doit être donnée avec modération et d'une façon déterminée. Les Romains attribuaient à l'excès de son usage une maladie inflammatoire qu'ils nommaient *hordeatio*. Pendant le séjour de nos armées en Espagne, on lui a attribué les fréquentes indigestions auxquelles nos chevaux ont été en butte, et de là, est née l'opinion assez généralement répandue en France, que l'orge nourrit peu, et qu'il est d'une difficile digestion pour les chevaux. M. Yvart pense au contraire que ces inconvéniens proviennent, selon toutes les probabilités, d'abus plutôt que de l'usage qu'on en fait.

« La proscription de l'orge, dit-il, tient plutôt aux pré-« jugés qu'à l'expérience, car nous avons vu des exemples « qui nous prouvent que l'orge peut, dans le nord même, « faire une bonne nourriture pour les chevaux. Dans quel-« ques parties de l'Angleterre, le Withhire, par exemple, « ce grain est employé avec avantage et donné avec profusion « aux chevaux qui y sont fort gras.

« Un grand nombre d'observations ne laissent aucun doute « sur la possibilité de remplacer l'avoine par l'orge dans « quelques circonstances, et surtout pendant les chaleurs de « l'été. Plus lourd que l'avoine, il doit d'abord être donné « plus farineux, il serait aussi utile de le mélanger avec de « la paille hachée, destinée, dans ce cas, à diviser la pâte « qu'il forme dans l'estomac, et à faciliter sa pénétration « par les sucs gastriques. »

Ce professeur voudrait encore que l'orge fût toujours donné concassé, parce que, dit-il, plus dur encore que l'avoine et très appété par les chevaux, il est possible qu'il passe dans la bouche sans avoir été soumis à la mastication.

Le grain d'orge possède encore sur l'avoine, la précieuse qualité de s'altérer bien plus difficilement.

C'est le plus ordinairement à l'état de farine que l'orge est donné à nos chevaux; cette farine est réputée plus *courte* que celle de froment, ce qu'il faut attribuer au peu de gluten qu'elle contient; elle a, disent les agronomes, un *œil* rouge qu'elle doit à l'hordéïne qui entre pour plus de moitié dans sa composition. Cette dernière substance est une poudre jaune ou roussâtre, rude au toucher et que l'eau ne dissout pas. Une substance analogue, sinon identique, se rencontre aussi dans quelques autres grains, mais en quantité infiniment moindre; sur cent parties d'orge il y en a 55 d'hordéïne, dont l'influence sur la nutrition n'est pas connue; 45 qui toutes sont nutritives et se répartissent ainsi : amidon 32, sucre 5, gomme 4, gluten 3, résine 1.

La germination change ces proportions, elle réduit l'hordéïne à 12 parties et élève l'amidon à 56, le sucre et la gomme à 15 chacun; aussi l'orge est-il beaucoup plus nutritif à cet état, ainsi que nous le démontrerons à la seconde partie.

L'usage de la farine d'orge remplace avantageusement l'emploi, devenu absurde aujourd'hui, du son, qui n'est qu'une écorce ligneuse. Cette farine rafraîchit et nourrit bien.

2° Du froment cultivé (*Triticum sativum*) *et de ses qualités nutritives.*

Ce grain nous offre les caractères suivans : sa forme est ovale, un peu mousse à ses extrémités, convexe d'un côté et marquée d'un sillon de l'autre. Il est formé d'une substance farineuse qui remplit sa tunique propre et contient l'embryon à sa base. Sa couleur est d'un jaune clair et luisant, son odeur presque nulle, et sa saveur légèrement sucrée. Son volume est à peu près égal à celui de l'orge.

On distingue environ une trentaine de variétés de cette espèce, qui toutes offrent, à poids égal, une bien plus grande richesse en principes nutritifs.

Le grand emploi qu'on en fait pour la nourriture de l'homme élevant son prix, et son usage n'étant pas d'ailleurs toujours sans dangers en raison de ses propriétés échauffantes et analeptiques, en font interdire l'usage aux chevaux. Ce n'est que dans l'intention de rendre des forces et du ton à un estomac délabré, par une longue maladie ou par le grand âge, comme *analeptique* enfin, que, mêlé à l'avoine ou aux féveroles concassées, dans la proportion d'une jointée par jour, il pourra être administré.

Son usage exige de grandes précautions; BOURGELAT recommande de le donner avant de faire boire; il échauffe beaucoup les chevaux et les prédispose à la fourbure.

Des irritations gastriques, des indigestions, des pléthores, etc., etc., ont été signalées par les praticiens comme dûes à son usage.

Ce genre de graminées comprend deux séries principales; dans l'une se groupent ceux qui se dépouillent de leurs balles florales à l'époque de leur maturité, on les nomme généralement *fromens nus*; dans l'autre, se rencontrent les variétés qui gardent leurs balles et que l'on connaît sous la dénomination générique d'*épautres* ou blés pailleux.

Les espèces de cette deuxième série produisent des grains dont les enveloppes forment la moitié du volume total, et qui, alors qu'ils en sont dépouillés, sont encore d'une pesanteur spécifique bien moindre que celle du blé ordinaire; aussi, sont-ils bien moins nourrissans et moins stimulans qu'eux, et peut-on les employer sans inconvéniens majeurs à la nourriture des chevaux.

Une variété d'épeautre, nommée *Ingrain*, est, dans les départemens de l'Indre et du Gard, substituée à l'avoine.

M. YVART dit, dans ses leçons d'hygiène, que l'école vétérinaire de Lyon, consultée par le ministre de la guerre sur l'emploi de l'épeautre, s'est, dans le temps, prononcée contre l'usage de ce grain pour la nourriture des chevaux; cependant, ainsi que nous le verrons à la fin de ce chapitre, son usage est toléré dans la proportion de moitié de la ration, et celui du froment pour un sixième.

3° Du SEIGLE COMMUN (*Secale cereale*), *et de ses propriétés nutritives.*

Le grain de cette plante est oblong, cylindrique, un peu pointu à ses extrémités, et formé à l'extérieur de balles ligneuses qui contiennent un principe amer et aromatique.

C'est, dit M. de *Thaër*, le seigle qui, après le froment, contient le plus de principes nutritifs; son grain est beaucoup plus pesant que l'avoine, et le rapport de cette pesanteur est à peu près comme 80 est à 50.

On fait rarement usage en France, du grain de seigle pour la nourriture des chevaux; mais en Italie, en Piémont surtout; en Prusse et en Danemarck, il est assez souvent substitué à l'avoine; nous examinerons dans la troisième partie les effets de cet emploi. Disons toutefois, que l'opinion générale est que l'usage du grain de seigle engraisse promptement les chevaux, mais diminue leur vigueur.

4° Du Maïs (*Zea maïs*), *et de ses qualités nutritives.*

Le maïs cultivé offre des graines arrondies, lisses et luisantes sur les deux tiers de leur surface environ; l'autre partie est comprimée, terne et anguleuse; c'est elle qui était en contact avec les autres grains et le cœur de l'épi. — Ces graines sont ordinairement d'un beau jaune d'or; mais la culture, en multipliant les variétés de cette plante, en a créé de violettes, de purpurines, de noirâtres, de jaunes-pâle et enfin d'entièrement blanches ou bigarrées de plusieurs couleurs. La grosseur de chacune de ces graines est celle d'un gros pois; leur enveloppe est dure et presque cornée, aussi exige-t-elle de grands efforts de mastication; l'intérieur est rempli d'une farine jaune presque pas glutineuse, dont l'odeur est légèrement spermacée et la saveur fade.

Ce grain, que l'on nomme encore blé de Turquie, blé d'Inde ou gros millet, est de cinq ou six pour cent environ plus pesant que le blé, et donne à la mouture la moitié moins de son à peu près; ainsi, 170 livres de maïs, qui correspondent pour le poids à 180 de blé, ont donné 16 livres de son, et le blé en a fourni 34. La farine qu'il donne est très nourrissante, et le grain cancassé remplacerait avantageusement l'avoine, mais cette précaution, de le concasser, est indispensable, pour éviter aux chevaux l'usure trop prompte de leurs dents.

5° De l'Ivraie annuelle (*Lolium temulentum*), *et de ses qualités.*

Cette plante, que l'on nomme encore, zizanie ou herbe a l'ivrogne, produit des semences oblogues, convexes d'un côté, sillonnées de l'autre et planes. La forme de ce grain, dit Rosier, fait qu'il reste avec le bon grain, quoique bluté ou passé aux différens cribles. Bosc, au contraire, prétend qu'étant plus petit que le grain d'avoine ou de froment, il est fort aisé d'en purger ces céréales.

Comprise en certaine proportion dans l'avoine, la graine de l'ivraie annuelle est capable de causer l'ivresse, de produire des vertiges, des nausées, des vomiturations, des mouvemens convulsifs et quelquefois la mort. On doit attribuer à son usage, dit encore l'auteur du *Cours complet d'agriculture*, plusieurs épizooties dont on allait chercher au loin les causes. Parmentier, qui a beaucoup expérimenté sur la cause de ces phénomènes, pense qu'ils sont dus à l'eau de végétation de la graine d'ivraie, et il appuie cette opinion sur l'assertion que ces graines, séchées au four, perdent en grande partie leurs qualités malfaisantes. La cause de cet effet délétère étant ainsi reconnue, il est bien évident que ces graines seront plus malfaisantes, lorsqu'elles auront été récoltées avant leur parfaite maturité.

L'ivraie vivace et l'ivraie grèle, ne paraissent pas, à beaucoup près, partager ces qualités malfaisantes.

6° De la Folle avoine (*Avena fatua*). — Le grain de cette plante se nomme encore avrom ou averon, il est ovoïde, moins long que celui des autres avoines; le fond de sa couleur est un brun noirâtre, et sa surface est hérissée dans tout son pourtour, à l'exception du plus petit de ses bouts qui est nu à une distance d'un millimètre, de poils grisâtres, rudes au toucher, et longs de trois millimètres environ; ces poils sont légèrement inclinés dans la direction du gros bout, que les plus rapprochés de cette extrémité recouvrent et dépassent.

Quoique sa composition chimique n'offre rien de malfaisant, les poils dont cette graine est pourvue, et qui excorient le palais et la langue des chevaux qui en mangent, la facilité avec laquelle ils pourraient en tout ou en partie pénétrer dans le canal parotidien et occasioner une fistule salivaire, doivent le faire proscrire. Malheureusement, le crible est fort souvent, en raison de la grosseur de ces grains, impuissant à en débarrasser l'avoine, dans laquelle, du reste, il ne se rencontre jamais en bien grand nombre.

§ II. — Des graines *Polygonées* associées à l'avoine.

Nous n'aurons à examiner ici que la graine de la Renouée sarrasin, qui nous a déjà occupé comme foin et comme paille; nous dirons que les fruits de cette plante sont d'un brun-foncé, ont la forme d'une pyramide à trois pans, dont la hauteur n'excède pas la base de l'une des faces qui sont égales entre elles, et ont une ligne d'étendue environ. Son enveloppe, qui n'est pas bien dure, renferme cinquante-deux pour cent d'une farine grisâtre, dont la saveur est assez agréable.

Dans quelques localités, on la donne seule en guise d'avoine; dans d'autres, en Auvergne par exemple, on la mêle par moitié avec elle. Ce grain est échauffant et nourrissant, il contient, sur cent parties, indépendamment de la farine dont nous avons indiqué plus haut la quantité, 27 parties de ligneux qui ne se digère pas et qui représente son écorce, 3 parties de sucre, autant de gomme et enfin 10 de gluten.

Le Sarrasin de Tartarie ou de Sibérie (*Polygonum Tartaricum*), autre espèce du même genre, peut aussi se rencontrer dans l'avoine, et ne diffère du précédent que par le goût de sa farine, qui est un peu amère.

§ III. — Des graines de plantes *Plantaginées* mêlées à l'avoine.

Ce sont celles du Plantain pucier ou herbe aux puces (*Plantago-psyllium*), dont les graines sont oblongues, recourbées en nacelles, pointues à l'une de leurs extrémités, mousses dans l'autre, canelées sur leur surface concave, lisses à leur surface convexe, amères, exhalant une odeur assez forte et heureusement trop minces pour ne pas se perdre par le criblage.

§ IV. — Graines de plantes *Pédiculaires* dans l'avoine.

L'Orobanche majeure (*Orobanche major*) fournit à l'avoine ses petites graines rondes, dures et amères, et qui, grosses seulement comme la tête d'une épingle moyenne, échappent encore en assez grand nombre aux trous du crible. Elles dégoûtent les chevaux.

§ V. — Graines de plantes *Flosculeuses* unies aux avoines.

Deux centaurées nous les fournissent, ce sont celles des blés et des prés dont nous avons donné les noms botaniques à la page 93. La seconde reçoit encore le nom vulgaire de Jacée (*Jacea*). Toutes deux ont de petites semences oblongues, luisantes, sans aigrettes, et dont la majeure partie est précipitée par les ouvertures pu crible.

§ VI. — Graines de plantes *Radiées* nuisibles dans l'avoine.

La Camomille fétide ou Maroute (*Anthemis cotula*) et l'Achillée des champs (*Achilea arvense*), nous fourniront ces graines. Ces deux plantes produisent des semences petites, ovoïdes, oblongues et sans aigrettes; celles de la camomille n'offrent point de rebord, contrairement à ce qui a lieu pour l'ordinaire; elles sont chargées de petites aspérités qui la rendent nuisibles, et leur odeur forte et désagréable, unie à leur saveur assez amère, suffisent pour la faire rebuter par les chevaux.

§ VII. — Graines de plantes *Ombellifères* mélangées à l'avoine.

Elles appartiennent à la Caucalide a grandes fleurs (*Caucalis grandiflora*) qui est la plus répandue dans nos champs, quoique trois ou quatre autres espèces de ce genre puissent aussi s'y rencontrer. Les graines de ces plantes sont ovales, oblongues, convexes, hérissées de pointes raides qui blessent le palais des chevaux, et souvent accolées deux à deux. Elles mûrissent très tard et se rencontrent ainsi fort souvent dans l'avoine avant d'avoir atteint leur maturité parfaite.

Elles ont long-temps été considérées comme apéritives, sans que rien n'ait jamais justifié cette propriété.

§ VIII.— Graines de plante *Papavéracée* mêlées à l'avoine.

C'est du Pavot-Coquelicot, dont nous avons déjà parlé à l'article des *Foins* et au chapitre des *Pailles*, que proviennent ces graines; elles sont rondes, très petites, blanchâtres et molles; elles n'ont point d'odeur, et leur goût est légèrement oléagineux. Elles possèdent, à un minime degré, des propriétés narcotiques dont leur petit nombre dans l'avoine, quand le crible en a épargné quelques-unes, rend le développement sans effet sur les chevaux qui en mangent.

§ IX. — Graines de plantes *Crucifères* associées aux avoines.

1° La Moutarde des champs, dont les grains sont contenus au nombre de neuf, dans une silique noueuse et longue de deux ou trois pouces que l'on rencontre aussi quelquefois dans l'avoine. Ces semences sont d'un rouge-brun, très fines, rondes et d'un goût âcre et amer.

Quand elles sont en certaine quantité dans l'avoine, leur mastication n'occasione pas seulement une excessive salivation, mais produit encore le phlogose de la muqueuse buccale. — C'est un grain qu'il importe essentiellement d'élaguer.

2° Les graines du chou colza, qui sont rondes, petites, variées en couleur du jaune foncé au brun noirâtre, et qui, sous leur enveloppe fort tendre, renferment une amande onctueuse, légèrement amère, qui nourrit bien et que les chevaux aiment assez.

§ X. — Graines de *Légumineuses* associées aux avoines.

1° La Trigonelle fenu-grec, vulgairement Fenu-grec ou Sénegré (*Trigonella fœnum-grœcum*); ses semences sont brunes, noirâtres ou jaunâtres, petites, presque rhomboïdales, échancrées, inégales en grosseur et bosselées à leur surface; elles ont une odeur un peu forte et légèrement aromatique : leur saveur est mucilagineuse et un peu âpre.

Riches en principes nutritifs, ces grains, fort souvent mêlés à l'avoine, facilitent l'engraissement.

2° La Gesse domestique, dont les graines quadrangulaires et roussâtres sont recherchées par les chevaux, qui les aiment beaucoup, quoiqu'elles soient un peu dures et d'une difficile digestion.

3° La Gesse chiche (*lathyrus cicera*), dont les graines mangées en trop grande quantité, occasionent des accidens graves, et notamment des paralysies mortelles; cependant ce grain a été vanté pour la nourriture de nos animaux, et M. Lasseigne qui en a fait l'analyse avec soin, n'y a démontré qu'une grande quantité d'albumine; aussi, la cause des accidens que lui reprochent les agronomes, n'est-elle pas encore bien connue.

4° Le Pois commun (*Pisum sativum*) dont tout le monde connaît la forme et la couleur; aucune autre graine, dit M. Grognier, ne surpasse celle-là en principes végéto-animaux, aussi ne doit-on, dans sa distribution ou son mélange avec l'avoine, se défier que de l'excès de son énergie.

Le Pois des champs ou Pois gris (*Pisum arvense*), dont le grain est plus aplati et plus petit que celui du précédent, possède les mêmes qualités nutritives.

5° La Vesce cultivée (*Vicia sativa*), dont les graines sont arrondies, légèrement comprimées, très petites, unies et sans points tuberculeux; il y en a deux variétés : l'une grise, l'autre noire, qui toutes deux, en raison des principes nutritifs qu'elles renferment, peuvent être substituées à l'avoine ou mélangées avec elle. Néanmoins, leur administration exige beaucoup de précautions, parce qu'elles sont très échauffantes. — Un autre reproche qui peut leur être adressé, c'est qu'elles sont si petites, qu'il en faudrait des quantités immenses pour suffire à l'alimentation des chevaux.

6° LA VESCE FÈVE (*Vicia faba*), que l'on nomme encore FÉVEROLE, FÈVE DE CHEVAL, FÈVE DES CHAMPS, BOURGANE, etc., graine de moitié plus petite que la fève ordinaire, et regardée par Bosc comme le type de ce dernier genre, dont son fruit a tous les caractères extérieurs; elle est plus pesante que le blé, contient beaucoup plus d'albumine, un peu moins cependant que la gesse chiche, et forme un aliment très usité en Angleterre, en Allemagne, en Flandre, etc., pour la nourriture des chevaux; elle possède toutefois un inconvénient, c'est d'être trop dure, d'une difficile mastication. On doit la concasser. On estime que la féverole donnée en guise d'avoine aux chevaux, peut procurer un quart d'économie sur la ration; mais comme elle très échauffante, il faut user de prudence dans son emploi.

Les chevaux et tous nos herbivores domestiques l'aiment avec passion.

7° LA FÈVE ORDINAIRE OU DES MARAIS, quoique plus grosse et plus dure que la précédente, constitue néanmoins un excellent aliment.

§ XI. — Des graines du *Chanvre* unies à l'avoine.

La famille naturelle qui fournit les orties, le houblon et le poivre, renferme aussi le CHANVRE CULTIVÉ (*Canabis sativa*) dont les graines sont assez souvent unies à l'avoine, naturellement ou à dessein.

Ces semences sont circulaires et forment un disque biconvexe, assez gros pour résister aux cribles ordinaires; elles sont d'un gris noirâtre, disposé par mouchetures presqu'imperceptibles et luisantes, leur écorce est dure, et leur intérieur est formé d'une amande farineuse, grasse, qui laisse un petit goût onctueux à la bouche après qu'on en a mâché. L'amande est douce et possède un petit goût de noisette.

Cette graine, que l'on nomme encore CHENEVIS, est très échauffante, et possède, selon M. GROGNIER, à l'égard des chevaux entiers, toutes les propriétés d'un aphrodisiaque assez énergique pour déterminer le pissement de sang.

Le réglement sur le service des subsistances militaires, inséré au Journal officiel, deuxième semestre 1827, chapitre 4, page 277, résume ainsi, sous le rapport des qualités, ce que nous venons de dire des différens grains que nous avons examinés :

Toutes les espèces légumineuses ou graminées, telles que :

1° L'orge, 2° la vesce, 3° la gesse, 4° la bisaille, 5° les féveroles, 6° les fèves, 7° le maïs, 8° l'épeautre, 9° le pois, et 10° le seigle,

Forment un aliment aussi sain que profitable au cheval, *moyennant une proportion qui n'excède jamais la moitié de la quantité d'avoine dans la composition de la ration.*

L'avoine peut aussi souffrir le mélange :

1° Du fenu-grec, 2° du sarrasin, 3° du chenevis, 4° du froment;

Mais comme ces semences *sont très échauffantes, elles ne peuvent y entrer que dans une proportion très faible, et qui n'excède jamais le sixième de la ration.*

Enfin, le mélange des graines

1° De plantain pucier, 2° d'ivraie annuelle, 3° d'avron, 4° d'orobanche majeure, 5° de bluet, 6° de jacée, 7° de camomille, 8° d'achillée, 9° de caucalide à grandes fleurs, 10° de pavot-coquelicot, 11° de moutarde des champs qu'on ne peut pas toujours éviter, et qui tient à la nature du terrain que produit l'avoine, s'il excède un dixième, la rend non recevable.

Le colza seul manque à cette énumération, et nous pensons

que son mélange peut, sans aucune espèce d'inconvénient, être toléré au sixième.

SECTION III.

DU SON.

On donne ce nom à l'écorce plus ou moins divisée finement des graines céréales et du sarrasin qui ont subi la mouture et le blutage.

Cette substance est associée avec une quantité plus ou moins grande de farine, qui seule le rend nutritif. Après la première mouture, il se nomme *recoupe*, et possède encore assez de parcelles farineuses pour servir à l'alimentation avec quelque avantage.

Soumis à une nouvelle trituration, il cède une grande partie de ces principes, s'appauvrit et prend le nom de *recompette*.

Celle-ci, soumise une troisième fois à l'action de la meule, devient ce qu'on appelle *remoulage* ou *tressiot*; ce n'est plus qu'une écorce.

L'intérêt des propriétaires étant de retirer le plus de farine possible de leurs grains, il est évident que le son est dans la presque totalité des cas soumis à cette triple manipulation, et partant presque toujours réduit à l'état d'écorce pure.

Aussi, le blé qui avant le perfectionnement des procédés de mouture et de blutage, donnait 50 pour 100 de cent de son, en donne à peine 25 aujourd'hui.

Ces données ont contribué à répandre l'opinion, que le son doit être proscrit de la liste des substances qui servent à la nourriture du cheval, comme n'étant que de la sciure de bois.

Ce jugement a rencontré des contradicteurs, et M. GROGNIER est du nombre; suivant ce professeur, le son renferme encore 18 ou 20 pour cent de farine, et renferme des particules alibiles dont on ne doit pas regarder la quantité comme étant la mesure exacte de la propriété nutritive; les données de la chimie, qui du reste a trouvé dans cette écorce, de l'albumine végétale en assez grande proportion, ne pouvant, à cet égard, fournir que des présomptions.

Son usage pour les chevaux, occasione une foule d'accidens, au nombre desquels il faut ranger des indigestions opiniâtres accompagnées de météorisation, etc., etc. Il s'altère avec une très grande facilité, et ne passe pour rafraîchissant, que parce que, suspendu dans l'eau, il invite les chevaux, qui tous l'appètent assez volontiers, à prendre de grandes gorgées de ce liquide.

On a conseillé, avec raison, de renoncer à l'usage du son, et de lui substituer dans les corps, pour faire *l'eau blanche* et les *barbotages*, l'usage de la farine d'orge. Je pense que l'idée de perdre ce produit, est la seule raison qui empêche encore son expulsion; mais alors ne pourrait-on pas, ainsi que quelques agronomes l'ont conseillé, l'utiliser comme engrais?...

On dc
puis à l
rencon
L'épo
ng-tel
pend
oint d
omen
nt fini
quis
incip
ellen
Cou
arce
queu

DEUXIÈME PARTIE.

MANIPULATIONS DIVERSES,

PRÉPARATIONS ET ALTÉRATIONS QUE SUBISSENT LES ALIMENS ORDINAIRES DU CHEVAL, AVANT DE LUI ETRE DONNÉS.

CHAPITRE PREMIER.

RÉCOLTE, QUALITÉS, ALTÉRATIONS, FALSIFICATIONS DES FOINS, ET MOYENS D'Y REMÉDIER.

SECTION Ire.

DE LA RÉCOLTE EN GÉNÉRAL.

§ Ier. — De la Fauchaison.

On donne ce nom à l'opération par laquelle on coupe les foins à l'aide d'un instrument nommé faulx. Cette opération est encore connue sous le nom de *fauchage*.

L'époque où il convient de couper les foins, a fait pendant long-temps le sujet de controverses et de discussions animées; cependant il est généralement démontré aujourd'hui, que le point de maturité le plus convenable pour les foins, est le moment où les graminées qui forment la base des prairies, ont fini de fleurir, parce qu'alors les tiges et les feuilles ont acquis tout leur développement, et contiennent beaucoup de principes muqueux et sucrés, qui seuls les rendent essentiellement nutritives.

Coupés plus tôt, ils perdent en quantité et en qualité, parce que les sucs qui circulent dans la plante sont trop aqueux, pas assez élaborés, et s'évaporent presque complètement par la dessiccation. Si, au contraire, on attend que la plante jaunisse et se dessèche sur pied, on récolte, il est vrai, la même quantité de fourrage, mais non pas d'une qualité approchante de celle du foin récolté en temps opportun, et qu'on ne peut lui comparer ni relativement à la partie nutritive, ni à l'odeur, ni à la couleur : il est fibreux et dur, parce que toutes les parties nutritives qu'il contenait, ont servi à fournir les matériaux nécessaires à la maturité de la graine.

Quand ce sont des foins où les graminées ne dominent pas, la fauchaison doit avoir lieu alors que les fruits des graminées qui s'y trouvent, commencent à mûrir.

Règle générale, l'époque de la fauchaison est nécessairement subordonnée aux localités, à la température de la saison, à l'exposition du pré, aux espèces de plantes qui y dominent, etc., etc.

Pour assurer autant que possible la bonne qualité des foins en ce qui tient à la fauchaison, il importe de choisir pour cette opération, un jour sec et serein, et de ne commencer qu'alors que le soleil a pompé la rosée qui couvrait les foins.

§ II. — Du Fanage ou Fenaison.

C'est l'opération qui a pour but de dessécher en grand et au premier degré, les herbes capables de servir à la nourriture des animaux domestiques. Cette opération suit immédiatement le *fauchage* et se pratique à peu près ainsi :

L'herbe tombée sous chacun des coups de faulx du faucheur, forme par sa disposition en lignes à peu près parallèles, un ensemble qui n'a pas mal l'aspect d'une eau agitée ; aussi, donne-t-on à chacun de ces tas, provenant de la section d'une même ligne, le nom d'*ondins* ou *andins*. Quand il y a un certain nombre d'*ondins* de formés, ou quand toute la prairie est fauchée, les faneurs réunissent plusieurs ondins pour en former des tas placés à quelque distance les uns des autres ; et, le lendemain, ou le jour même, suivant l'intensité de sa chaleur, on retourne ce tas pour favoriser l'évaporation de l'eau de végétation des plantes qui le composent, et partant leur dessiccation. Cette manœuvre, qui s'exécute avec des fourches en bois ou avec des machines inventées pour cela, et nommées *faneuses*, se répète plusieurs fois à deux ou trois jours d'intervalle, suivant les climats, la température plus ou moins élevée de la saison, etc.; et là se borne l'opération du fanage, qui n'est, comme nous l'avons dit en commençant ce paragraphe, qu'une première dessiccation.

Assez ordinairement on commence à faucher à la pointe du jour; dans ce cas, l'herbe étant chargée de rosée et tombant sur un sol qui en est aussi imprégné, se flétrit au soleil sans se dessécher complétement : les brins se collent les uns aux autres, et concentrent l'humidité, qui met alors beaucoup de temps à disparaître, et quelquefois persiste. Aussi, ces foins sont-ils en général décolorés et inodores, et partant, de qualité moindre que ceux fauchés après l'excication de la rosée, et dont l'herbe n'est point détériorée.

Comme les plantes qui composent les foins sont de genres et d'espèces différentes, et que leur texture offre de nombreuses variations, il est certain qu'elles n'exigent pas toutes les mêmes soins et les mêmes précautions. — Ainsi les légumineuses, et le trèfle plus particulièrement, se fanent avec difficulté; pour ces plantes surtout, le temps doit être favorable et l'opération rapide, car, si elle se prolonge un peu, les feuilles noircissent et se détachent, et si la chaleur est vive, elles se réduisent en poussière.

En général, le fanage ne peut avoir de bons résultats qu'autant qu'il est rapide et non interrompu; si l'herbe coupée, même par le plus beau temps, éprouve la chaleur du jour et la fraîcheur humide de la nuit, elle perd en partie son parfum et sa couleur.

L'évaporation, qui est le résultat du fanage, enlève aux foins une quantité d'eau de végétation, qu'on peut évaluer à 40 pour cent environ; leur dessiccation complète les réduit à 25 : ce sont donc 35 parties sur cent, d'eau de végétation superflue, qu'ils possèdent encore quand ils sont mis en meule ou rentrés au fenil. C'est l'évaporation de cet excédant que l'on nomme *seconde dessiccation;* celle-ci est la plus difficile et demande plusieurs précautions dont nous parlerons au paragraphe suivant; elle dure deux mois environ; pendant ce temps, on dit que le foin *ressue*, il est chaud, exhale une odeur forte et peu agréable, c'est ce qui constitue le foin nouveau qui est indigeste et irritant.

§ III. — De l'Engrangement ou emmagasinage.

La bonne conservation des foins dépendant des soins qu'on leur donne après la récolte, il est important de s'assurer qu'il n'a pas été mal emmagasiné. Voici les soins à lui donner à cet égard :

Les magasins seront aérés autant que possible, rien n'altérant plus le foin que le contact d'un air stagnant. Nous avons vu plus haut que le foin est toujours emmagasiné avant sa parfaite dessiccation; alors, s'il n'est pas soumis à l'action successive de plusieurs courans d'air, s'il conserve sans pouvoir s'en débarrasser, la moindre humidité, il s'altère, s'échauffe, fermente, devient une nourriture malfaisante et repoussée; et peut, ainsi que cela s'est déjà malheureusement vu, provoquer sa propre incinération et celle du bâtiment qui le renfermait. — Des fenêtres établies dans des directions opposées, des lucarnes qui établiront des courans continuels, telles sont les indications premières que doivent indispensablement réunir les magasins à fourrage. Le foin n'y sera donc pas tassé de manière à intercepter tout contact entre l'air et son intérieur; plusieurs agronomes ont, au contraire, conseillé d'établir après chaque couche de foin d'un mètre de hauteur, un lit de fagots qui permette à l'air de circuler entre elles, et prescrivent de commencer l'établissement de ces lits sur le sol même.

Le bottelage est une excellente mesure pour arriver à ce but, parce qu'alors les bottes amoncelées n'étant jamais parfaitement en contact entre elles, permettent à l'air de passer dans les interstices qu'elles forment, et de s'y renouveler.

Quand l'exiguïté des magasins militaires oblige de réunir le foin en tas, construits en plein air, c'est-à-dire en *meules*, l'édification de ces masses doit toujours avoir pour but de remplir les conditions suivantes :

1° Protéger le foin contre les intempéries ;
2° Le soustraire à l'humidité de la terre ;
3° Ménager des courans d'air dans sa masse ;
4° Donner une issue à ses exhalaisons.

Pour y arriver, on établit la meule, à laquelle on donne assez généralement alors, la forme d'un parallélipipède ou cube allongé ; la forme ronde ne convenant pas sous le rapport de son peu de solidité, sur un lit de fagots ou de pierres, ou enfin de toute autre substance susceptible d'empêcher la communication de l'humidité terrestre avec elle. — On emploie à la formation de ces meules, le foin le plus sec possible ; on termine le sommet de ce carré long en pignon comme un toit, et on le recouvre avec un chaume long et bien serré par petites bottes, afin d'empêcher les eaux pluviales de s'insinuer dans son épaisseur.

On ménage des courans d'air dans leur masse, en pratiquant à l'intérieur des couloirs qui communiquent entre eux et avec l'extérieur où ils forment des espèces de fenêtres.

Enfin, dans certaines localités où l'économie rurale est bien entendue, on glisse au centre de la meule un cylindre d'osier qui y règne en guise de tuyau de cheminée, et qui facilite les exhalaisons.

Nous terminerons ce paragraphe, en disant que la meilleure méthode de conserver les foins, est de les entasser sous des hangars, ainsi que cela se pratique en Angleterre, en Hollande et dans quelques localités du nord de la France. — Un bon usage encore, quand le foin est nouveau, c'est de le retourner de temps en temps au fenil.

Le foin bien préparé doit être à la fois très vert, très sec et très odorant.

SECTION II.

DES QUALITÉS DU FOIN.

§ Ier. — De ce qui constitue et caractérise le bon foin.

On distingue le foin d'après les prairies d'où il émane, en foin des prairies hautes; foin des prairies de plaine, et foin des prairies basses. Le meilleur foin provient des premières; les troisièmes fournissent le plus mauvais; les secondes en donnent le plus.

La bonté des foins des prés hauts tient à la nature des plantes qui y croissent, à leur grande variété, à leur plus de saveur, à leur plus d'abondance de principes nutritifs sous un volume donné. C'est celui dont l'usage est le plus favorable aux chevaux, et dont, par conséquent, le prix est le plus élevé.

Le foin des prés bas reçoit, dans plusieurs parties de la France, le nom de foin aigre; et la quantité de plantes acides qu'il contient, rend cette définition exacte. Ce foin est coriace, peu nourrissant, et conserve souvent, long-temps après sa récolte, une odeur marécageuse qui le fait dédaigner des chevaux.

Le foin des prés de plaine, s'il ne réunit pas toutes les qualités du foin des prés hauts, renferme néanmoins beaucoup de très bonnes plantes, ainsi qu'on a pu le voir dans la première partie de cet ouvrage : il est abondant, et c'est lui qui, généralement, sert à l'alimentation de nos chevaux de troupe.

Nous trouvons dans le Cours complet d'agriculture de l'abbé Rozier, qui fut dans le temps, directeur de l'école vétérinaire de Lyon, un passage relatif aux qualités que doivent réunir les foins nourrissans et que nous nous reprocherions de ne pas reproduire ici. Voici donc comment s'exprime le *seigneur* de Chevreville :

« Pour reconnaître ce qui constitue un fourrage nourris-
« sant, suivons en abrégé les différentes périodes de la plante.
« En général, jusqu'à ce que la fleur paraisse, la plante vé-
« gète ; elle est surchargée d'eau de végétation, la sève est
« trop aqueuse et pas assez élaborée. — La fleur paraît,
« l'herbe ne croît presque plus, et toute la substance est
« portée vers la fleur : il semble que la nature fait les plus
« grands efforts pour que la fleur et les principes de fécon-
« dation qu'elle contient, assurent la reproduction de la
« graine. A cette époque, la plante regorge de sucs, et cet
« approvisionnement se dissipe peu à peu à mesure que la
« graine mûrit, la plante est desséchée lorsque la graine est
« mûre. Il n'en est pas du fourrage comme des autres plantes
« graminées, uniquement cultivées par rapport à la récolte
« de leurs grains ; il faut attendre leur maturité. C'est l'herbe
« qu'on recherche dans le fourrage, et non pas le grain. Il
« faut donc saisir le moment où la plus forte masse d'herbe
« contient les principes nutritifs dans la plus grande abon-
« dance, et c'est précisément à l'instant que la fleur noue et
« que la graine se forme. Le fourrage est alors vraiment sucré
« (dans les plantes graminées des prairies), comme il l'est
« dans les fromens, seigles, orges, avoines, etc. On s'en
« convaincra en mâchant un de leurs grains. Aussitôt que
« cette partie sucrée n'existe plus, par l'avancement du grain
« vers sa maturité, le fourrage quelconque, même des blés,
« est plus nuisible qu'utile aux animaux : il aigrit dans leur
« estomac. Chacun connaît les funestes effets sur les chevaux,
« de l'orge en vert un peu avancé.

« Prenons le goût pour guide : mâchez, par exemple,
« une tige du fromental, qui constitue la majeure partie de
« l'herbe de nos prairies naturelles. Si on la mâche long-temps
« avant la fleur, on n'éprouvera qu'un goût fade, insipide,
« herbacé ; si on la mâche au moment de la floraison, le prin-
« cipe sucré sera un peu développé, mais en grande partie
« masqué par le goût d'herbe ; si on la mâche lorsque le grain

« est noué, et lui-même dans un état sucré, on trouvera « peu de goût d'herbe et une saveur très sucrée (proportion « gardée). Enfin, lorsque la graine sera mûre, nul goût « d'herbe et presque plus de principe sucré.

« Ce qui devient réellement la nourriture de l'animal, est « la partie sucrée, élaborée avec la partie mucilagineuse qui « donnait le goût d'herbe ; l'une séparée de l'autre nourrit « peu et nourrit mal. Par la dessiccation, l'eau de végéta- « tion s'évapore, et les principes mucilagineux et sucrés « restent combinés ensemble. La salive de l'animal, lors de « la mastication, délaye les uns et les autres ; la charpente « de la plante leste l'estomac et ne nourrit pas. Ainsi, « l'herbe n'étant qu'*herbe*, contient seulement du mucilage « peu digestible par lui-même lorsqu'il est sec. L'herbe, au « moment de la floraison et de la formation du grain, con- « tient du mucilage et du principe sucré en abondance. Ce « dernier est le véhicule ou l'excitateur à la digestion de « l'autre. Enfin, lorsque le grain est mûr, une très grande « partie du mucilage, ainsi que du principe sucré, est dé- « truite, parce qu'ils ont servi à la formation, à l'accrois- « sement et à la perfection du grain, unique but de la na- « ture, qui veille à la reproduction et à la conservation « des individus de toutes espèces de plantes. »

Examiné dans les magasins à fourrages, le bon foin se fera distinguer par les qualités suivantes : sa couleur sera légèrement verte, tirant sur celle nommée *feuille morte ;* son odeur sera agréable et légèrement aromatique ; analogue, dit M. GROGNIER, à celle de la *flouve odorante*, SOIT QUE CETTE GRAMINÉE EXISTE OU NON DANS LE FOIN. Il sera composé d'herbes à tiges minces, déliées, souples ou difficiles à casser, garnies autant que possible de leurs feuilles et de leurs fleurs, et appartenant dans la grande majorité de leur tout, aux familles des graminées et des légumineuses. — Sa saveur sera douce et sucrée, ne laissant, dans aucun cas, à la bouche, une impression aigre, amère ou acerbe.

§ II. — De ce qui constitue et caractérise le mauvais foin.

Le mauvais foin est celui qui, par des causes quelconques, est devenu impropre à l'alimentation.

On peut grouper sous les cinq ordres de causes qui suivent toutes celles qui concourent à mériter aux foins la qualification de mauvais :

1° Ceux qui sont composés essentiellement de plantes qui ne jouissent pas des propriétés nutritives nécessaires, et ne peuvent que produire l'épuisement des chevaux;

2° Ceux qui contiennent de bonnes plantes, mais qui sont mélangés d'une certaine portion de végétaux âcres et vénéneux qui, introduits dans l'estomac, troublent les fonctions et causent des indigestions souvent mortelles;

3° Ceux dont on fait usage trop tôt ou que l'on conserve pendant un laps de temps trop considérable;

4° Ceux qui ont subi l'une des diverses altérations, connues sous les noms de *rouille*, *moisissure* et *vase*; altérations dont nous nous occuperons dans la section suivante;

5° Enfin et nous devons cette dernière série à l'hygiène de M. Grognier, ceux qui, n'appartenant à aucune des quatre catégories précédentes, offrent, quoique formés de bonnes plantes, l'un des cinq caractères suivans :

A. Pâle, grêle, effilé, provenant d'une herbe étiolée, ayant végété à l'ombre;

B. Gros, ligneux et velu, ayant été récolté dans des lieux humides, ne fussent-ils pas marécageux;

C. Ayant une forte odeur d'engrais, parce que le pré qui l'a fourni, a été surabondamment fumé, particulièrement avec les produits de l'exploitation des fosses d'aisances;

D. Exhalant une odeur de souris, d'urine de chat, d'excrémens de volailles, étant souillé par des toiles d'araignées, des plumes, etc., etc;

E. Ayant été frappé par la grêle. Les paysans franc-comtois disent que la grêle est un *poison qui* BRULE tout ce qu'elle touche. Cette expression *brûler*, en parlant de la grêle, qui n'est autre chose que de l'eau *glacée*, m'a donné lieu de penser que peut-être la rapidité de la chute des grelons, ou tout autre cause, pourrait bien développer en eux un fluide analogue à l'électricité et si ce n'est l'électricité elle-même, qui rendrait alors raison de cette expression assez exacte : BRULE *tout ce qu'elle touche*; car, en effet, les branches d'osier, par exemple, qui ont été atteintes par la grêle, ne plient pas à l'endroit atteint : elles cassent et montrent leur intérieur desséché, et leur extérieur dont l'écorce a blanchi.

Quoi qu'il en soit, ce genre d'altération peu connu, rend le fourrage impropre à l'alimentation.

Le foin de la première catégorie se reconnaît à ses tiges, à ses feuilles grossières, dures et coriaces; il a souvent une teinte d'un vert très foncé, surtout il n'a point d'odeur, sa saveur n'est ni douce, ni sucrée; conservé quelque temps sur la langue et soumis à la mastication, il est fade et aqueux.

La présence de plantes vénéneuses, telles que renoncules, ciguës, œnanthes, etc., etc., décèle les foins de la seconde série; ces plantes se décèlent par leur odeur nauséabonde et souvent vireuse; si on les mâche, l'impression âcre et brûlante qu'elles produisent sur la langue, achève de constater leur présence et leurs qualités délétères.

Le foin dont on a fait usage trop tôt, c'est-à-dire le foin trop jeune, n'a pas le même aspect que le bon foin : il est plus coloré, sa nuance est sombre, son odeur est forte, peu aromatique et souvent nauséeuse; enfin sa saveur est légèrement âcre. Son usage produit des irritations gastriques, des éruptions cutanées, et quelquefois le farcin. Tous ces caractères sont d'autant plus sensibles, qu'il se rencontre dans le foin, une plus grande quantité de plantes légumineuses, et son usage est aussi d'autant plus dangereux.

Ce sont ces raisons qui font rejeter l'emploi du regain, ou

foin de seconde coupe, pour la nourriture du cheval. Ce regain étant toujours coupé trop jeune, et rarement conservé, n'est pas non plus assez tonique pour eux.

Le foin peut se conserver bon deux ans environ, après ce laps de temps, sa saveur, son odeur et ses qualités nutritives se perdent : il devient jaune, sec, cassant, se brise et tombe en poussière. Il arrive souvent alors qu'on le mouille pour lui donner de la consistance; mais il acquiert dans ce cas, une odeur de moisi, qui achève de ne le rendre bon à autre chose qu'à faire du fumier.

Il nourrit mal, dégoûte les chevaux qui en font usage, et les dispose à la pousse, parce qu'alors il agit comme s'il était poudreux, et peut s'introduire dans les voies digestives.

Il convient de faire consommer autant que possible le foin, alors qu'il est récolté depuis un an.

SECTION III.

DES ALTÉRATIONS DU FOIN ET DES DANGERS DE SON USAGE.

Si nous avions, a dit M. Gohier, dans son Mémoire sur les pailles rouillées, un état des épizooties qui se sont manifestées dans les corps de cavalerie, surtout depuis 25 ans, nous verrions qu'en effet, les trois quarts de ces terribles maladies ont été occasionées par des fourrages altérés ou corrompus. La vérité de cette assertion étant démontrée, il nous importe de rechercher les causes des diverses altérations auxquelles les fourrages sont soumis, et d'indiquer leurs caractères.

Les causes qui provoquent le plus ordinairement ces altérations, sont de deux natures; les inondations et les plantes parasites, toutes celles que nous allons décrire sous les noms de foins vasés ou sablés, foins rouillés et foins moisis, se rapportent à ces deux causes essentielles.

§ Ier. — Des Foins vasés ou sablés, et des inconvéniens auxquels ils donnent lieu.

On donne ce nom à ceux qui ont subi pendant plus ou moins long-temps le contact des eaux débordées, des rivières ou des étangs. Ce foin se distingue facilement : chaque tige, chaque feuille s'enveloppe d'une couche de matière terreuse de la couleur de la vase des eaux des rivières qui ont inondé les prairies, et y sont restées stagnantes. — Dans ce cas, la plante n'a pas acquis les principes qui auraient pu la rendre nourrissante : elle est fibreuse, sèche, exhale une odeur de terre qui repousse les chevaux, et possède un goût âcre et amer.

Souvent les eaux qui ont recouvert les prairies, provenaient d'étangs ou de marais, contenant beaucoup de matières extractives, animales ou végétales, vivantes ou en putréfaction; dans ce cas, l'altération qu'elles font subir aux foins, n'est pas aussi apparente que lorsqu'ils sont *terrés* ou *sablés*, et c'est alors qu'ils prennent plus particulièrement le nom de foins *vasés*. Ils acquièrent dans ce cas, un goût et une odeur *suî generis*, qui les fait repousser des chevaux ; le plus grave inconvénient qu'ils puissent présenter, c'est que la vase déposée sur les foins, renferme des myriades d'insectes de toute espèce, dont la décomposition infecte le fourrage, et le rend la source d'un grand nombre de maladies putrides.

Les foins terrés ou sablés, portent aussi en eux le principe de plusieurs maladies essentiellement différentes. La terre dont ils sont couverts, s'accumule dans l'estomac : elle s'y agglomère, et forme des masses considérables, qui, provoquant de graves indigestions mécaniques, peuvent faire périr les animaux dans lesquels elles se trouvent.

La poussière noire et épaisse qui se détache des foins vasés, terrés ou sablés, s'introduit dans les poumons avec l'air expiré, s'insinue jusque dans les vésicules pulmonaires, les obstrue, les irrite, provoque des toux violentes, donne lieu à la pousse, à la phthisie pulmonaire, etc., etc.

Les grains de sable cachés dans les interstices des feuilles et des tiges, use les dents comme une lime, et tombant quelquefois du râtelier dans les yeux, viennent déterminer des ophthalmies.

Le foin, par son séjour dans l'eau, perd sa qualité nutritive, et les animaux qui s'en nourrissent, dépérissent sensiblement, quoïque leur ventre prenne beaucoup de volume.

Pour citer un exemple assez récent des pernicieuses propriétés du foin terré ou vasé, nous dirons que c'est à son usage qu'on a généralement attribué, en 1825, l'épizootie qui a frappé un si grand nombre de chevaux en France.

§ II. — De la rouille du Foin et des maladies qu'il procure.

Les grandes pluies, l'humidité excessive du terrain et de l'atmosphère, et surtout les brouillards, suffisent dans les pays boisés et peu aérés, pour déterminer cette altération.

La rouille consiste dans la présence sur les tiges et les feuilles du foin, de taches semblables à la rouille du fer, et analogues à celles que l'on observe parfois sur le chaume des céréales. Nous verrons plus loin que l'altération de ces dernières, qui porte ce nom, est due à la présence de champignons particuliers. Ici, nous dirons que certains agronomes attribuent aussi la rouille des foins à un champignon du même genre, mais d'une autre espèce; d'autres, au contraire, et Rozier et Bosc sont de ce nombre, pensent que les foins rouillés l'ont été par la présence d'une certaine quantité de terre qui s'attache aux tiges des plantes lorsque les praries ont été, peu avant leur récolte ou après leur coupe, inondées par une eau terreuse. Ce ne serait, suivant eux, qu'une modification de cette altération, que nous avons indiquée au précédent paragraphe, sous le nom de foins terrés ou sablés, modification qui consisterait uniquement dans la couleur de la terre déposée sur les foins.

A la tête des partisans de l'altération par les plantes cryptogames, nous citerons MM. L. Marchand, Grognier et A. Numann. Ce dernier, docteur en médecine et directeur de l'école vétérinaire des Pays-Bas, après avoir établi, dans un mémoire intitulé : Sur les propriétés nuisibles que les fourrages peuvent acquérir pour les différens animaux domestiques, par les productions cryptogamiques, que les maladies *charbonneuses* surtout, et un grand nombre de celles dont la nature est restée un peu douteuse, ne sont jamais plus fréquentes et plus meurtrières que dans les années où les plantes fourragères, par suite de l'intempérie des saisons, ont été plus chargées de cryptogames, pense qu'elles doivent par conséquent leur être attribuées; et ajoute : *Je ne doute pas, que plus nous nous familiariserons avec les recherches de ces êtres parasites, plus nous approcherons de la vraie cause de beaucoup de maladies de nos herbivores.*

Quoi qu'il en soit de ces deux opinions, la rouille altère beaucoup les tiges des plantes qu'elle frappe; elle détruit leur épiderme, le réduit en une poussière jaunâtre qui devient irritante et peut causer plusieurs maladies, dont les moindres sont des indigestions et des coliques; et les plus graves, des affections inflammatoires ou putrides.

On prétend aussi, à tort ou à raison, que le voisinage de l'Épine-vinette (*Berberis vulgaris*) peut occasioner la rouille des foins, qui alors, point n'est besoin de le dire, sont extrêmement pauvres en principes nutritifs.

§ III. — De la moisissure des foins.

Cette altération est le résultat d'une fermentation putride lentement amenée et peu sensible dans son action, qui décompose les principes mucilagineux, féculens et sucrés des foins, met à nu leur ligneux devenu cassant, et fait naître sur leur surface, des champignons du genre bissus suivant quelques agronomes, et du genre moisissure (*mucor*) suivant les autres. Quoi qu'il en soit du genre de ce parasite, nous dirons qu'il est grisâtre quand l'altération est peu avancée, et que c'est le même qui se rencontre parfois aussi sur le pain, et dont tout le monde connaît l'odeur et la saveur nauséabondes. Quand l'altération a fait des progrès, la couleur du foin devient obscure et noirâtre, sa saveur est très âcre, et il se réduit facilement en poussière.

Les causes presque toujours éloignées de cette altération, sont attribuées à l'influence de l'humidité que les foins ont pu conserver après la première ou la seconde dessiccation; presque toujours c'est le défaut d'aération des fenils ou greniers, qui, en empêchant l'évaporation de l'eau de végétation que ces fourrages contiennent encore quand on les y entasse, provoque la moisissure.

Les foins qui ont été mouillés, lors même qu'ils ne sont point terrés, conservent souvent aussi un reste d'humidité qui les fait moisir et contracter une odeur fétide qui inspire aux animaux une répugnance que la faim seule peut les forcer à surmonter. C'est ce commencement de corruption qui donne lieu le plus souvent aux maladies putrides dont sont affectés les animaux, parce qu'on n'est pas assez généralement persuadé de ses effets, et qu'on croit d'ailleurs pouvoir les annuler en mêlant ce fourrage avec des alimens de bonne qualité.

Le foin moisi est malheureusement plus commun que le foin vasé; les débordemens dans les prairies, étant des cas exceptionnels, tandis que le fanage incomplet, la mauvaise conservation, etc., etc., sont des cas ordinaires.

Ces deux modes d'altérations peuvent se trouver réunis sur le même foin, et affecter les organes digestifs et pulmonaires à la fois.

Bosc ne pensait pas que la moisissure soit aussi dangereuse qu'on le pense généralement, et voici comment cet illustre agronome s'est exprimé à cet égard, à la page 346 du 5e volume du Dictionnaire d'agriculture de l'Encyclopédie méthodique :

« Un grand nombre de personnes croient que cette altération est un poison ; il n'en est rien, et si les moisissures « causent *quelquefois* des *gastralgies*, des *vomiturations*, des « *coliques*, etc., cela est occasioné par leur odeur et leur saveur, si fortement désagréable, que l'animal le moins délicat, le porc, refuse de manger des substances moisies. »

A plus forte raison le cheval, dont l'odorat et le goût sont si fins et si délicats, ne mangera-t-il pas des foins moisis ? Il faut donc se garder d'accepter jamais ceux qui seraient tels.

SECTION IV.

DES MOYENS DE REMÉDIER AUX INCONVÉNIENS RÉSULTANT DES ALTÉRATIONS DU FOIN.

Le premier et le plus sûr moyen d'obvier aux nombreux et graves inconvéniens qui résultent de l'usage des foins avariés, c'est, quand on le peut, d'en proscrire l'usage. Les sacrifices que l'on fera, dans cette circonstance, n'ont aucune proportion avec les risques auxquels on s'expose par des motifs d'économie mal entendus. En mêlant une partie de bon fourrage avec le mauvais, on diminue sans doute le danger, mais on ne l'annulle pas.

C'est une vérité incontestable et très peu connue, qu'une très petite quantité de bons alimens nourrit beaucoup mieux qu'une très grande quantité de mauvais, d'où il suit qu'il y a bien moins d'inconvéniens à ne donner aux animaux qu'une faible portion de bon fourrage, qu'à leur en donner une plus forte dans laquelle il y en aurait d'altéré. C'est encore une vérité sur laquelle on ne peut trop insister, qu'on donne le plus souvent aux animaux une plus grande quantité d'alimens qu'il n'en faudrait pour les bien nourrir. Les chevaux de troupe, presque toujours en bon état, malgré les fatigues qu'ils supportent, prouvent qu'une ration modeste peut suffire à leur entretien. Les animaux comme les hommes contractent aisément l'habitude de manger au-delà du besoin.

Si l'on est enfin réduit à la nécessité absolue de consommer des fourrages viciés, ce qui n'est que trop ordinaire, on en diminue le danger par des précautions, prises tant dans la préparation du foin que dans sa distribution aux animaux.

On use en général des mêmes moyens contre toutes les altérations des foins, qu'elles soient dues aux champignons ou à la présence de la terre qui rend le foin terré.

Ces moyens consistent, dans le battage au fléau, et à plusieurs reprises, du foin vasé ou rouillé, dans le but de détacher la terre et les champignons qui y adhèrent. Cette opération ne doit être pratiquée que sur du foin dont les principes n'ont pas été décomposés; autrement, elle serait au moins inutile. Dans tous les cas, son efficacité, non plus que celle du procédé suivant, est loin d'être complète.

D'autres fois on se contente de faire secouer plus qu'à l'ordinaire, et plus haut, le foin que l'on fane; l'air qui circule dans les brins ainsi soulevés, emporte avec lui une partie de la terre, mais rien qu'une partie; car le foin n'est pas assez séparé brin à brin pendant qu'on le fane, pour que l'autre partie n'aille pas s'abattre sur le foin voisin de celle qu'on remue actuellement.

Lorsqu'on a voulu s'épargner la dépense des batteurs et la perte des brins cassés en le secouant, on a eu recours à l'eau, et on a lavé les foins; les uns le font après la coupe de ces herbes, et les autres, lorsqu'elles sont encore sur pied; les premiers choisissent une petite rivière ou un bras peu considérable, que l'on rétrécit encore avec des planches, et que l'on barre, en aval de l'endroit rétréci à l'aide d'une espèce de claie semblable à celles qui sont à la bonde des étangs; on jette ensuite une quantité de foin sur cette eau et on le fait remuer par des hommes, qui s'étant mis à l'eau, le foulent avec les pieds, ou le remuent avec des fourches et des bâtons depuis le bord de la rivière. L'eau délaye, dissout la terre, et l'entraîne avec elle d'autant plus aisément, qu'on a rendu son cours plus rapide par le rétrécissement qu'on a fait à son lit; le foin ne peut pas se perdre, arrêté qu'il est par la claie. Ensuite on le retire de l'eau et on le fane avec soin.

On peut bien avoir par là du foin parfaitement dévasé, et cela d'une façon très facile et peu coûteuse, mais le foin perd beaucoup de sa bonté; cette espèce de lessive lui emporte assez de ses principes, nutritifs et odorans, pour qu'ils le reconnaissent à l'odorat, et n'en mangent qu'à la longue, lorsqu'on ne leur en donne point d'autre, et qu'ils y sont ainsi habitués peu à peu. Si ce foin n'a pu être fané et serré par un beau temps, il contracte aisément une odeur désagréable, et perd sa couleur verte; il devient pâle et souvent noirâtre; il est dans le cas de celui qui a été mouillé en meules, et moisit alors facilement.

Il est quelques agriculteurs qui ont recours à un moyen plus recherché que le précédent : ils se servent presque de la même cause qui a *vasé* les foins, pour les *dévaser*. Ceux-là n'attendent pas que le foin soit coupé, mais lorsqu'il est encore sur pied, ils le couvrent d'autant d'eau que cela est nécessaire, pour que la vase, délayée par ce contact, tombe et se dépose au bas de l'herbe, sous l'eau. Malheureusement on ne peut recourir à ce moyen que dans certaines localités assez favorisées pour qu'on puisse y produire cette inondation factice, à laquelle on n'a recours qu'autant que la rivière est limpide et claire.

Cette façon de dévaser les foins, est sans contredit la meilleure : l'herbe ne perd point sa qualité, étant encore sur pied; elle n'a pas l'inconvénient de la seconde : le lavage qu'on y fait du foin le rendant toujours d'une qualité très médiocre, elle remédie à la dépense qu'occasione le battage, à la perte du foin qui se fait par le fléau, et enfin elle dévase mieux le foin que les simples secousses de la fenaison.

2° On mélange les foins altérés avec la plus grande portion

possible de bons foins ou de paille; couches par couches, en ayant soin que celles de pailles ou de bon foin soient les plus épaisses.

3° Enfin, et c'est le meilleur moyen, on sale les fourrages avariés.

Rien n'est plus propre, en effet, pour prévenir les conséquences de la moisissure et de la putréfaction surtout, que le sel dont on saupoudre chaque couche de fourrage; il est bon de le diviser le plus possible, quand on veut l'employer à cet usage. La dose est d'une livre environ pour chaque quintal de foin vasé ou moisi; lorsque le foin n'a pu être ou a été mal lavé, et qu'il est poudreux, il est indispensable de le bien secouer avant de le donner. Cette opération doit toujours être faite hors de l'écurie, qu'elle remplirait d'une poussière épaisse et nuisible aux animaux.

Si le foin n'a point été salé, il sera très bon de faire dissoudre une livre de sel dans un baquet d'eau contenant cinq à six seaux, d'y plonger le foin après l'avoir secoué, et de le mettre ensuite dans les râteliers; on peut encore l'asperger de cette eau salée avec un balai.

Il faut bien se garder de mouiller le foin avant de l'avoir secoué, ainsi que cela se pratique trop souvent; on prévient bien, par ce moyen, la séparation de la poussière, qui fait tant de ravages dans la poitrine des animaux; mais on la fixe sur chaque brin de fourrage, et ce n'est qu'un moyen de plus pour la leur faire avaler et la fixer dans leur estomac.

Pendant tout le temps que les animaux sont à l'usage des fourrages altérés, il convient de mêler de temps en temps dans leurs boissons quelques verres de vinaigre ou d'un autre acide tempérant; on s'assurera de la dose en goûtant l'eau, qui doit alors imprimer sur la langue une très légère et agréable acidité.

Dans le cas où, malgré toutes ces précautions, on reconnaîtrait quelques animaux affectés de maladies qui eussent un caractère de putridité, il ne faudrait pas hésiter, indépendamment des soins médicaux à leur donner, à discontinuer sur-le-champ l'emploi de ces fourrages.

M. Grognier fait observer, avec beaucoup de raison, que cette manipulation ne doit être exercée que sur des fourrages qui ne sont pas profondément altérés dans leur substance, auquel cas il serait dangereux, non seulement de l'employer en consommation, mais encore de le faire servir de litière.

Enfin, le Journal allemand, intitulé : *Landwirthschaftliche Zeitung fur Kurhessen*, a publié, en juillet 1823, le procédé suivant, indiqué par le ministre des finances d'alors, du grand-duché de Bade, comme ayant été employé avec succès par les cultivateurs, pour utiliser les fourrages gâtés.

On le dispose dans des cuves par couches, d'une épaisseur convenable, et on le sale avec du sel de cuisine; on l'humecte ensuite avec de l'eau, on recouvre le tout de planches et on le presse comme il est d'usage pour la Choucroute. Quand la fermentation est achevée, ce qui arrive après deux ou trois semaines, suivant que le foin était vert ou sec, on le mêle avec de la paille hachée, et dans cet état il peut servir à la nourriture des chevaux, et à plus forte raison des bêtes bovines.

Il est fâcheux que le journal allemand qui indique ce moyen, ne dise pas si cette manipulation peut s'appliquer comme correctifs à toutes les altérations des fourrages, comme aussi, si ceux qui y sont soumis, sont susceptibles d'être conservés, et combien de temps.

SECTION V.

FALSIFICATION DES FOURRAGES.

Il est assez généralement convenu de donner la qualification de fourrages falsifiés, à ceux qui ont été mélangés avec d'autres de mauvaise qualité. Ainsi, le foin bottelé dont l'extérieur est bon et beau, et dont l'intérieur est garni de foins vasés, rouillés, moisis, etc., etc. Celui dans lequel on a introduit de la luzerne, du trèfle, du sainfoin, etc., etc., sont falsifiés. Cette dernière falsification est la moins dangereuse et ne peut porter aucun préjudice aux chevaux. Les marchands et les fournisseurs n'en usent qu'en raison de leur prix, qui est généralement moins élevé que celui du foin auquel ils l'associent.

D'autres fois, la sophistication provient de l'humidité à laquelle le foin a été soumis pour augmenter son poids; du mélange de laiches, roseaux, et en un mot de *foins aigres*, toutes manœuvres frauduleuses, qui ne laissent pas de procurer à ceux qui s'y adonnent d'illicites profits.

On se met en garde contre ce dol en faisant délier plusieurs bottes prises au hasard et dans toutes les directions du magasin. Il est aisé de s'assurer si elles ont été remaniées, les liens de paille sont alors frais et ronds, et les bottes déliées perdent bientôt toutes les traces de compression qu'elles pouvaient offrir un instant auparavant.

—

CHAPITRE II.

RÉCOLTE, QUALITÉS, FALSIFICATIONS, ALTÉRATIONS DES PAILLES ET MOYENS D'Y REMÉDIER; PRÉPARATIONS QUE NÉCESSITE SON EMPLOI.

SECTION Ire.

DE LA RÉCOLTE EN GÉNÉRAL.

§ Ier. — Coupe et dessiccation de la paille.

La paille étant l'objet secondaire d'une récolte dont les grains sont le but essentiel, est subordonnée, quant à l'époque où il convient de la couper, à la maturité de ces derniers. Cette époque se reconnaît à leur dessiccation, ainsi qu'à celle des tiges, et varie suivant les climats, les lieux, les circonstances atmosphériques, etc.

En général, et pour la plus grande partie de la France, c'est le mois d'août qui est consacré à cette opération agronomique, qu'il faut toujours exécuter par un temps sec et chaud, parce que les pailles, rentrées alors qu'elles sont humides, pourrissent ou moisissent promptement.

Beaucoup de cultivateurs sont dans l'usage de couper leurs céréales un peu avant leur parfaite maturité, dans un but que nous indiquerons en parlant des grains. Cette coutume, qu'on nomme *javelage*, fait que la paille coupée dans ce moment, possède encore quelques principes sucrés et mucilagineux de plus que lorsqu'elle est coupée après ; aussi, quelques économistes la considèrent-ils, à cet état, comme plus nutritive même que le foin. Mais, obligée de rester pendant plus ou moins long-temps sur le champ, en attendant la maturité de l'épi auquel elle adhère, il arrive qu'elle est en butte à la rosée et aux orages si fréquens à cette époque, et qui délayent et entraînent ces principes; puis encore, qu'elle pompe en grande partie l'humidité du sol qu'elle recouvre; alors, elle est non seulement détériorée avec facilité, mais se trouve encore considérablement appauvrie.

Les pailles, desséchées déjà par les grains auxquels elles ont fourni toutes, ou presque toutes les parties nutritives qu'elles contenaient, en raison des motifs que nous avons indiqués à l'aide de la citation de Rozier, insérée à la deuxième section du précédent chapitre, ont sur les foins l'immense avantage de n'avoir besoin de dessiccation, qu'autant qu'elles contiennent une humidité étrangère, à elles apportée par les pluies ou les brouillards; aussi, est-ce dans ce cas seulement qu'il convient de les laisser sécher sur le champ au moyen du javelage, qui, dans ce cas, ne doit pas se prolonger au-delà du temps nécessaire à cette complète dessiccation.

§ II. — Du Battage des pailles.

Ce fourrage est soumis à une manipulation à laquelle les foins ne sont pas assujétis : c'est le battage. Cette opération, comme tout le monde le sait, a pour but de séparer les grains et de les détacher du chaume qui les supporte; elle s'effectue de diverses manières, suivant l'usage des lieux et l'état avancé de la culture dans les localités diverses. De quelque manière qu'elle ait lieu, et notre but n'est pas de les examiner ici une à une; elles modifient d'une manière plus ou moins favorable l'état physique et les qualités nutritives des pailles; et c'est sous ce rapport seulement que nous allons nous y arrêter un instant.

Nous réduirons à trois procédés principaux, les différentes manières de battre le grain; ce sont : 1° le battage au fléau; 2° l'égrènement à l'aide du battoir mécanique, et 3° le dépiquage.

Le battage au fléau est, à mon avis, le procédé à l'aide duquel on obtienne la meilleure paille; et cela, parce qu'alors elle n'est brisée et atténuée que dans certains endroits seulement, et conserve ainsi tous les sucs nutritifs qu'elle contient, tout en devenant d'une mastication plus facile. Cette paille a encore l'avantage d'être dépouillée par ce procédé de la terre qu'elle pouvait avoir amassé lors des orages et des grandes pluies, essuyées pendant qu'elle était sur pied.

L'égrènement à l'aide du battoir mécanique, écrase uniformément la paille, mais ne la secoue et ne la brise pas comme le fléau; elle reste donc recouverte de la poussière et des autres corps étrangers qui peuvent la recouvrir; et de plus, opérant d'une manière bien plus complète la séparation du grain, il arrive que les gerbes sont, par ce moyen, *battues à net*, et partant moins nourrissantes, ainsi que nous l'avons expliqué à la page 168.

Le *dépiquage* ou l'égrènement par les pieds des chevaux, fort en usage dans le midi, offre de graves inconvéniens à côté de nombreux avantages.

D'une part, les pailles de ces contrées, ayant leurs tiges remplies d'une moelle nutritive, sont assez généralement aussi plus dures que celles à tiges creuses; et l'usage de les dépouiller de leurs grains par le dépiquage, a pour résultat immédiat de les briser menues et de les écraser complétement. Cette manière d'être, que certains agronomes considèrent comme étant avantageuse en ce sens, que les chevaux mangent, disent-ils, plus volontiers la paille ainsi divisée. Mais, d'un autre côté, si l'on considère combien il s'en perd, en raison même de son extrême division et par la difficulté de la botteler; combien elle perd de ses qualités nutritives et apéritives surtout, par l'imprégnation qu'elle subit des matières excrémentitielles que les animaux y déposent pendant l'opération du dépiquage, et qu'ils piétinent sans cesse; et enfin, si on veut bien remarquer qu'il est d'observation constante et générale, que les chevaux mangent égalément bien et avec un égal appétit, les pailles longues que les pailles brisées.

§ 3. — Conservation de la paille.

Protéger cet aliment contre les intempéries et le soustraire à l'humidité, sont les principales conditions à remplir pour le conserver. En effet, toutes les conditions nécessaires à sa conservation, se trouvent réunies en lui ; sa composition est plus simple, les végétaux qui le fournissent, étant annuels, meurent après la fructification, se dessèchent sur pied et perdent leur eau de végétation, de façon que, lorsqu'on le coupe, il est inutile de lui faire subir des opérations particulières pour le mettre à l'abri de la fermentation et de la décomposition.

Cet état de parfaite dessiccation, le rend encore moins facile à s'imprégner des émanations des écuries et des latrines.

On conserve la paille comme le foin, c'est-à-dire en grange ou en meules, ou gerbiers ; dans l'un comme dans l'autre de ces cas, on use des précautions prises pour les foins : on aére la grange ou le grenier ; ou bien, on recouvre la meule à l'aide d'un toit en paille de seigle, serré et impénétrable à l'eau. Il n'est pas nécessaire de pratiquer dans les meules de paille, les courans d'air, dont les foins se trouvent si bien ; il suffit seulement d'établir ces gerbiers sur un lit de matières telles, que l'humidité de la terre ne puisse pas être absorbée par eux.

Une bonne coutume, est celle qui a pour objet de changer la paille de place une fois ou deux par an.

La paille, ainsi privée de l'humidité qui la fait moisir, vieillit sans doute, mais sans subir, par l'effet du temps, aucune altération bien sensible ; et si elle n'est ni froissée ni brisée, sa durée sera presque indéfinie. — Toutefois, je pense que la paille de deux ou trois *ans au plus*, peut seule être considérée comme aliment, et celle qui a atteint cet âge, ne peut même offrir constamment toutes les considérations désirables.

SECTION II.

DES QUALITÉS DES PAILLES.

§ Ier. — De ce qui constitue et caractérise la bonne paille.

En général, la paille est réputée bonne lorsque sa couleur est d'un jaune doré, brillant et uniforme, les tuyaux menus et flexibles, ayant conservé leurs formes ou feuilles; l'extrémité supérieure des tiges a conservé ses épis, qui possèdent à leur tour la presque totalité de leurs balles et de leurs calices. La paille est fraîchement battue, son odeur est légèrement suave, et sa saveur douce et sucrée; elle est associée à un plus ou moins grand nombre des plantes réputées capables de la rendre fourrageuse, et que nous avons énumérées et décrites au chapitre xv de la première partie.

La paille est d'autant plus recherchée par les chevaux, qu'elle est récoltée depuis moins de temps; toutes ses parties ne sont pas non plus également bonnes; les nœuds et les environs de ces nœuds, sont les parties les plus nourrissantes, et dans lesquelles se trouvent accumulées en grande partie les particules assimilables de cet aliment.

§ II. — De ce qui constitue et caractérise la mauvaise paille.

La qualité de la paille de froment peut être amoindrie de plusieurs façons :

1° Elle peut être associée en plus ou moins grande quantité à d'autres pailles de céréales, celles du seigle surtout; dans ce cas, elle perd une partie de sa valeur comme aliment, proportionnée à l'importance du mélange. Les caractères physiques que nous avons attribués dans la première partie, aux pailles de seigle et autres, serviront, dans ce cas, pour constater et éviter le dol.

2° La paille qui contient en trop grande quantité quelques-unes des plantes que nous avons signalées comme lui étant nuisibles.

3° Celle qui après avoir été coupée est exposée à la pluie, elle verdit d'abord, et brunit ensuite; elle perd son odeur particulière pour en contracter une désagréable; sa saveur devient acrimonieuse, et sa texture perd beaucoup de sa ténacité.

4° Les pailles trop vieilles ou anciennement battues; dans le premier cas, elles sont altérées par l'influence lente de l'humidité atmosphérique, qui les froisse, les ride et leur communique une teinte rougeâtre; elle est alors sans saveur, répand une odeur forte et désagréable; ses tiges sont sans consistance et sans qualités nutritives.

Dans le second cas, elles deviennent presque toujours la proie des souris et des rats, qui en rongent les meilleures parties, et imprégnent le restant de leurs dégoûtantes émanations. Les chevaux se refusent à consommer ces pailles, en raison de l'odeur insupportable et nauséabonde qu'elles répandent.

5° Les pailles qui, ne renfermant aucun des motifs d'exclusion que nous venons d'examiner, peuvent cependant encore être réputées mauvaises, sont celles qui ont crû sur des terres trop fortes et trop humides; dans ce cas, elles sont grossières et cassantes, leurs tuyaux maigres se réduisent en poussière à la moindre pression, leur couleur est noirâtre et leur saveur âcre. Toutes ces conditions doivent la faire rejeter.

Celles qui ayant été dépouillées de leurs grains par le dépiquage, ont été imprégnées et souillées par les matières excrémentitielles des animaux employés à cette opération, et n'ont point été parfaitement triées, lavées ou séchées.

6° Enfin, celles qui seraient détériorées par l'une des altérations suivantes : 1° la rouille, 2° la moisissure; 3° celle qui est terrée ou vasée, 4° le charbon.

SECTION III.

DES ALTÉRATIONS DES PAILLES ET DES DANGERS DE LEUR USAGE.

Les altérations de cet aliment sont généralement dues à des maladies du grain qu'il a porté et qui ne l'affectent que secondairement; cependant, les effets délétères que ces altérations produisent, ne peuvent en aucune façon être méconnus, et doivent, au contraire, attirer toute l'attention et toute la sollicitude des hommes chargés du gouvernement des chevaux. Nous allons donc les passer successivement en revue ici, en prévenant toutefois nos lecteurs, qu'une foule de détails que nous avons donnés à la section correspondante du précédent chapitre, étant applicables ici, nous ne les répéterons pas.

§ Ier — De la rouille des pailles.

Cette altération est caractérisée par des taches nombreuses et plus ou moins larges, formées par une poussière rouge ou jaunâtre, analogue, pour son aspect, à l'oxide ou rouille du fer. Ces taches se montrent sur les feuilles et les tiges des pailles dont elles altèrent l'épiderme : elles s'incrustent en s'étendant, et finissent par faire tomber en poussière les parties attaquées. C'est surtout dans les années humides et froides, et sur les pailles récoltées dans le voisinage des bois ou des marais, que cette altération fait des ravages. Suivant quelques agronomes distingués, plus le champ a été fumé, soit par le pacage ou autrement, plus les blés sont sujets à la rouille.

La nature de cette maladie n'est pas encore parfaitement connue, bien que plusieurs agronomes, d'un mérite incontestable, l'aient observée, étudiée, décrite et classée.

Suivant les uns, la rouille est une altération particulière de l'épiderme des plantes qu'elle affecte, et qui anéantit en elle les principes sucrés et nutritifs qui en faisaient un aliment sain et fort goûté. — D'autres, et c'est le plus grand nombre, disent qu'elle est due à un petit champignon du genre URÉDO, et qui porte le nom spécifique d'URÉDO-ROUILLE (*Uredo rubigo veza*). Ce parasite appartient à la section des URÉDOS *à poussière jaune*, et attaque quelquefois les pailles avec tant d'énergie, que pas une feuille n'en est exempte. Au reste, il y a presque toujours un peu de rouille sur les feuilles et les tiges des plantes graminées, céréales ou autres. L'usage de la paille rouillée provoque de nombreux et graves inconvéniens, qui ont une grande analogie, sinon une complète identité avec l'empoisonnement que produit sur l'homme l'usage des grands champignons vénéneux.

Deux vétérinaires distingués, et qui tous deux ont eu l'honneur d'exercer le professorat dans les écoles de Lyon et d'Alfort : GOHIER et VERRIER, ont contribué puissamment par leurs recherches et les observations qu'ils ont publiées, à établir la nature des effets produits dans l'organisme animal, par l'usage de cet aliment vicié. Voici en peu de mots le résumé de leurs travaux.

GOHIER étant vétérinaire au 20e régiment de chasseurs, arriva à Arras le 7 germinal an 9, avec le dépôt du régiment qui était fort de 200 chevaux ; et là, attendit les escadrons qui n'y arrivèrent qu'un mois après. Pendant ce premier mois, les fourrages délivrés aux chevaux du dépôt, étaient d'une assez bonne qualité, bien que la paille fût cependant et en partie légèrement mouillée. Aussi, n'y eût-il pendant ce laps de temps aucune maladie extraordinaire parmi eux, quoiqu'ils s'abreuvassent de la même eau qu'on supposa depuis être la cause des maladies qui se manifestèrent plus tard avec intensité, sur tous les chevaux du régiment.

Les escadrons arrivés, le grand nombre de chevaux à nourrir, nécessita l'usage d'une paille fort inférieure en qualité à celle précédemment consommée, et surtout, fortement rouillée; plusieurs chevaux se trouvèrent en peu de temps attaqués de diverses maladies, et principalement de coliques très violentes ; en trois jours, quatorze furent affectés, et presque tous les chevaux du régiment devinrent malades pendant les sept à huit mois qui ont suivi ces premières distributions de paille rouillée. Durant cet espace de temps, cent quinze chevaux succombèrent sur huit cents qui composaient l'effectif ; et pourtant, tous étaient, à leur arrivée à Arras, en très bon état et bien portans, quoiqu'ils eussent fait pour y arriver, plus de trois cents lieues, et soutenu plusieurs campagnes.

L'estomac de ceux qui furent ouverts après avoir succombé, a constamment été trouvé dans l'état suivant :

La muqueuse était très enflammée, surtout du côté droit; les alimens qu'il contenait, étaient recouverts d'une couche épaisse de suc gastrique. Celle des intestins s'est trouvée sur plusieurs d'entre eux, parsemée çà et là de taches noires. Le poumon était noir, couvert d'abcès ou de vers d'une espèce particulière, nommée hydatide.

Toutes ces lésions tendent évidemment à établir le caractère délétère des pailles rouillées, et Gohier voulant le confirmer davantage, entreprit sur huit chevaux, un chien et un chat, des expériences avec de la paille rouillée pour les premiers, et la décoction de cette paille pour les seconds.

Les huit chevaux furent malades et eurent de violentes coliques ; l'un d'eux eut une rétention d'urine très prononcée. Sur tous ceux qui moururent, on reconnut des traces d'inflammation gastrique et intestinale ; et ceux qui ont survécu, du dégoût, de la maigreur, un défaut de transpiration cutanée, etc., etc., ont signalé l'usage pernicieux de la paille rouillée.

§ II. — Des pailles moisies.

Si, après avoir été fauchée ou abattue, et après avoir été étendue dans le champ pour sécher ou pour javeler, la paille a souffert une pluie longue et abondante, elle pourrit en partie; si étant mouillée, elle est entassée dans des greniers ou magasins mal aérés ou érigée en meules mal faites, si on a négligé de la remuer, elle s'échauffe, et dès lors; ses principes fermentescibles se développent; elle contracte une odeur désagréable, rance et fétide, et tombe dans un état de putréfaction commençante qui la rend impropre à servir, même de litière, et qui donnerait aux chevaux, contraints de s'en nourrir, toutes les maladies que peuvent produire des alimens corrompus, et que nous avons énumérées en parlant des foins moisis.

§ III. — Des pailles terrées ou vasées.

Quand les blés, étant sur pied, sont soumis à l'influence d'un vent violent qui les *verse*, c'est-à-dire les incline, les couche vers la terre, et qu'en cet état, ils sont encore fouettés par les gouttes d'une pluie violente que le vent pousse sur eux en précipitant sa chute, il arrive que de nombreuses parcelles de terre mouillée, détachée du sol par la violence de la pluie, s'attachent aux tiges et aux feuilles des céréales, se logent entre elles et rendent la paille terrée. Cette altération, que le battage obligé subi par les pailles, rend beaucoup moins pernicieuse que dans les foins, produit les mêmes accidens.

La paille peut encore, quand elle a été versée, être brisée par la violence du vent et de la pluie; et dans ce cas, l'eau qui s'introduit à travers les fissures de la tige maculée, la prédispose à la moisissure, délaie ses principes sucrés et les soustrait, si une bonne évaporation ne parvient à l'expulser des chaumes.

Rarement la vase vient altérer cette substance alimentaire; les champs qui la nourrissent étant par leur position presque toujours à l'abri des ravages que causent les inondations; et puis, ces accidens sont plus rares à l'époque des moissons qu'à celle du fauchage; et enfin, la densité et le luisant des chaumes, les rend bien moins que les plantes des prairies, susceptibles de s'imprégner des principes infects de la vase, dont, au reste, on les débarrasse assez facilement par le battage.

§ IV. — Des pailles charbonnées.

Cette maladie, que l'on nomme encore vulgairement NIELLE, est commune à plusieurs espèces de céréales, et notamment au froment, à l'orge et à l'avoine; les pailles de froment charbonné, n'offrent à la place des épis qu'elles portaient, que des débris informes, de couleur blanchâtre, qui s'entrelacent dans des amas d'une poussière qui se dessèche insensiblement à l'air, et que la pluie délaie ensuite et disperse parfois long-temps avant la moisson; de cette façon, il ne reste plus de l'épi que le squelette ou support; les balles, les arêtes et le calice ayant été détruits.

Quelquefois ces tiges, au lieu d'être droites, forment des coudes ou angles plus ou moins prononcés aux environs de l'épi. L'opinion la plus généralement accréditée, exprime la croyance que le froment barbu est moins sujet au charbon que le froment ras.

Les tiges de l'avoine charbonnée, sont en général grêles, elles s'élèvent moins et sont plus tardives à donner leurs épis, qui, souvent dans ce cas, avortent et manquent.

La paille de froment, d'orge ou d'avoine charbonnée, déplaît aux chevaux, qui ne la mangent qu'avec dégoût. Cependant, il n'y a pas de preuves qu'elle les incommode, et nous pouvons penser que la saveur âcre et nauséabonde de cette poussière, est la seule cause de la répugnance que les chevaux et tous les animaux herbivores domestiques, en général, témoignent pour leur usage.

Point n'est besoin, je pense, de dire qu'en cet état leur développement est arrêté, leurs qualités nutritives, infiniment moindres, et que partant, il y a une perte notable dans leur récolte et leur emploi.

SECTION IV.

CORRECTIFS DES PAILLES ALTÉRÉES.

Nous ferons ici, comme nous l'avons fait au chapitre précédent, une section particulière de l'indication ou de la description des moyens employés pour remédier aux altérations diverses des pailles; mais c'est pour la régularité du travail seulement, car ce que nous avons dit alors, trouve derechef sa place ici, et nous y renvoyons nos lecteurs; seulement, nous ajouterons que les altérations des pailles, la rouille exceptée, lorsqu'elles n'ont pas été poussées à l'excès, ne sont pas de nature à empêcher leur emploi en les mêlant avec d'autres de bonne qualité, avec du foin, ou en l'aspergeant d'eau salée, etc., etc.

Celle reconnue comme tout-à-fait impropre à la nourriture des chevaux, ne doit pas même être reçue pour litière.

SECTION V.

DES PRÉPARATIONS QUE L'ON FAIT SUBIR A LA PAILLE POUR LA DONNER AUX CHEVAUX.

§ Ier. — De la paille hachée.

On a depuis long-temps, et toujours, agité la question de savoir s'il convenait mieux de donner aux chevaux, la paille entière, ou finement divisée à l'aide d'un instrument *ad hoc*, beaucoup perfectionné dans ces derniers temps, et nommé *hache-paille*.

Une foule d'hippiatres célèbres, d'écuyers renommés, d'agronomes illustres, de cultivateurs instruits et intéressés dans la question, ont pris parti, dans cette lutte d'économie rurale, pour ou contre l'usage de la paille hachée. C'est vers le milieu du siècle dernier, c'est-à-dire, depuis quatre-vingts ans environ que cette discussion s'est élevée en France, et depuis cette époque, rien n'a été décidé affirmativement ou négativement; en attendant cette solution, voici le résumé succinct de ce qui a été dit et fait pour ou contre.

On s'est prévalu, pour préconiser l'usage de la paille hachée, de l'exemple de l'Angleterre, de l'Allemagne et des États-Unis d'Amérique, où son emploi est très répandu. On a encore cité pour corroborer cet exemple, celui de toutes les localités où l'on dépique le blé, dont par conséquent la paille est grossièrement hachée, et que les chevaux mangent pourtant sans aucun inconvénient. Enfin, on s'est étayé sur l'expérience de plusieurs propriétaires et marchands de chevaux, qui, depuis bien des années, en donnent quotidiennement à leurs chevaux, mêlée avec un peu de foin ou d'avoine, et les entretiennent ainsi dans un bon état de santé, en leur conservant la vigueur nécessaire pour fournir un travail régulier et soutenu, et en les maintenant dans un état d'embonpoint, égal à celui que produirait la plus abondante nourriture.

Il serait très important, disait Bourgelat en 1769, de suivre plus généralement en France (du moins dans les pays où la paille est fine et déliée), l'exemple des Allemands, qui ont soin de la hacher, et qui en font la principale nourriture de leurs chevaux; ils la donnent ainsi sans mélange. Aux heures de la distribution de l'avoine, ils la mêlent avec ce grain, qui en devient moins échauffant; et ils ont toujours la précaution de mouiller le tout légèrement, pour éviter que le cheval n'en écarte pas, et n'en perde pas par son souffle la plus grande partie. Dans une disette considérable de foin, nous éprouvâmes avec succès cette méthode : nous faisions hacher une très légère quantité de ce fourrage avec la paille, et nous formâmes un mélange admirable pour le bon entretien de nos chevaux, qui nous montraient chaque jour beaucoup plus de vigueur, d'haleine et de légèreté.

Les chevaux nourris avec de la paille hachée, a-t-on dit encore, en mangent beaucoup plus que lorsqu'elle est entière, et M. Grognier ajoute, qu'ainsi divisée, on en trouve beaucoup moins avec sa texture dans les crottins, ce qui serait une preuve qu'elle a fourni plus de parties alibiles. Il pense aussi qu'elle sera bientôt partout en usage.

Les opposans ont objecté à ces raisons, que la paille hachée n'étant pas écrasée comme celle du blé dépiqué, ses bords restaient rudes et tranchans, et pouvaient ainsi blesser non seulement la langue, le palais et toute la muqueuse buccale, mais encore s'introduire dans le canal des glandes parotides, et y causer des fistules ou des calculs toujours dangereux.

La paille hachée peut encore, selon eux, arriver dans l'estomac sans avoir été triturée complétement, et causer ainsi, par l'aspérité de ses bouts, l'irritation et l'excoriation de la membrane muqueuse gastro-intestinale, et partant des *coliques inflammatoires* plus ou moins violentes, et souvent mortelles.

Les partisans de cette opinion l'appuient sur l'exemple d'un assez grand nombre de chevaux qui périrent de tranchées dans l'année 1785, à la suite de l'usage de la paille hachée auquel on les avait soumis pendant la sécheresse désastreuse de cette année : pour répondre à cet exemple, on a dit que ces chevaux avaient été brusquement et sans transition amenés à cet usage; que ces animaux s'étaient gorgés de ce nouveau fourrage dont la mastication avait été imparfaite; et qu'enfin, leurs organes digestifs n'y avaient point été accoutumés peu à peu par son mélange, avec d'autres alimens.

Enfin, et cette dernière raison me paraît convaincante; car on résiste, de nos jours surtout, rarement à l'évidence des bonnes choses à Paris et à l'armée; et pourtant, deux entreprises élevées dans la capitale, une première fois, il y a 80 ans, et une deuxième, il y en a 55, et ayant pour but de fournir de la paille hachée aux chevaux de cette ville, succombèrent malgré la pompe de leurs prospectus, où se trouvaient relatés tous les avantages de cet aliment, et les opinions des hippiatres qui en avaient fait l'éloge ; et pour l'armée, je ne sache pas que jamais avant, pendant et depuis cette époque, on en ait usé. C'est que là aussi, une partie de la paille mise devant les chevaux pour leur nourriture, est fort souvent rejetée par eux, soit qu'elle ne leur plaise pas, ou qu'ils mettent peu d'attention à la retenir, et cette paille se trouve ainsi augmenter la quantité de la litière.

Et puis, la paille hachée doit être mouillée, et nous avons vu que la paille mouillée passe pour *avachir* les chevaux ; si, en cet état, on la mêle à l'avoine, cette dernière se gonfle et fermente dans l'estomac, d'où des coliques, des indigestions, etc.

Pour terminer, faisons avec M. Yvart cette judicieuse observation : qu'*il est impossible en hachant la paille, d'augmenter ses propriétés nutritives*.

Résumons donc : si d'une part, Bourgelat et M. Grognier se sont déclarés chauds partisans de la paille hachée ; Gilbert et M. Yvart s'en montrent d'un autre côté fervens adversaires; c'est donc ici, ou jamais, le cas de répéter cette phrase devenue proverbiale :

« Hippocrate dit *oui*, mais Gallien dit *non*. »

Pour moi, sans lui prêter toutes les qualités ou tous les inconvéniens qu'on lui attribue, je pense que l'action de hacher la paille, est au moins du temps perdu et partant mal employé.

§ II. — Réduction de la paille en farine.

La singularité et l'importance que peut acquérir par la suite le procédé de moudre la paille, nous engage, bien plus que l'emploi qu'on en a fait jusqu'ici, à parler de ce procédé neuf encore, dans les Annales agronomiques.

Ce fut dans le courant de 1829, que M. Maitre, fondateur de l'établissement d'agriculture de Vilotte, près Châtillon, reconnut la possibilité de réduire en farine, non seulement la paille de blé et celle des autres grains, mais encore le foin et les tiges de trèfle, de luzerne, de sainfoin, etc. Cet habile agronome emploie la farine qui provient de ces dernières plantes, à la nourriture des brebis et des agneaux, et a fait construire, au milieu de ces bergeries, une usine uniquement consacrée à cette industrie.

D'un autre côté, un meunier des environs de Dijon, fait, avec de la paille de froment, une farine panifiable d'une assez bonne qualité. En 1830, peu de temps avant la révolution, le duc d'Angoulême goûta des petits pains faits avec cette farine nouvelle, et en emporta quelques-uns pour les présenter à CHARLES X.

Ce nouvel aliment pourrait peut-être convenir aux chevaux exténués par une longue maladie et convalescens; peut-être aussi pendant la durée de certaines affections. Malheureusement ce ne sont là que des présomptions, qu'il serait fort utile de vérifier, et qui, une fois reconnues pour vraies, pourraient devenir d'un grand secours dans une foule de circonstances.

Toutefois, la paille en cet état, ne serait jamais, ou presque jamais, qu'un aliment médicamenteux, ou un médicament alimentaire, et dès lors, nous devons nous borner à cette indication.

CHAPITRE III.

RÉCOLTE, CONSERVATION, QUALITÉS, ALTÉRATIONS ET MALADIES DE L'AVOINE ET DE L'ORGE; MOYENS D'Y REMÉDIER ET PRÉPARATIONS QU'ON FAIT SUBIR QUELQUEFOIS A CES GRAINS POUR LES DONNER AUX CHEVAUX.

ARTICLE Ier. — *De l'avoine.*

SECTION Ire.

RÉCOLTE EN GÉNÉRAL.

§ Ier. — De la coupe des avoines.

Suivant les usages particuliers aux diverses localités, le moment le plus favorable pour couper les avoines, varie et n'est pas également raisonné et compris; tantôt ce moment est fixé à l'époque de la complète maturité du grain, tantôt un peu avant. Le procédé, dans les deux cas, a lieu comme pour toutes les céréales, à l'aide de la faucille ou de la faulx. Rozier, et avec lui un grand nombre d'agriculteurs renommés, pensent qu'il faut attendre la complète maturité du grain avant de le couper; la facilité avec laquelle l'avoine s'égrène, est la seule raison qui puisse, dit l'auteur du Cours complet d'agriculture, justifier l'usage de la couper avant. Ce dernier procédé conduit, suivant lui, une moitié, ou au moins un grand tiers des grains à une déperdition de principes nutritifs presque totale, et qui rend leur présence parmi le reste, un leurre pour les acheteurs qui ne s'en méfient pas. La perte s'augmente tous les jours et se trouve encore plus frappante six mois après la récolte, alors que le grain a eu bien le temps de sécher.

Ce n'est qu'à la parfaite maturité de la plante que les grains sont bien formés et bien nourris; c'est seulement alors que les feuilles sont complétement fanées, et que la couleur de la tige est d'un jaune doré qu'il convient de les abattre.

§ II. — Du javelage.

Le nombre d'épis abattus d'un seul coup de faucille ou de faulx, se nomme *javelle ;* plusieurs javelles forment une *gerbe ;* mais ces dernières ne sont pas édifiées de suite, les javelles restent plus ou moins long-temps étendues sur le sol avant d'être liées en gerbes, et c'est le temps qu'elles passent ainsi, qu'on nomme *javelage.*

Quand le grain a été coupé dans les circonstances que nous avons indiquées plus haut, et que le javelage se borne au temps nécessaire pour le sécher complétement, c'est une bonne pratique, utile même pour d'autres céréales encore. Mais,(et c'est malheureusement ce qui a lieu dans la majeure partie des cas, tant la cupidité et les préjugés opposent de barrières aux bonnes pratiques), quand elle se prolonge au-delà de ce temps, alors qu'il survient des pluies ou des rosées abondantes, la fermentation est excitée, un commencement de germination se développe, qui rend ces grains plus tendres et plus sucrés, et cet usage devient une pratique barbare, qui ne peut jamais produire qu'une avoine légère, dépourvue de sucs et sujette à moisir.

Les cultivateurs prétendent, et disent pour persévérer dans l'usage de cette manœuvre, que le grain s'égrène mieux et enfle davantage : cela peut être ainsi; en effet, le grain noircit et augmente en volume ; or, comme presque partout en France, on court après l'avoine noire et qu'on la vend à la mesure, ces changemens de nature profitent aux marchands, mais ne sauraient compenser la perte de la partie sucrée du grain qui a été entraînée par l'eau des pluies ou délayée et évaporée par l'humidité de la terre et les grandes rosées. En cet état, l'avoine grossit, mais perd de sa valeur comme aliment, elle s'altère et se conserve difficilement.

Nous ne ferons point un paragraphe à part du battage des avoines, ce que nous avons dit de cette opération en parlant des pailles, s'applique évidemment ici. Nous ne dirons également rien du vannage qu'on leur fait subir avant de les mettre en grenier, cette opération ayant toujours le même résultat, quel que soit le procédé mis en usage pour l'effectuer.

SECTION II.

CONSERVATION DES AVOINES.

Après que l'avoine a été battue et vannée, il importe de s'assurer qu'elle est complétement sèche avant de la renfermer dans les greniers, parce qu'alors si le bon grain, le grain véritablement farineux, est imprégné d'eau, cette eau s'unit au principe sucré, rend le grain susceptible de fermenter, et la fermentation se développe d'autant mieux, qu'elle est favorisée par la chaleur de la saison. Cet inconvénient a lieu fréquemment pour les avoines qui ont été coupées vertes et qui sont restées en javelles long-temps, exposées aux orages fréquens des mois de juillet et d'août, ainsi qu'aux rosées si abondantes de cette époque. — Dans cet état, le grain s'échauffe et germe, le tas en entier éprouve une chaleur considérable, toute sa partie farineuse se consume.

Rozier cite, à l'appui de cette assertion, un fermier de Neuilly, qui, après avoir battu ses premières avoines, les mit dans un coin de sa grange en un seul tas; puis, ayant récolté à part celles qui n'avaient pas été mouillées dans les champs, et qu'il se proposait de semer, il les jeta sur le premier monceau, pensant ne rien risquer en entassant les dernières sur les premières. Or, il arriva que la chaleur des avoines de dessous, consuma le germe des bonnes avoines qui étaient dessus, et en détruisit la fécondité, sans nonobstant, apporter aucun changement à la figure et à l'aspect extérieur du grain, qui est devenu néanmoins, une nourriture très dangereuse pour les chevaux.

Les greniers dans lesquels on emmagasinera l'avoine, seront bien secs et bien aérés; les murs et le plancher seront, autant que possible, protégés contre l'humidité, si commune à une foule de bâtimens, par un parement et un sol en planches de chêne ou autre bois dur. Il ne faut pas oublier, qu'après leur récolte, les avoines et les autres grains n'ont pas de plus dangereux ennemis que l'humidité. Les rats, qui en consomment une partie et souillent de leurs matières excrémentitielles, une plus considérable encore; les chats, qui en détériorent aussi beaucoup de cette dernière façon, n'occasionent que des pertes partielles et remédiables; mais l'humidité gagnant de proche en proche, envahit la totalité de la récolte, et la détruit entièrement quand on n'use, pour arrêter sa marche, d'aucune précaution.

Plus un corps est poreux et sec, plus il attire et conserve l'humidité, et l'avoine bien récoltée réunit à un haut degré toutes ces qualités; il faudra donc, pour s'assurer qu'un tas d'avoine n'est humide sur aucun de ses points, le remuer souvent et le changer de place, laissant celle qu'on lui fait quitter assez long-temps inoccupée, pour qu'elle ait le temps d'évaporer l'eau qu'elle peut contenir.

Il faudrait aussi ne jamais emmagasiner de l'avoine sans qu'elle ait été rigoureusement vannée et criblée; sans l'avoir purgée de tout contact avec la terre, la poussière, la paille et les balles qu'elle peut contenir encore après avoir été battue; on la débarrassera aussi à l'aide du moulin à crible de tous les grains mal formés qu'elle peut contenir, et ces précautions exactement prises, elle craindra bien moins l'humidité.

C'est à ces conditions seulement, que l'avoine se conservera bien, et constituera une nourriture saine pour les animaux.

SECTION III.

BONNES ET MAUVAISES QUALITÉS DE L'AVOINE.

§ Ier. — Caractères d'une bonne avoine.

Quelle que soit la saison où l'avoine a été récoltée, à quelque variété qu'elle appartienne, de quelque couleur que soit son écorce, et quel que soit son volume, elle sera réputée bonne si elle réunit les caractères suivans, que tous les agronomes lui accordent et lui assignent, mais que nous trouvons si bien classés dans l'Hygiène de M. Grognier, que nous ne croyons pouvoir mieux faire que de reproduire ce passage de son livre :

« 1° Ecorce mince, lisse, lustrée, sans rides d'où résulte « un grain coulant s'échappant facilement de la main ;

« 2° Odeur presque insensible, saveur féculente, agréable, « approchant de celle de la noisette ;

« 3° Fécule blanche, quelle que soit d'ailleurs la couleur « de l'écorce ;

« 4° Le moins possible d'écailles glumacées (ou balles), « qui augmentent le poids et le volume sans utilité nutritive, « gênent la mastication, excorient le palais des jeunes ani- « maux, et embarrassent la digestion des grains ;

« 5° Point de corps étrangers ; tels que terre, sable, gra- « vier, platras, poussière, dont les grains auraient été souil- « lés, soit au champ, soit au grenier, et qui auraient pour « effet, d'user les dents et de fatiguer l'estomac et les organes « respiratoires ;

« 6° Absence de graines au moins inutiles qui, assez sou- « vent, sont récoltées avec l'avoine, surtout dans les champs « négligés, et c'est le plus grand nombre ;

« 7° Enfin, pesanteur relative la plus grande possible en « supposant le grain mondé de matières plus lourdes que la « fécule, car on doit en conclure l'abondance de ce principe, « seul nutritif dans l'avoine.

« La différence de poids entre deux qualités de ce grain,

« peut être telle, selon l'observation de Thaër, qu'à mesure « égale, l'une pesera 36 livres, et l'autre 54.

« On peut regarder comme bonne, celle dont 40 kilogram- « mes font un hectolitre. »

§ II. — Caractère de la mauvaise avoine.

L'avoine sera réputée mauvaise : 1° quand elle sera nouvelle ; 2° quand elle aura été trop javelée ; 3° quand elle aura été humectée en tas dans les greniers ou les bateaux ; 4° quand elle sera mélangée en certaine quantité à divers corps étrangers, tels que sable, gravier, platras, balles, etc., etc. ; 5° quand elle contiendra en proportions trop considérables, une ou plusieurs des graines qui lui sont habituellement associées, et que nous avons signalées dans la première partie de ce volume, comme lui portant un notable préjudice ; 6° quand elle a subi ensuite de l'humidité, un commencement de germination ou de décomposition ; 7° enfin, quand elle est affectée de l'un de ces trois genres d'altérations : la rouille, la moisissure, le charbon.

1° L'avoine est réputée nouvelle pendant les deux mois environ qui suivent sa récolte, en supposant qu'elle ait été bien conservée.

Durant cette époque, elle cause des indigestions et des vertiges, des coliques et des inflammations gastro-intestinales. L'usage de cette avoine occasiona, en l'an II, la perte d'un grand nombre de chevaux à l'armée. On remédie à ces inconvéniens, ou du moins, on les atténue (quand la pénurie d'approvisionnemens force de faire usage d'avoine nouvelle), en la salant. On use une demi-once de sel pour une ration.

2° L'avoine trop javelée, a ordinairement subi un commencement de fermentation ; elle est noire, comparativement très légère, son grain est court et renflé, son écorce terne et ridée, son goût est douceâtre et comme sucré ; souvent la surface des grains est recouverte de germons d'un noir foncé.

3° La cupidité des marchands qui vendent à la mesure,

leur a suggéré l'idée de renfler son grain pour, comme ils disent, *la faire fournir au boisseau;* à cet effet, ils humectent l'avoine en tas avec de l'eau tiède, et à plusieurs reprises; le grain s'imprègne alors d'humidité et se boursoufle; mais, comme il pourrait alors fermenter et moisir, on le remue et on le jette avec force, par pelletées contre les murs, pour détacher les productions cryptogamiques qui peuvent s'attacher à leur surface. Malheureusement pour les fraudeurs, ce procédé détache la barbe et refoule la pointe supérieure, ce qui rend le dol facile à constater. Cette facilité n'est pas si grande quand on a confié au lavage le soin de dissimuler cette manœuvre coupable; cependant, l'adhérence de la poussière sur le grain, décèle suffisamment son état hygrométrique.

Quelquefois on se sert d'eau froide, pour arroser les tas d'avoine; alors, on place dans le centre, une on plusieurs pierres fortement chauffées, qui réduisent bientôt l'eau en vapeur, et imprègnent ainsi plus facilement les grains, de l'humidité nécessaire pour assurer la réussite de leur menée.

4° Les inconvéniens résultant du mélange des graines que nous avons indiquées comme nuisibles dans l'avoine, résultent de leurs propriétés particulières, et peuvent, en raison de leur action irritante, échauffante, narcotique, rubéfiante, etc., produire une foule d'accidens et de maladies diverses qui tiendront toutes de la nature du mélange.

5° La présence dans l'avoine de corps étrangers inassimilables, tels que ceux que nous avons indiqués, aurait, indépendamment de l'inconvénient déjà signalé de l'usure des dents, celui plus grave encore d'altérer la vitalité de l'estomac et son mode d'action sur les alimens, en formant dans son intérieur et celui des intestins, des amas plus ou moins considérables, ou devenir le noyau de pelotes stercorales, d'égagropiles, etc., etc., et causer ainsi des perturbations, des coliques et la mort. La poussière, en s'introduisant dans les poumons, produit des dilacérations, des emphysèmes, des toux violentes et chroniques, la pousse, etc., etc.

C'est à propos des alimens avariés ou falsifiés, que GOHIER a dit avec tant de raison : on cherche souvent bien loin la cause d'une foule de maladies que l'on découvrirait autour de soi, si l'on cherchait avec attention.

6° L'avoine qui a subi un commencement de germination ou de fermentation, est boursoufflée, ridée, et décolorée ; elle est légère à la main quoique volumineuse ; son grain est spongieux, son intérieur offre une farine poracée, noirâtre ; l'odeur en est fort désagréable et putride, sa saveur est poudreuse, piquante et nauséeuse.

On ne doit, sous aucun prétexte, l'accepter dans cet état et l'employer à la nourriture des animaux, puisque non seulement elle ne possède plus les qualités d'un aliment, mais que l'altération qu'elle a éprouvée la change en une substance irritante, qui porte bientôt le trouble dans les fonctions et surtout dans celles de l'appareil digestif. Le farcin, la morve, et en général toutes les maladies atoniques seraient nécessairement la conséquence d'une aussi funeste alimentation.

L'avoine qui a été en contact avec les matières excrémentitielles des chats et des souris, participe de l'odeur de ces matières, et les chevaux la repoussent. Cet accident n'étant que partiel, il suffit d'élaguer du monceau la portion altérée.

SECTION IV.

MALADIES DE L'AVOINE.

Nous ne parlerons ici d'une manière un peu étendue, que du charbon de cette graminée. La rouille qui attaque la tige, affectant aussi le grain ; le *bissus* qui caractérise la moisissure du chaume, signalant aussi cette altération sur le fruit ; nous renverrons nos lecteurs, pour ce qui concerne ces deux altérations, à ce que nous en avons dit en parlant des pailles, au chapitre précédent. La carie et l'ergot ne paraissent pas attaquer l'avoine, nous n'avons donc pas non plus à nous en occuper.

Du charbon de l'avoine.

Cette altération est due à la présence d'un *uredo*, de la section de ceux dits à poussière noire, et de l'espèce nommée Uredo des céréales ou Réticulaire de Bulliard. Sa couleur est noire; quand la poudre qu'il forme est récente ou desséchée elle est inodore; dans ce dernier état, elle se conserve longtemps; mais si on l'enferme avant de l'exposer à un air sec, elle se moisit et contracte une odeur putride. Vue au microscope, cette cryptogame désastreuse ne présente qu'un amas de mollécules irrégulières, qui forment des globules agglomérés et gluans, s'appliquant sur les grains, pénétrant leur écorce et variant en grosseur dans la proportion de un à quatre.

Bénédict Prévot, qui a fait un beau travail sur ce parasite, croit que, pour sa nature, on peut, sans trop s'éloigner de la vérité, le comparer à la truffe.

Dans l'orge, la poussière qui constitue le charbon, n'est pas aussi noire : elle est plus brune, plus serrée, réunie en petits globules aplatis et irréguliers, que le vent et la pluie ne dispersent que très difficilement. Ces globules sont presque toujours entièrement recouvertes de portions d'arêtes et de balles qui, dans l'orge vulgaire, sont si adhérentes aux grains, qu'elles en font partie.

Dans l'avoine, au contraire, elle adhère si peu aux grains, que souvent les personnes qui la battent, en ont, en un instant, les mains et le visage recouvert; et la portion de cette poussière qu'ils respirent pendant l'opération, leur occasione parfois des toux fort opiniâtres; aussi, les marchands et les cultivateurs usent-ils de cette facilité du charbon à se détacher du grain, pour l'en débarrasser en le jetant par pelletées contre un mur, avec une certaine force; d'autres fois, et c'est le plus grand nombre des cas, ils ont recours, pour cela, à une opération que nous allons indiquer plus bas, et qu'on nomme *chaulage*.

Le charbon est quelquefois si répandu dans les champs d'avoine, que le produit de la récolte ne paie pas les frais qu'elle occasione en raison du petit nombre de grains qui en sont exempts.

On ne sait pas encore bien positivement quelle est l'influence du grain d'avoine charbonné sur la santé des chevaux qui en font usage.

Du chaulage.

Il y a, pour débarrasser les graines du charbon, de la carie et de la rouille, un procédé facile et qu'on nomme chaulage ou destruction au moyen de la chaux. Ce procédé, qui varie à l'infini dans son application, consiste à mélanger le grain avec de la chaux vive, ou une lessive alcaline qui agit alors mécaniquement et chimiquement. Mécaniquement, en enlevant les bourgeons séminiformes qui constituent la maladie; chimiquement, en les brûlant par leur causticité.

Le chaulage doit naissance aux recherches faites vers le milieu du siècle dernier, par l'académicien Tillet, pour arrêter et prévenir les ravages terribles, exercés sur la population, par l'usage des grains cariés et ergotés. Voici, en peu de mots, le moyen le plus simple d'y procéder :

On met une partie de cendre, provenant de bois non flotté, dans quatre parties d'eau; on fait chauffer et couler comme une lessive, puis on y ajoute une quantité de chaux suffisante pour donner au liquide une teinte blanc de lait; on attend, pour faire usage de cette lessive, qu'elle soit assez tiède pour qu'on puisse y tenir la main; alors, le grain ayant été déjà lavé dans de l'eau pure, et étant placé dans un panier à tissu peu serré et à anses, on le plonge dans la lessive et on le remue avec une spatule de bois, afin qu'il soit tout également chaulé. Le lavage étant exécuté, on fait égoûter la corbeille sur une table ou sur le cuvier, et on fait ensuite sécher le grain promptement, afin qu'il n'ait pas le temps de fermenter, de moisir ou de germer. Cette opération doit se faire pendant la belle saison, afin d'avoir la facilité de faire sécher plus vite le grain qui y est soumis.

Rozier dit, en parlant de cette pratique, si répandue aujourd'hui qu'on y soumet en certains lieux, tous les grains sans distinction de qualités ni d'espèces : « Si le grain est bien « propre, bien net, exempt de toute carie ou nielle, ou « charbon ou charbucle, etc., le chaulage est inutile et très « inutile. Il en est de cette opération pour le grain, comme « d'une médecine ou d'une saignée de précaution, lorsqu'on « se porte bien; mais si le grain est carié, charbonné, etc., « le chaulage est indispensable, à moins qu'on ne se décide « de gaîté de cœur à perdre la moitié de sa récolte, et à « n'avoir dans l'autre moitié qu'un grain malsain et dange- « reux pour la santé. »

SECTION V.

DES PRÉPARATIONS QUE L'ON FAIT PARFOIS SUBIR A L'AVOINE AVANT DE LA DONNER AUX CHEVAUX.

On a proposé plusieurs moyens pour rendre l'avoine plus nourrissante; dès 1775, l'abbé Jacquin publiait dans le *Mercure de France*, une série d'articles en faveur du gruau d'avoine; trois ans après, la *Gazette d'agriculture* prétendait qu'il fallait convertir l'avoine en pain, et en 1777, le *Journal de Paris* conseillait de la faire macérer dans l'eau pendant quelques heures avant de la leur donner à manger. Nous allons examiner successivement quel bien il peut résulter pour le régime des chevaux de chacune de ces méthodes.

§ Ier. — De l'avoine concassée.

Les chevaux ne mâchent pas toute l'avoine qu'ils avalent; ceci est une vérité triviale, que la simple inspection de quelques crottins, suffit à démontrer. On a attribué cette faculté qu'a l'avoine, d'échapper ainsi à l'action des sucs digestifs, à la dureté de son écorce qui, lui permettant de résister aux efforts de la mastication, la laisse passer à travers les circonvolutions intestinales, sans altérer ses facultés germinatives et absolument comme un corps étranger. On s'est appliqué à rechercher quelle pouvait être la quantité proportionnelle d'avoine que les chevaux perdaient ainsi chaque jour. Des expériences nombreuses ont été faites, et dans ces derniers temps, voici le résultat qu'elles ont donné à M. U. Leblanc :

1° Un cheval qui faisait un service pénible, mangeait, dans vingt-quatre heures, vingt-sept livres d'alimens, dont dix livres d'avoine; la quantité des crottins rendue pendant le même espace de temps, fut de cinquante-sept livres humides, et quatorze livres après dessiccation. On rencontra dans cette masse 15,404 grains d'avoine non altérés; la livre en contenait 15,472; c'est donc une livre ou un dixième qui a été perdu.

2° Un cheval, depuis quelque temps inactif, mangeait en vingt-quatre heures, vingt-neuf livres d'aliment, dont onze d'avoine: les crottins frais rendus pendant le même temps, ne s'élevèrent qu'à 23 livres, dans lesquelles on compta 9,016 grains d'avoine entiers; la livre en contenait 16,416, la perte n'était dont ici que d'une demi-livre ou un vingt-deuxième. — Mais douze livres d'orge ayant été substituées à l'avoine, les crottins augmentèrent en poids, de deux livres, et contenaient 19,500 grains intacts; la livre en comprenait 10,880, la perte était donc de deux livres environ, ou d'un sixième; et cependant il mangeait à loisir et digérait bien, puisque les crottins rendus par lui, étaient de moitié moins considérables que ceux évacués par le précédent, quoique celui-ci mangeant moins.

Ces expériences, et quelques autres, semblent indiquer, que plus les chevaux travaillent, plus ils mangent vite et moins bien ils digèrent ; d'où paraîtrait découler la nécessité de les aider en quelque sorte, à mâcher leur avoine, en la concassant avant de la leur donner. Voici, pour répondre à cette proposition, l'opinion de MM. Huzard père, Yvart et Grognier :

« La digestion de l'avoine, a dit le Nestor *de la vétérinaire*,
« à l'article *Aliment* du Dictionnaire de médecine de l'En-
« cyclopédie méthodique, en devenant trop facile par la
« mouture et la panification, ne forme pas un aliment assez
« solide et assez économique pour les animaux qui fatiguent
« beaucoup, et dont l'estomac doit être suffisamment lesté.

« Il est impossible d'admettre cette méthode comme prin-
« cipe général, dit M. Yvart ; car, les parties de la plante
« les plus dures et les moins aqueuses, sont aussi celles qui
« ont le plus besoin d'être soumises long-temps à la mastica-
« tion et à l'insalivation, qui en est la suite nécessaire ; c'est
« en partie pour remédier à ces inconvéniens, que les grains
« réduits en farine, sont mélangés avec l'eau, et forment des
« breuvages plus ou moins liquides; car, autrement, ils seraient
« d'une digestion fort difficile.

« Cependant, ces graines toujours recouvertes d'une enve-
« loppe dure et presque inattaquable par les sucs digestifs,
« fatiguent souvent les organes de la mastication. Pourtant,
« dans les jeunes animaux qui font leurs dents, et dans les
« vieux chevaux dont les dents ne sont plus en bon état, elles
« passent quelquefois intactes dans tout le canal digestif, et
« la préparation qui convient alors, consiste à les concasser
« grossièrement, afin qu'elles offrent encore une certaine résis-
« tance aux organes de la mastication, et qu'elles ne soient pas
« digérées avant d'être convenablement imprégnées de salive.

M. Grognier expose les mêmes raisons à l'égard des jeunes et des vieux chevaux en observant, que souvent ce sont des grains d'avoine non altérés qui forment le noyau des bézoards ou calculs intestinaux qui, dans certaines localités, sont si communs dans ces animaux.

§ II. — De l'avoine et de quelques autres grains, sous forme panaire.

Nous avons vu au commencement de cette section, que dès 1778, la panification de l'avoine, pour la nourriture des chevaux, avait été recommandée. Cette méthode, sur laquelle des expériences furent tentées et un rapport fait au ministre de la guerre en 1834, n'est donc point nouvelle, et ne serait certainement pas restée sans succès, si elle pouvait offrir quelques avantages. En effet, l'avoine sous forme de pain, participe des inconvéniens généraux de l'avoine concassée, et de l'avoine mouillée, dont nous exposerons plus tard les dangers.

Il est bien vrai qu'en Suède, on donne aux chevaux du pain composé en parties égales d'avoine et de seigle égrugé, auquel on mêle beaucoup de sel et un peu d'eau-de-vie; et afin d'éviter que les palefreniers le mangent, on y fait entrer un peu de lie de vin, ou de marc de graine de lin, pour lui donner une odeur désagréable; mais les chevaux de ce pays sont bien loin d'être des modèles de vigueur.

Le Recueil de Médecine vétérinaire qui a publié en 1834 un travail fort complet sur cette matière, travail signé **M. O. D.**, auquel nous empruntons tous ces détails, et dont nous citerons mot à mot les lucides conclusions, ajoute qu'en Hollande et en Belgique, on nourrit les chevaux avec du pain confectionné à l'aide de diverses graines moulues, triturées, manipulées avec de l'eau, et cuites au four comme le pain des hommes.

En 1813, on voulut faire du pain biscuté pour les chevaux de l'armée, mais les événemens arrivèrent si vite, qu'on n'eut pas le temps d'essayer d'en faire usage.

En 1826, M. Darblay proposa pour les chevaux, un pain composé à parties égales de farine bise de froment, de féverole et d'orge; il en exclut l'avoine comme étant de tous les grains le plus pauvre en principes farineux : il en donnait quatre kilogrammes et demi par jour à des chevaux de poste qui ont conservé leur vigueur et soutenu le travail fatigant des postes et des messageries.

En 1829, l'école d'Alfort a nourri pendant plusieurs semaines, trois chevaux de troupe avec du pain composé à parties égales de farine de féveroles, de seigle et de froment de quatrième qualité; on leur en donnait en deux fois, quatre kilogrammes par jour, et ce pain les a rendus plus mous et plus aptes à suer pendant l'exercice.

Enfin, les auteurs de ce beau et bon travail, après s'être posés et avoir discuté avec logique et talent, les deux questions suivantes :

1° L'alimentation panaire ne sera-t-elle point nuisible à la santé, et surtout à l'ardeur et à la force des chevaux ?

2° Est-il possible de nourrir, d'entretenir en santé et en vigueur les chevaux de la cavalerie, de l'artillerie et du train des équipages, en remplaçant la ration d'avoine par une ration de pain ?

On conclut ce qui suit :

« En Prusse, en Autriche, en Hongrie et surtout en An-
« gleterre, où la cavalerie est si belle et si redoutable, on se
« garde bien de faire des économies sur le cheval de guerre,
« au contraire, ainsi qu'on nous l'a assuré, on lui donne une
« plus forte ration d'avoine qu'aux chevaux de service
« public. »

« En Hollande, en Belgique, en Suisse, on trouve seule-
« ment quelques traces de l'alimentation panaire pour les
« chevaux de guerre; mais la cavalerie de ces nations est-elle
« estimée ? Leurs chevaux ne sont-ils pas connus par une fai-
« blesse réelle, cachée sous un embonpoint factice ?

« Pour nous, nous le dirons hautement en terminant : le
« régime alimentaire panaire donné en temps de paix au
« cheval de guerre, EST TOUT-A-FAIT A REJETER COMME NUI-
« SIBLE A LA SANTÉ ET A LA VIGUEUR DES CHEVAUX, ET ÉVIDEM-
« MENT DANGEREUX POUR TOUTE LA CAVALERIE.

« En définitive, prenant en considération, d'un côté, l'é-

« conomie des 5,513,700 fr. par an (nous la croyons exagérée « de moitié), donnée sur les rations du cheval de guerre, « économie qui flatte beaucoup le département de la guerre ; « mais, considérant d'un autre côté :

« 1° Les nombreux inconvéniens qui s'y rattachent en ce « qui touche seulement la fabrication du pain par les entre- « preneurs ou par le gouvernement ;

« 2° Les difficultés qui pourront survenir accidentellement « dans cett fabrication, et les fraudes qui peuvent l'accom- « pagner ;

« 3° Les dangers auxquels on pourrait exposer les chevaux, « si on leur donnait du pain falsifié avec des farines provenant « des grains avariés ou peu nutritifs ;

« 4° La difficulté d'éviter toujours la moisissure du pain « dans les magasins, soit des casernes, soit des places fortes « ou des vaisseaux, les maladies que peut occasioner le pain « ainsi altéré ;

« 5° L'extrême difficulté, sinon l'impossibilité, en temps « de guerre, de faire usage du pain pour l'armée active ;

« 6° Les faibles avantages, non encore prouvés, que le « pain fait espérer pour l'approvisionnement des places fortes « ou des longs voyages sur mer, et le débarquement de la « cavalerie dans le pays ennemi ;

« 7° Les accidens redoutables qui pourraient frapper les « chevaux faisant le service de la cavalerie, de l'artillerie, des « équipages durant la guerre ;

« 8° Enfin, les désastres qu'une mortalité générale pour- « rait entraîner, pendant ou après la perte d'un très grand « nombre de chevaux dans un temps de guerre, pour toute « la cavalerie et la France entière ;

« Nous sommes d'avis, que l'alimentation par le pain, ne saurait être adoptée pour les chevaux de l'armée. »

La justesse et la vérité de ces exclusions, est encore établie par les faits suivans :

Quatre espèces de pains différens, furent présentés à la

commission que le ministre de la guerre avait nommée, et qui avait recueilli les faits et discuté les deux questions rapportées plus haut; le premier était présenté par M. Feulard, boulanger, et se composait de beaucoup de farine d'avoine, un peu de farine d'orge et de féveroles, de la farine de froment de bonne qualité, et un peu de sel. Le second, présenté par M. Picot, différait un peu du précédent; le troisième était celui de M. Dailly, qui se compose d'un tiers de résidu de marc de pommes de terre, deux tiers de farine de quatrième qualité, avec un mélange de balles de blé ou de paille hachée et un peu de sel; le quatrième enfin, était celui de M. Darblay, dont nous avons donné la composition au commencement de ce paragraphe.

M. Lasseigne, professeur de chimie à l'école d'Alfort, analysa comparativement ces quatre substances panaires, ainsi que les farines d'avoine, d'orge et de féveroles, et voici, toujours d'après le *Recueil de médecine vétérinaire* et le travail que nous avons cité, le résultat de ces recherches analytiques.

TABLEAU COMPARATIF

Des quantités d'eau, de matières insolubles et alimentaires fournies par cent parties de différentes substances alimentaires.

ÉLÉMENT.	FARINES			PAINS			
	d'avoine.	d'orge.	de féverolles.	de M. Feulard.	de M. Picot.	de M. Dailly.	de M. Darblay.
Eau.	11 00	13 50	14 00	41 50	46 00	52 00	52 25
Résidu insoluble.	14 70	8 00	29 00	35 80	37 50	41 00	36 00
Matières nourissantes.	74 30	78 50	57 00	22 70	16 50	7 00	11 75
Total égal	100 00	100 00	100 00	100 00	100 00	400 00	100 00

La longue citation, ou mieux l'analyse que nous avons faite de l'excellent mémoire publié par le *Recueil*, suffit pour indiquer que nous trouvons ses conclusions extraordinairement judicieuses, et que nous ne les avons rapportées que dans l'impossibilité de trouver quelque chose de mieux; nous pensons que nos lecteurs, quels qu'ils soient, nous en sauront gré, nonobstant sa longueur.

Terminons donc ce paragraphe, en disant avec M. Yvart, que la panification de l'avoine n'augmente pas les principes nutritifs de ce grain; elle ne fait qu'ajouter une certaine quantité d'eau qui peut contribuer seulement à rendre sa digestion plus facile. C'est une mesure inutile.

§ 3. — De l'avoine macérée.

Il sera facile à nos lecteurs de comprendre que l'avoine macérée, dont nous avons déjà dit quelque chose, devra acquérir un peu des qualités de l'avoine humide, et partant devenir impropre à la nourriture du cheval; son grain sera boursoufflé et tendu; son écorce, fendue en quelques endroits, livrera passage à de petites bulles d'air qui la rendront flatueuse, etc., etc.

D'un autre côté déjà saturée d'humidité d'eau, il lui sera impossible de s'imprégner des sucs et des sels contenus dans la salive et le mucus buccal. Les actes préliminaires et si essentiels à la digestion, de la mastication et de l'insalivation n'auront pas lieu complétement, et l'avoine macérée dans l'eau froide ou chaude, ne formera plus alors qu'un aliment lourd, relâchant et venteux, propre à surcharger l'estomac. Aussi, presque tous les chevaux auxquels on a donné l'avoine macérée, sont devenus mous et faibles; ont acquis une constitution lymphatique qui les faisait bientôt dépérir en les prédisposant à la morve et au farcin, en les rendant tributaires de tranchées et de diarrhées fréquentes et souvent opiniâtres.

Tenons-nous-en donc *provisoirement* à ce qui est; contentons-nous de bien récolter nos grains et nos fourrages, de les préserver des altérations auxquelles ils sont sujets, et de ne pas les soumettre à des manœuvres qui les détériorent; et donnons-les à nos chevaux dans l'état le plus voisin possible de celui pour lequel ils sont organisés : l'état de nature.

Article IIe. — *De l'orge.*

Une grande partie des détails donnés au précédent article, sont applicables ici; nous n'aurons que peu de chose à y ajouter, et nous ne conservons la division établie que pour la régularité du travail.

SECTION Ire.

RÉCOLTE EN GÉNÉRAL.

L'orge se coupe à sa maturité parfaite, et ne demeure en javelles que le temps nécessaire pour sécher les herbes qui lui sont associées, c'est-à-dire deux jours. Le vanage de son grain est plus complet et plus tôt terminé que celui des autres céréales, à raison de sa grosseur et de son poids, et à raison surtout de ce que ses balles lui restent adhérentes; il en est de même de son criblage. — C'est, en conséquence, une chose très rare que de rencontrer de l'orge qui ne soit pas très bien nettoyée.

SECTION II.

CONSERVATION DE CE GRAIN.

La conservation de l'orge, dans les greniers, est beaucoup plus facile que celle des autres céréales en général, et cela en raison de l'épaisseur de son enveloppe; seulement, il faut le remuer fréquemment les premiers mois qui suivent sa récolte, à l'effet de favoriser sa complète dessiccation; car, celle-ci étant lente, le grain serait, sans cette précaution, exposé à moisir.

Les charançons, insectes qui exercent de si grands ravages

sur le froment, ne s'attaquent pas à l'orge, que ses épaisses enveloppes cuirassent contre leur voracité.

SECTION III.

QUALITÉS DE L'ORGE.

L'orge doit être pur, compact, pesant et plein, de couleur jaune paille, luisant, gros, sillonné dans sa longueur et anguleux.

Sa fécule sera blanche et serrée, répandant une odeur agréable et ayant un goût fade ou légèrement sucré.

Il réunira de plus, les conditions que nous avons requises de l'avoine, en ce qui concerne son mélange avec des corps étrangers, des pierres, graviers, etc., etc.

On rejettera celui qui est terne, léger, spongieux et petit.

Ses maladies et ses altérations sont les mêmes que celles de l'avoine, et nous en avons indiqué les légères différences dans le précédent article, on y remédie aussi par les mêmes moyens.

Il importe aussi de ne pas le consommer trop tôt, dans l'incertitude où l'on est sur son degré de siccité plus ou moins complet, et pour éviter par là les indigestions et les météorisations auxquelles son usage peut donner lieu quand il n'est pas parfaitement sec.

L'orge étant susceptible d'une assez prompte altération dans sa saveur, il est bon de la consommer dans le courant de l'année qui suit celle de sa récolte.

SECTION IV.

DES PRÉPARATIONS QUE L'ON FAIT SUBIR A L'ORGE AVANT DE LA DONNER AUX CHEVAUX.

Ces préparations sont les mêmes que celles en usage, ou proposées pour l'avoine; mais une seule est identique quant aux résultats, c'est la métamorphose de l'orge en pain; nous n'en dirons donc rien ici. Il n'en sera pas de même de la moûture, du concassement et de la macération qui, ayant sur ce grain des conséquences toutes autres que sur le grain d'avoine, nous obligent à les examiner.

§ Ier. — De la farine d'orge et de son usage comme aliment.

Nous avons déjà entretenu nos lecteurs des qualités physiques et des propriétés nutritives de l'orge à l'état de farine; nous ajouterons ici que cette farine, accusée pour la panification de manquer de gluten, est donnée aux chevaux comme un médicament alimentaire ou un aliment médicamenteux fort utile, d'un emploi général à l'armée, et qu'il serait bien heureux de voir se répandre aussi universellement dans les campagnes, les entreprises de voitures diverses, etc., etc., qui entretiennent beaucoup de chevaux. Espérons que les efforts et les soins des vétérinaires qui y tendent tous les jours, vaincront là, comme ils l'ont déjà fait dans les corps, les obstacles que leur oppose à cet égard, et à l'égard de tant d'autres choses, un préjugé et un usage routiniers et absurdes qui lui fait préférer le son, qui n'est plus, grâce au perfectionnement des procédés de mouture, que de la sciure de bois.

LE SON N'EST PLUS QUE DE LA SCIURE DE BOIS, QU'UNE ÉCORCE LOURDE ET INDIGESTE QUI FATIGUE L'ESTOMAC DE SON POIDS, ET CONSOMME INUTILEMENT LES FORCES DIGESTIVES.

On ne saurait trop haut et trop souvent répéter cette vérité, à laquelle, pourtant, tant de gens se refusent encore, peut-être précisément parce que c'est une vérité.

La farine d'orge est donnée en barbottage aux jeunes chevaux que la dentition fatigue, aux poulains récemment sevrés, aux chevaux convalescens d'une maladie inflammatoire ou en traitement pendant sa durée. A titre de préparation au régime, avant et après le vert, lors de l'arrivée des chevaux de remonte, à ceux d'entre eux qui ont souffert du voyage, et qu'il importe de ne pas échauffer, et pourtant de ne pas affaiblir, etc., etc.; elle les rafraîchit sans rien leur ôter de leur vigueur. Sous l'influence de son usage, les chevaux acquièrent un poil fin, serré et soyeux, et un embonpoint de bonne nature.

Dans le régiment où je sers (7e d'artillerie), on est dans l'usage, pendant les grandes chaleurs, de faire barbotter régulièrement tous les chevaux des batteries pendant deux jours de la semaine, ordinairement le samedi et le dimanche, avec de la farine d'orge que le régiment lui-même fait moudre, pour s'assurer qu'elle n'est pas avariée par le fournisseur, qui ne délivre que le grain.

§ II. — De l'orge concassée.

Les considérations physiologiques dont nous avons parlé à propos de l'avoine concassée, trouvent ici leur application; nous avons vu que les enveloppes de l'orge sont plus nombreuses et plus dures que celles de l'avoine; partant, il est certain qu'un plus grand nombre de grains échappe aux efforts de la mastication et se trouve ainsi distribué en pure perte. Il convient donc pour cet aliment, bien plus que pour le précédent, de le concasser, et cette nécessité est d'autant mieux sentie, que les chevaux, étant friands d'orge, le mangent très vite et ne le mâchent pas toujours complétement.

Cet usage est donc bon et doit être recommandé; il donne encore aux viscosités qu'il contient, le temps de s'atténuer, et rend ainsi sa digestion plus facile.

§ III. — De l'orge macérée ou germée.

La macération de l'orge dans l'eau, développe dans le grain une plus grande quantité de principes nutritifs dont l'analyse comparative suivante donnera une idée.

Orge crue.	Gomme. .	4	100
	Sucre. . .	5	
	Gluten . .	3	
	Amidon. .	32	
	Résine . .	1	
	Hordéïne.	55	

Orge germée.	Gomme. .	15	100
	Sucre . . .	15	
	Gluten . .	1	
	Amidon. .	56	
	Résine . .	1	
	Hordéïne.	12	

Un mélange d'orge et d'avoine concassées, différant en quantités en faveur de l'orge, et sur lequel on jette de l'eau bouillante, a reçu le nom de *masche*. Cette nourriture est préconisée par les Anglais pour les jumens poulinières et les poulains.

L'orge, dit Bosc, est le plus fructueux et le moins coûteux à cultiver de tous les grains, et quelque étendue que soit la production, elle n'est pas, à beaucoup près, aussi considérable qu'il serait à désirer qu'elle le fût, pour l'avantage de la société.

CHAPITRE IV.

DE L'ALIMENTATION DU CHEVAL.

SECTION Ire.

BUT DE L'ALIMENTATION, ET QUANTITÉ DE MATIÈRES QU'IL FAUT POUR LE REMPLIR.

L'alimentation a pour objet de fournir au corps les matériaux nécessaires à la réparation des pertes occasionées par le développement des diverses fonctions vitales.

Maintenir les animaux en état de supporter les fatigues du travail auquel ils sont destinés, et les entretenir dans un état médiocre d'embonpoint, tel doit être le seul but de l'alimentation du cheval.

Entretenir le cheval en santé, est assurément l'unique moyen de susciter en lui l'entier développement de ses forces; or, la santé est définie, l'*équilibre entre toutes les fonctions*. Si donc on nourrit assez le cheval pour développer en lui cet embonpoint extraordinaire auquel tant de personnes tiennent, et qu'elles considèrent comme le beau idéal, il arrivera, nécessairement, que cet état ne pourra être produit qu'au détriment de l'équilibre dont nous parlions plus haut, et la santé sera altérée. Un appareil d'organe absorbera, pour la convertir en graisse inutile, presque tout le produit de l'alimentation; et le cheval, rendu incapable d'exercer avec vigueur et énergie ses forces musculaires, deviendra indolent, faible et mou.

S'il n'est pas suffisamment nourri, tous les appareils souffriront, et l'animal, have et décharné, ne rendra que de faibles services.

Cependant, la qualité et la nature des alimens à donner aux chevaux, ne saurait être une et invariable; elle doit être subordonnée : 1° pour le cheval, à la race, à la taille, à l'âge, au sexe, au tempérament, à l'activité de la digestion et au genre de service; 2° pour les lieux et le temps, à la saison, au climat, à la latitude des lieux; 3° pour les alimens eux-mêmes, à leur qualité et à leur nature.

§ II. — De la quantité et de la nature des alimens, considérés par rapport au cheval.

1° *Sous le rapport de la race et du climat.* — La différence qui existe dans la quantité des alimens donnés dans le même but, sous des latitudes différentes et à des chevaux de races diverses, est frappante. Un cheval arabe, du désert, recevra le soir, de son nomade maître, après avoir couru sous lui tout le jour, sous les feux du soleil le plus ardent, quatre à cinq litres d'eau et cinq ou six litres d'orge, ou l'équivalant en dattes ou figues sèches.

Les chevaux de Tibboos, dans l'Afrique centrale, sont nourris, vu la rareté et le haut prix des grains, avec quelques litres de lait de chameau, qu'on leur donne doux ou aigri. Nos officiers ont même pu voir pratiquer cet usage dans certaines tribus des environs d'Oran et de Mostaganem.

Des voyageurs dignes de foi rapportent que des chevaux tartares et persans, dressés exprès, supportent, dès l'âge de six ou sept ans, des courses non interrompues, de deux à trois jours sans manger ni boire, ou en ne mangeant *qu'une poignée d'herbe*.

A mesure qu'on s'éloigne de ces contrées pour s'avancer vers des régions septentrionales du globe, les formes, la vigueur, les habitudes des chevaux changent comme celles des hommes; et des *tours de force d'abstinence* que nous venons de signaler; des rations infiniment petites accordées aux chevaux arabes et africains; nous nous éleverons, à l'aide d'une série de transitions nécessaires, aux monstrueuses rations des chevaux flamands, dont les estomacs engouffrent chaque jour 45 à 50 livres de luzerne sèche, qui équivaut à 55 ou 60 de foin à peu près; 20 ou 25 litres d'avoine et du son à discrétion !

2° *Sous le rapport de la taille*, la quantité seule des alimens varie; ainsi, plus la taille sera élevée, plus il y aura de déperditions dans la vie, et partant, plus il faudra de nourriture pour y subvenir; cela tombe sous le sens, et nous pensons qu'une simple indication de cette vérité, suffit ici.

3° *L'âge* devra nécessairement aussi apporter une modification dans la nature et la quantité des alimens.

Le poulain, dont on n'exige aucun travail, que sa dentition fatigue, que sa croissance affaiblit, dont l'estomac n'aura pas acquis encore toute sa force de digestion, sera nourri d'alimens de facile assimilation et substantiels : on lui choisira le meilleur foin du fenil, la meilleure paille de la grange; on lui donnera plus de cette dernière denrée, que de la première, de bons barbottages de farine d'orge et peu d'avoine, que l'on concassera, compléteront sa nourriture.

Le cheval adulte et qui travaille, sera nourri davantage, en raison de la nature de son travail et de son tempérament, mais complétement constitué, et jouissant de toute l'énergie de ses facultés, on n'aura point à faire pour lui un choix minutieux des alimens.

La nourriture du vieux cheval variera encore : elle sera plus substantielle, on lui donnera moins de grain, plus de foin, etc., etc.

4° *Le sexe* aussi sera consulté : le cheval entier, qui peut développer toute son énergie, n'aura pas besoin d'autant de grain que le neutre ou hongre : on sera pour lui sobre de foin, sa ration sera essentiellement composée de paille; pour lui, encore, la nourriture variera suivant le service, ainsi que nous le verrons plus bas.

On remplacera l'avoine par le barbottage de farine d'orge ; et le foin sera supprimé aux jumens en chaleur, dont la vie est alors surexcitée, et auxquelles l'avoine nuit, en raison de ses propriétés échauffantes ; la suppression du foin diminuera leur ration, et cette diminution, en les affaiblissant un peu, contribuera puissamment à calmer le paroxisme hystérique.

5° *Le tempérament* doit aussi être calculé : les alimens étant plus ou moins échauffans, plus ou moins stimulans, il faudra, pour être rationel, donner au cheval sanguin, ardent et vif, des alimens qui n'exaspèrent pas ces qualités, et les lui donner modérément. Le cheval lymphatique, au contraire, chez lequel l'ardeur et la vivacité ont besoin de stimulans, pourra en user davantage et sera nourri d'alimens secs et peu nutritifs, dans la crainte de l'embonpoint excessif qu'il serait susceptible d'acquérir.

6° *L'activité de la digestion* n'est pas égale chez tous les chevaux : quelques-uns mangent peu et se nourrissent bien ; d'autres, au contraire, exigent, pour se conserver en état de travailler, de grandes quantités d'alimens. Ces différences, qui souvent tiennent à l'habitude, doivent être observées et utilisées dans l'intérêt de la conservation et de l'emploi des chevaux.

La nutrition dépend beaucoup moins de la quantité de principes alibiles que les alimens renferment, que de leur entière dissolution dans les organes digestifs. Aussi, voyons-nous constamment maigres certains chevaux d'un appétit vorace et toujours satisfait, mais dont les borborigmes, les coliques fréquentes, les déjections fétides, etc., annoncent toujours les mauvaises digestions.

7° *Le genre de service* enfin, doit aussi être une cause de modification dans la quantité et la nature des alimens ; les chevaux qui fatiguent, doivent être plus abondamment et mieux nourris que ceux qu'un long repos ne soumet qu'à de minimes déperditions.

Le cheval de même race, de même taille, de même âge,

de même tempérament, etc., etc., ne sera pas nourri de la même manière, selon qu'il sera destiné à atteler un carrosse, traîner une lourde charrette, monter un cuirassier, etc., etc.

§ II. — Quantité et nature des alimens, suivant la saison et le climat.

Les règlemens militaires ont rendu, pour chacune des armes à cheval, la ration uniforme dans toutes les saisons et par toute la France; c'est une excellente chose sans doute pour la comptabilité, mais il n'est pas moins vrai que les différens climats, les saisons diverses, la nature du sol et la qualité plus ou moins nutritive des foins et des pailles, suivant les lieux où ils ont été récoltés, doivent être pris en considération, et influer sur la quantité de ces denrées à donner au cheval.

Dans tout le Midi, où les tiges pleines des pailles et leur abondance en sucs et en fécule font de cette denrée un excellent aliment, ne pourrait-on pas lui faire remplacer une grande partie, sinon tout le foin, qui, ainsi que nous le verrons plus loin, ne rachète pas par ses qualités nutritives les graves inconvéniens auxquels il soumet les chevaux?

Dans le Nord, où le foin est mauvais et la paille médiocre, ne pourrait-on aussi, en conservant la dernière de ces substances, convertir la première en fourrages artificiels, tels que trèfle et sainfoin, par exemple, à l'instar de ce que font les cultivateurs du pays? Je sais bien que les produits des prairies temporaires sont réputés échauffans pour le cheval; mais dans un pays où la figure presque partout plate du sol, des vents froids, l'humidité presque constante de l'atmosphère, rendent les chevaux indolens, mous, lymphatiques et les prédisposent au farcin et à la morve, une nourriture un peu tonique et échauffante leur conviendrait fort.

Les départemens du Nord, du Pas-de-Calais et de la Somme, renferment une grande partie des chevaux de l'armée; il y a des garnisons à Lille, Cambrai, Valenciennes, Maubeuge, Condé, Bouchain, Landrecies, le Quesnoy, le Cateau,

Avesnes, Douai, Arras, Bethune, Aire, Saint-Omer, Hesdin, Doulens, Amiens, etc., et certes toutes ces villes peuvent, à bon droit, prétendre au titre de *tombeau de la cavalerie française*. Dieu sait tout l'argent qui y a été enfoui par les soins de l'équarrisseur depuis 1830. Eh bien! que l'on consulte les rapports des corps qui y ont tenu garnison pendant ce laps de temps, les avis des vétérinaires qui y ont suivi ces corps, et l'on verra que ces grandes mortalités ont toujours été attribués à des alimens de mauvaise nature; des foins aqueux, ou n'ayant qu'un squelette fibreux et qui amollissaient nos chevaux en leur conservant néanmoins un certain embonpoint; des pailles creuses et sèches, qui n'étaient guère autre chose qu'un lest, et qui, toujours humides ou rouillées, les *avachissaient* et les disposaient à contracter ces farcins rebelles et ces morves désastreuses qui les conduisaient par bandes de quinze ou vingt, et quelquefois plus, sous la massue de leur bourreau.

Les avoines, presque toujours passables, s'opposaient seules aux progrès de ces ruineuses influences, et leur action salutaire, en arrachant quelques-uns d'entre eux aux chances de mort qu'ils puisaient aux râteliers chargés d'alimenter leur vie, leur procurait encore une vigueur et une énergie factice, qui s'évanouissait au moindre travail.

La substitution que je propose n'est point une chose vague: c'est l'expression d'une conviction profonde, c'est le vœu de plusieurs vétérinaires militaires qui ont été en garnison dans ces localités. Le mal que je signale, j'en ai été quatre ans témoin, la chose vaut bien la peine qu'on l'examine.

Nous verrions aussi avec plaisir s'introduire dans l'armée une diversité dans les rations d'été et d'hiver; dans cette dernière saison, les chevaux sont tenus éloignés des manœuvres par les pluies, les neiges, les verglas, etc.; ils restent dans les écuries, qui alors, constamment fermées, réunissent toutes les conditions nécessaires pour effectuer l'engraissement, obscurité, température élevée, repos, silence. Aussi, y acquièrent-ils un embonpoint outre mesure, et gagnent-ils, pendant cette saison, des prédispositions à une foule de maladies, que le printemps féconde et fait développer.

La réduction porterait sur l'avoine et le foin; ce dernier aliment serait sinon réduit en entier, du moins converti en paille. Ce serait un passe-temps pour les chevaux; la litière y gagnerait, et leur santé s'améliorerait beaucoup.

§ III. — De la quantité des alimens suivant leur qualité et leur nature.

Les développemens que ce paragraphe comporte sont la conséquence d'une vérité mathématique; en effet, il est bien certain qu'une moindre quantité d'alimens de choix, nourrira mieux et plus facilement qu'une plus grande quantité d'alimens médiocres, et ceux-ci que des mauvais.

Comparons l'élégance des formes, la noblesse du port, la vivacité du regard, la grâce et le tride des mouvemens qui sont le propre des chevaux nourris de foins fins et succulens, de pailles et d'avoines choisies, avec le ventre volumineux, les formes empâtées, la lourdeur, l'apathie, le terne du regard, la respiration courte et saccadée de nos chevaux nourris avec de grandes quantités de foins mauvais ou médiocres, de grains falsifiés, de pailles altérées ou vieillies; et ces différences, auxquelles on assigne rarement leur véritable cause, deviendront pour nous un point de lumière au milieu des lourdes et profondes ténèbres qui cachent encore à tant de gens, qui pourtant ne s'en doutent guère, les saines doctrines de l'hygiène hippique.

Tous les jours, sur deux de nos frontières, nous voyons les Anglais et les Allemands apporter tous leurs soins au bon régime de leurs chevaux, et réussir à souhait à s'en procurer de beaux et bons; et nous, en général, nous croyons avoir beaucoup fait en faisant jeter devant eux quelques denrées, qu'ils ne mangent souvent qu'avec répugnance et pressés par la faim.

D'une part, des fournisseurs cupides qui, chaque jour

à l'armée, tendent à falsifier la nourriture du précieux animal, qui ne peut, pour s'en plaindre, que l'arracher à belles dents du râtelier et la fouler aux pieds; d'autre part, les expertises que provoquent souvent des officiers consciencieux, demeurant toujours, ou presque toujours sans résultats, font que les abus se perpétuent et que le trésor en souffre, forcé qu'il est, de remonter plus souvent sa cavalerie.

Pourquoi, par exemple, stéréotyper éternellement au cahier des charges des adjudications de fourrages, que l'adjudicataire pourra, dans certains cas (qu'il est trop facile de trouver quand on y est intéressé), remplacer une partie de la paille par un supplément de foin? C'est une latitude nuisible pour la santé, la vigueur et le bien-être des chevaux, et qu'il importe de réformer. Le contraire devrait seul pouvoir être fait, sur la demande des chefs de corps. En général, on est en France trop partisan du foin et pas assez de la paille; et cependant, nous verrons plus loin que le premier de ces alimens n'est pas sans graves inconvéniens dans son usage.

SECTION II.

De la ration et de l'ordre des repas.

§ Ier. — Composition de la ration.

A l'armée, la taille et partant la force des chevaux, l'état de station ou de marche en temps de paix, de rassemblement et de guerre active en campagne, sont les seules considérations qui ont déterminé la fixation de la ration; cependant, quoique généralement invariable, l'état de santé des jeunes chevaux et des convalescens, peut motiver une augmentation que les sous-intendans doivent approuver pour la rendre possible.

Quoique le tableau de leur fixation actuelle soit multiplié à l'infini, et que nous l'ayons nous-même reproduit dans notre *Cours d'hippiatrique* (1), nous croyons devoir le reproduire encore ici pour les personnes non militaires qui liront notre livre, et qui pourront y rencontrer un guide ou des renseignemens.

TABLEAU

De la composition des rations pour toute l'armée.

DÉSIGNATION DES armes.	DÉSIGNATION DES substances.	QUANTITÉS DANS LES DIVERSES POSITIONS de paix, et rassemblement.	QUANTITÉS DANS LES DIVERSES POSITIONS de guerre.	QUANTITÉS DANS LES DIVERSES POSITIONS de route.	OBSERVATIONS.
		k.	k.	k.	
Carabiniers et cuirassiers.	foin. . . .	5 »	7 »	6 »	Pour toute la cavalerie et les trains, *Journal milit.*, 2ᵉ semestre 1829, page 150, et pour l'artillerie, *Décision ministérielle* du 25 avril 1832.
	paille. . .	5 »	4 »	3 »	
	avoine. . .	3 6	3 8	3 8	
Dragons et lanciers.	foin. . . .	4 »	6 »	5 »	
	paille. . .	5 »	4 »	3 »	
	avoine. . .	3 4	3 8	3 8	
Chasseurs et hussards.	foin. . . .	4 »	5 »	5 »	
	paille. . .	5 »	4 »	3 »	
	avoine. . .	3 »	3 8	3 8	
Artillerie et trains.	foin. . . .	5 »	7 »	6 »	
	paille. . .	5 »	4 »	3 »	
	avoine. . .	3 6	4 2	4 2	

Le vert, dans la saison, et quelle que soit l'arme à laquelle appartiennent les chevaux qui y sont soumis, se compose toujours de quarante kilogrammes d'herbes.

Lorsqu'il y a lieu de substituer une denrée à une autre, on délivrera, en remplacement du foin, une quantité double de paille, *et vice versâ*. L'avoine est remplacée : 1° par une quantité double de foin et quadruple de paille, *et vice versâ ;*

(1) 3 vol. in-32, 1834. Chez Anselin, libraire, rue Dauphine, n° 36. Prix, cartonné dans un étui, 5 fr.; relié, 6 fr.

2° par du son à poids égal, et 3° par de la farine brute d'orge, les trois quarts du poids de l'avoine.

Cette fixation, qui n'a pas toujours été la même, est moindre que celle déterminée par Lafosse ou Bourgelat : elles n'en sont pas pour cela moins suffisantes au bon entretien des chevaux de troupe.

§ II. Ordre des repas.

A l'armée et en station, les chevaux consomment leur ration en cinq reprises différentes : à la première, qui a lieu un quart d'heure après le réveil, dans toutes les saisons, on distribue au cheval un tiers de son foin; deux heures après, lorsque le pansage est fini et que les chevaux ont bu, on leur donne la moitié de leur avoine; celle-ci étant mangée, on jette au râtelier un tiers de leur paille; à midi, leur dîner se compose d'un second tiers de foin; après le pansage du soir, ils achèvent leur ration d'avoine, et consomment un nouveau tiers de paille; et enfin, à sept heures, sept heures et demie ou huit heures, suivant les saisons, ils reçoivent leur souper, composé des derniers tiers de foin et de paille.

En route et en campagne, cette régularité ne peut être observée, et la distribution des alimens au cheval est subordonnée à la longueur du chemin, à la difficulté que présente l'heure du départ, etc., etc. Ce sont alors les connaissances hygiéniques plus ou moins grandes des officiers qui peuvent seules régler cette répartition.

M. Grognier pense que la régularité du régime alimentaire offre un grand inconvénient pour les chevaux de troupe, qui, dit-il, souffrent et périssent quand on les en fait sortir. Nous ne partageons pas sa manière de voir à cet égard, et nous avons vu souvent des chevaux réformés ou vendus par les corps, conserver, quand ils en avaient, leur embonpoint chez leur nouveau propriétaire, et parfois en acquérir. Nous pensons que les chevaux des particuliers, étant généralement plus abondamment nourris que ceux de l'armée, la régularité de la distribution ne peut avoir qu'une influence éphémère, et l'appauvrissement signalé résulte, quand il a lieu, du surcroît de travail exigé des chevaux.

Chez les particuliers encore, les chevaux, autant que leur genre de travail le permet, font trois repas : le matin, à midi et le soir.

SECTION III.

Coup d'oeil général sur la nourriture du cheval.

Nous terminerons ce chapitre et la seconde partie de ce volume, en empruntant à M. Grognier, dont l'ouvrage contient tant de bonnes choses, un passage qu'il a intitulé *de la Nourriture du cheval;* nous ne saurions clore plus dignement que par cette citation de notre bon et savant professeur.

« Le cheval est de tous nos herbivores domestiques celui « dont la nourriture est la moins variée ; elle se borne, pour « ainsi dire, en France, au foin ordinaire, à la paille, à « l'avoine et au son ; c'est bien rarement qu'on y ajoute du « froment, du maïs, des féverolles ; plus rarement encore des « racines, des fruits, des feuilles d'arbres, substances alimen- « taires réservées aux ruminans. »

« Les produits des prairies temporaires (la luzerne surtout) « sont réputés échauffans pour le cheval. » (Nous avons été témoin, et nous constatons ici, que les départemens du Nord, du Pas-de-Calais et de la Somme, font une large exception à ces deux paragraphes ; néanmoins, ce n'est pas pour contredire cette assertion trop vraie que nous nous sommes permis cette digression, mais seulement pour signaler une exception grande, et confirmer par là la règle établie.)

« L'orge, qui fut dans l'antiquité, et qui est encore en « Orient sa nourriture principale, lui convient peu sous notre « ciel ; l'avoine a été substituée à ce grain : elle unit à des « propriétés alimentaires, inférieures à celles du froment et

« de l'orge, un principe excitant résidant dans l'écorce, et
« qu'on a comparé à la vanille. »

« Quoique la paille d'avoine et celle d'orge offrent à l'analyse chimique beaucoup plus de matières muqueuses et « sucrées que la paille de froment, on ne donne guère au « cheval que cette dernière, parce qu'il la préfère, que l'expérience a prouvé qu'elle lui convenait mieux, et que ses « principes alibiles sont d'une extraction plus facile. »

« *Quant au foin ordinaire, il est probable que les anciens « n'en donnaient pas du tout au cheval, et que ce fut uniquement pour affourer des bœufs et des moutons, qu'on s'avisa « de dessécher l'herbe des pâturages. — Une botte de foin à la « pointe d'un bâton, était l'oriflamme des premiers Romains « qui faisaient la guerre à pied.* »

« *Le cheval alors ne labourait pas la terre, il ne traînait « pas de pesantes voitures : il était partout svelte, élastique, « analogue par les formes et le naturel au cheval arabe, « type de son espèce; en l'associant aux fonctions du bœuf, on « lui a imposé un régime alimentaire analogue à celui de ce « dernier. Cette circonstance, jointe à l'influence des climats et « à la transmission par hérédité, a donné lieu à des races « équestres, lourdes et massives, qui le deviennent d'autant « plus, que le foin entre en plus grandes proportions dans leur « alimentation.* »

« CETTE NOURRITURE, PRODIGUÉE SURTOUT DANS LE JEUNE AGE, « DILATE IGNOMINIEUSEMENT L'ABDOMEN; ELLE REND LE VENTRE « AVALÉ, ALTÈRE LE FLANC, DISPOSE A LA POUSSE; ELLE REND « L'ANIMAL LENT, MOU, PARESSEUX. **DANS AUCUN PAYS « ON NE DONNE TANT DE FOIN AUX CHEVAUX « QU'EN FRANCE; NULLE PART L'ESPÈCE N'EST SI « DÉGRADÉE.** »

« *Les anciens donnaient beaucoup de son (furfur) au porc « et à la volaille; ils en distribuaient aux bœufs et aux moutons;* ILS NE LE FAISAIENT PAS ENTRER DANS L'ALIMENTATION « DU CHEVAL, *et cependant il était bien plus farineux qu'il ne*

« *l'est de nos jours ; car, l'effet de la mouture perfectionnée, est*
« *de laisser dans le son le moins de farine possible. On finira*
« *sans doute par l'enlever entièrement.* »

« *Au reste, le cortex absolu n'est pas, comme on l'a dit, dé-*
« *pourvu de principes alibiles, mais il s'altère en peu de temps,*
« *se digère avec difficulté, et détermine fréquemment de graves*
« *indigestions.* »

« **UN JOUR VIENDRA OU LE SON SERA BANNI DE**
« **L'ALIMENTATION DU CHEVAL, ET LE FOIN Y**
« **SERA CONSIDÉRABLEMENT RÉDUIT.** »

Puissé-je, par la publication de ce livre, accélérer l'accomplissement de cette prophétie !

TROISIÈME PARTIE.

DE CERTAINES SUBSTANCES VÉGÉTALES PROPRES A ÊTRE DONNÉES COMME ALIMENS AUX CHEVAUX, ET QUI NE SERVENT PAS HABITUELLEMENT A LEUR NOURRITURE.

CHAPITRE UNIQUE.

ARTICLE Ier. — DES SUBSTANCES NUTRITIVES QUI PEUVENT ÊTRE SUBSTITUÉES AUX FOINS DES PRAIRIES NATURELLES OU ARTIFICIELLES.

SECTION Ire.

CONSIDÉRATIONS GÉNÉRALES SUR L'USAGE DES FEUILLES D'ARBRES POUR LA NOURRITURE DES HERBIVORES DOMESTIQUES.

Si, comme nous l'avons vu par la citation de M. Grognier qui termine le précédent chapitre, et par les descriptions et les détails donnés dans ce volume, les alimens ordinaires du cheval sont peu nombreux et peu variés ; ce n'est pas que le règne végétal, dans lequel ils sont puisés, ne puisse fournir encore de nombreux élémens propres à remplir ce but. En effet, depuis les temps les plus anciens, les feuilles de certains arbres, divers fruits de quelques autres sont employés pour remplacer le foin et l'avoine des bêtes à cornes, dans plusieurs pays de l'Europe. Le cheval, on ne sait trop pourquoi, a presque toujours été excepté de cette alimentation dont Olivier de Serres voulait qu'on usât en hiver, vis-à-vis du bétail, *non tant pour allongement de fourrage*, QUE POUR FRIANDISE DE PATURE. Maintenant encore, l'Italie essentiellement, mais aussi l'Allemagne, l'Angleterre et quelques localités de la

France, récoltent pour la consommation, les feuilles de onze ou douze espèces d'arbres.

Cette exclusion universelle du cheval à la participation des avantages que peut offrir l'alimentation avec des feuilles d'arbres, a d'autant plus lieu de surprendre, que l'analyse chimique et l'expérience ont appris aux savans et aux observateurs toutes les ressources que pouvaient offrir à l'économie rurale des substances dont la déperdition par la dessiccation est moins grande que celle des foins artificiels eux-mêmes, et dont les principes nutritifs sont plus considérables d'un cinquième environ.

Le docteur Sprengel, de Gœttingue, qui a publié en septembre 1830, dans le *Journal général des forêts et des chasses*, un fort beau travail sur la faculté nutritive des feuilles employées à la nourriture des bestiaux, travail auquel nous emprunterons quelques-uns des détails de ce chapitre, s'est assuré que l'une des meilleures plantes fourragères, la luzerne lupulline, contenait 74 pour 100 d'eau de végétation qu'elle perd par le fanage, tandis que les feuilles de l'orme n'en contiennent et n'en perdent que 47. Ce feuillage sec contient 81 pour 100 de parties nutritives, et la légumineuse qui sert de comparaison n'en renferme que 60. Cent livres de feuilles d'orme valent donc pour l'alimentation 135 livres de luzerne.

Cette richesse de principes, attribuée aux feuilles de certains arbres par le docteur allemand, et qui surpasse celle des grains les plus estimés, puisque d'après Eintro et Krome, le froment n'en contient que 77, le seigle 70, l'orge 59 et l'avoine 58 pour 100, a fait douter de la vérité des assertions de Sprengel : il fallait, disait-on, démontrer que les animaux nourris de feuilles d'arbres croissent, grossissent et engraissent plus, à poids égal d'alimens, avec des feuilles qu'avec du fourrage ordinaire. La digestion animale, disait-on encore, n'est pas une digestion chimique identique à celle qui, sous nos yeux, s'accomplit dans un matras; beaucoup de substances signalées par la chimie comme fort riches en principes nutritifs, peuvent nourrir fort peu ou se combiner dans l'estomac, de manière à éluder l'assimilation : l'expérience seule devait prononcer.

Et les boucheries de Rome, fournies en partie de bœufs engraissés avec des feuilles d'arbres, et le bétail nombreux et bien nourri de plusieurs cantons de la Romagne, de la Savoie et de la France même, affouagé de la même manière, ont répondu affirmativement.

Les feuilles des arbres dont nous allons plus bas donner la liste, seraient donc une ressource précieuse pour les chevaux de la cavalerie, dans les différentes positions de campagne où les fourrages ordinaires viendraient à leur manquer.

SECTION II.

DES ARBRES QUI FOURNISSENT DES FEUILLES SUSCEPTIBLES DE SERVIR A L'ALIMENTATION DES ANIMAUX.

Cinq familles naturelles fournissent essentiellement les arbres desquels on peut employer le feuillage à la nourriture des animaux domestiques; ce sont les suivantes : 1° les jasminées; 2° les érables; 3° les tilliacées; 4° les légumineuses, et 5° les amentacées.

Sous ces cinq familles viennent se grouper les treize genres que voici :

Pour la 1re famille, le frêne; la 2e, l'érable; la 3e, le tilleul; la 4e, le robinier; et la 5e, l'orme, le saule, le peuplier, le bouleau, l'aune, le charme, le hêtre, le chêne et le coudrier.

§ Ier. — Feuilles fournies par des arbres de la famille des *Jasminées*.

Deux espèces du même genre fournissent leurs feuilles pour l'alimentation du bétail, ce sont celles nommées FRÊNE ÉLEVÉ (*Fraxinus excelsior*) et FRÊNE A BOUQUET (*Fraxinus ornus*); leur feuillage est léger, d'un beau vert-brun luisant. Les chevaux le broutent avec assez d'avidité, et quelques agronomes ont conseillé de le faire sécher à l'ombre pour l'employer l'hiver à leur nourriture et à celle du bétail.

Les frênes qui ont été dépouillés de leurs feuilles au mois de juin, en produisent de nouvelles qui subsistent jusqu'aux gelées ; mais cet avantage, fort grand sans doute, est balancé par le grave inconvénient qu'offrent ces arbres en nourrissant les cantharides qui, vers le milieu de juin, le dépouillent assez régulièrement de sa verdure. Il peut se rencontrer sur le feuillage mis à dessécher, quelques-uns de ces insectes, morts et attachés aux feuilles, et qui seraient ainsi ingérés, circonstance d'où naîtraient de graves accidens.

On leur attribue 81 2/3 pour 100 de parties nutritives.

Disons en passant, et pour terminer ce paragraphe, que c'est encore un arbre de ce genre, le FRÊNE A FEUILLES RONDES (*fraxinus rotondifolia*) qui fournit la manne.

§ II. — Feuillage fourni par les *Erables*.

Ces arbres forment le type d'une famille à laquelle ils donnent leur nom latin ou français ; ainsi on dit indifférement, famille des ÉRABLES ou des ACERINÉES ; elles fournissent aussi deux espèces du même genre dont le feuillage est préconisé comme fourrage ; ce sont :

1° L'ÉRABLE SYCOMORE, que l'on nomme encore SYCOMORE, FAUX PLATANE, ÉRABLE BLANC (*Acer pseudo-platanus*). Ses feuilles sont larges, portées sur un long pétiole creusé en gouttière, découpées en cinq lobes pointus et dentés. Leur couleur est d'un vert foncé en dessus, et blanchâtre ou vert glauque en dessous.

2° L'ÉRABLE PLANE (*Acer platanoïdes*), ou FAUX SYCOMORE ; ses feuilles ne diffèrent du précédent que par le pétiole qui est rond ; dans les deux espèces, les feuilles se recouvrent pendant les chaleurs d'un suc extravasé rassemblé en grumeaux blancs et sucrés, et dont les abeilles sont friandes :

Tous les bestiaux aiment le feuillage de ces arbres, qui est, en général, riche en principes sucrés et gommeux. Plusieurs espèces, qui peuvent offrir à nos chevaux leur excellent feuillage, se rencontrent dans nos contrées, où on les cultive en haie et en taillis peu élevés.

§ III. — Feuillage du *Tilleul.*

C'est celui du TILLEUL A PETITES FEUILLES (*Tilia microphylla*), arbre du genre qui donne son nom à la famille des TILIACÉES, qui est utilisé. Ses feuilles sont arrondies, légèrement cordiformes et pubescentes en dessous, glabres en dessus. Tous les herbivores domestiques aiment ce feuillage, que l'on récolte dans quelques cantons pour le faner et le conserver pour l'hiver. Il contient très peu de tannin et beaucoup de mucilage sucré; sa digestion est facile, et, dans certaines localités de l'Allemagne, on le regarde, pour les moutons, comme supérieur au meilleur foin.

On évalue à 80 1/3 pour 100 le nombre de ses principes nutritifs.

§ IV. — Feuillage provenant du ROBINIER FAUX-ACACIA (*Robinia pseudo-acacia*), de la famille des *Légumineuses.*

Qui ne connaît ce bel arbre de l'Amérique septentrionale, mais aujourd'hui généralement cultivé en Europe sous la dénomination vulgaire d'ACACIA, et dont la forme est si élégante, le feuillage si transparent, si léger et d'un si beau vert; les fleurs si agréables et dont la suave odeur se répand au loin, emportée par le vent léger qui a caressé les grappes nombreuses chargées de cet arome?

Les feuilles de cet arbre peuvent être mises au nombre des plus nutritives parmi celles que nous signalons; SPRENGEL exprime le degré de leur vertu alimentaire par 78 1/2 pour 100, et, dit-il, la proportion considérable d'albumine logée dans ces feuilles, doit les rendre très nourrissantes. Elles contiennent aussi, suivant le même chimiste, un peu de chlore dont on peut atténuer l'effet à l'aide d'une légère dose de sel de cuisine. Ces feuilles sont alternes, pétiolées et composées de 15 ou 25 folioles ovales entières et alternes.

Les troupeaux les mangent avec avidité quand elles sont nouvellement cueillies ; et, lorsqu'elles sont sèches, elles forment un excellent fourrage d'hiver. Les agronomes recommandent la multiplication de cet arbre pour ses feuilles, et se plaignent de sa pénurie. Malheureusement, ce feuillage est protégé par de fortes épines qui rendent son abondante récolte difficile, et peuvent, surtout quand il est consommé de bonne heure, blesser le palais des animaux qui s'en nourrissent, si on ne prend soin de le broyer un peu avant de le leur donner.

La famille des légumineuses fournit encore un arbrisseau dont parlent les géoponiques anciens, et dont le feuillage fournit un aliment sain et abondant ; ils le nommaient Cytise (*Cytisus*), nom qui, d'après Pline, était celui d'une île où on le rencontrait abondamment. Mais tout en parlant longuement et louangeusement de cet arbrisseau, Virgile, ni Columelle, ni Pline ne le décrivant, on n'a su pendant longtemps à quelle espèce botanique rapporter le cytise des anciens. M. Amoureux ayant publié un Mémoire sur ce sujet, on pense aujourd'hui que cette plante n'appartient en aucune façon à celles qui forment aujourd'hui le genre cytise, et que c'est la Luzerne en arbre (*Medicago arborea*).

Les cytises actuels fournissent le Cytise aubours ou faux ébénier (*Cytisus laburnum*), que l'on nomme encore Cytise a grappes, aubours, albours, albois, Faux-ébénier ; le Cytise des Alpes (*Cytisus Alpinum*) dont les moutons et les bœufs mangent les jeunes pousses, qui sont, avec les fruits, purgatives pour l'homme, et enfin, au dire de Buc'hoz, le Cytise velu (*Cytisus sepium*), dont les moutons mangent aussi les jeunes pousses.

§ V. — Feuillage des arbres de la famille des *Amentacées*

1° L'Orme des champs, ou orme pyramidal, ou ormeau, ou encore armille, ou enfin, arbre au pauvre homme (*Ulmus campestris*); ses feuilles sont ovales, pétiolées, d'un vert assez foncé, rudes au toucher et dentées sur leurs bords.

Cet arbre, reputé par beaucoup d'agronomes comme le meilleur des arbres à fourrage, doit les propriétés nutritives de ses feuilles au mucilage abondant qu'elles contiennent. On évalue à 81 pour 100, la quantité de leurs principes assimilables; l'Italie en consomme une grande quantité; en France, on les emploie communément, pendant le printemps et l'automne, vertes ou sèches, à la nourriture des moutons, des chèvres et des vaches, dans la Bretagne, les Cévennes, le Jura, la Côte-d'or et quelques autres localités.

2° Le Saule blanc (*Salix alba*) et le Saule marceau, ou Marceau, ou Marsault ou Malsault (*Salix caprœa*), si communs dans les prairies un peu humides et sur le bord des eaux; arbre dont les feuilles, lancéolées, soyeuses et blanchâtres des deux côtés, ont été déjà signalées dans les *Eglogues* de Virgile comme propres à la nourriture de nos herbivores, qui les mangent avec avidité. Riches en principes mucilagineux et gommés, on évalue leur faculté nutritive à 80 1/2 pour cent.

3° Quatre espèces de peuplier que nous désignerons comme il suit :

(*a*) Le Peuplier blanc ou Ypreau (*Populus alba*), dont les feuilles sont presque triangulaires, fortement dentées, un peu lobées, à peu près glabres, d'un vert sombre en dessus, et revêtues en dessous d'un coton blanc qui leur imprime cette nuance; les herbivores domestiques les mangent volontiers.

(*b*) Le Peuplier tremble, ou Tremble (*Populus tremula*), dont les feuilles sont arrondies, plus larges que longues, crénelées, légèrement cotonneuses, mais seulement dans leur jeunesse, et parfaitement glabres dans un âge plus avancé; ces feuilles, portées sur un très long pétiole, sont recherchées des bestiaux et des ruminans fauves de nos climats, qui les aiment beaucoup quand elles sont vertes. On peut même les conserver pour l'hiver en ayant la précaution de les recuillir et de les faire sécher en temps opportun.

(*c*) LE PEUPLIER NOIR, ou FRANC (*Populus nigra*), dont les bourgeons et les jeunes feuilles sont enduits d'un suc visqueux, d'odeur balsamique assez agréable, et de saveur amère. Dans l'âge adulte, ces feuilles sont dépourvues de ce suc et presque triangulaires, pointues à leur sommet, glabres des deux côtés et portées sur de longs pétioles. On peut utiliser son fourrage, vert ou sec.

(*d*) Il est encore un peuplier dont on cultive en France et en Europe, depuis long-temps, l'individu femelle, le seul du genre qu'on y possède; c'est le PEUPLIER MONILIFÈRE, OU DU CANADA (*Populus monilifera*), dont les feuilles sont cordiformes ou deltoïdes, plus longues que larges, glabres et ayant deux glandes jaunâtres à leur base. On pense que c'est cet arbre que décrivent les voyageurs, et dont les jeunes branches servent aux Indiens Mandanes pour nourrir leurs chevaux pendant l'hiver.

Les propriétés nutritives des peupliers sont évaluées à 76 1/2 pour 100.

4° LE BOULEAU BLANC OU BOUILLARD (*Betulus alba*), arbre aux branches grêles et pendantes, à la verdure grisâtre, aux feuilles petites et deltoïdes, à dents de scie et glabres. Reconnaissable au blanc de neige dont brille son épiderme jusqu'à la décrépitude, cet arbre fournit aux herbivores domestiques des feuilles analeptiques, dans les localités où ne croît aucun autre arbre à fourrage.

On pense généralement, dit le Mémoire de SPRENGEL, dans l'Europe tempérée, que le feuillage du bouleau n'est pas recherché des animaux, et qu'il ne peut leur fournir une bonne nourriture. En Suède et en Norwège, on est d'une opinion différente, et on le regarde comme *un excellent fourrage d'hiver*. Il se peut que le bouleau du nord ait des propriétés plus nourrissantes que le nôtre, que son feuillage soit de meilleur goût, ou que l'appareil digestif des animaux acquière par le froid une plus grande énergie.

Quoi qu'il en soit, les analyses du chimiste allemand font monter à 72 1/2 pour 100, les parties nutritives du bouleau, dans le feuillage duquel, suivant lui, on trouve un peu de mucilage et une grande quantité d'un principe amer et désagréable.

5° L'Aune ou Aulne (*Betula Alnus*), nommé encore Vergne ou Verne, qui fournit autant de principes nutritifs que le précédent, ne doit pas cependant être mis au rang des meilleurs fourrages ; la grande quantité de résine et de cire contenue dans ses feuilles, doit les rendre indigestes. Néanmoins, il mérite d'être utilisé pour la nourriture des animaux, qui, s'ils ne recherchent pas ce feuillage à l'état vert, parce que ses feuilles sont légèrement gluantes, le mangent avec avidité quand il est sec. Dans plusieurs endroits, principalement dans le duché de Brunswick et dans le Hanovre, on le donne aux ruminans pendant l'hiver, non par disette, mais parce qu'on est convaincu de la salubrié de cette nourriture, qui renferme beaucoup de gomme.

On évalue à 72 1/2 pour 100, le nombre des parties nutritives que renferment les feuilles de l'aune.

6° Le Charme commun (*Carpinus betulus*), dont le tronc, toujours grêle par rapport à sa hauteur, qui varie de 40 à 50 pieds, est recouvert d'une écorce unie, blanchâtre et nuancée de taches blanches. Son feuillage est touffu et irrégulier; ses feuilles sont ovales, pointues, pétiolées, inégalement dentées sur leurs bords, glabres en dessus et fortement nervées en dessous. On peut dépouiller le charme de ses feuilles à toutes les époques de sa végétation, sans qu'il en résulte pour lui aucun malaise, elles contiennent une assez grande quantité d'albumine solidifiée et beaucoup de tannin. Cependant, malgré le goût amer de ce dernier principe, tous les ruminans en mangent les feuilles, et les chevaux s'en accommoderaient probablement aussi.

On porte à 76 1/2 pour 100, le nombre de ses parties nutritives.

7° Le Hêtre des forêts, vulgairement Fayard, Foyard, Faü, Fouteau (*Fagus sylvaticus*), que Linnée avait réuni dans un seul genre avec le Chataignier, et que les modernes, à l'imitation des anciens, ont séparés. Cet arbre, qui s'élève fort haut, porte des feuilles ovales, pétiolées, luisantes et d'un vert gai en dessus; elles sont légèrement pubescentes en dessous et à peine dentées sur leurs bords. Ce feuillage desséché, passe pour contenir autant de matières nutritives que celui de l'aune; il est assez du goût des moutons et des chèvres.

8° Le Chêne (*Quercus*), dont plusieurs variétés fournissent des feuilles que le bétail consomme sans aucun inconvénient; nous ne caractériserons ici aucune de ces variétés des feuilles du chêne, et cela en raison de la diversité de forme et d'aspect qu'elles offrent dans les mêmes variétés et dans le même genre, selon l'âge des arbres qui les supportent; nous donnerons seulement les caractères généraux qu'elles affectent, et qui sont les suivans : disposées alternativement sur les tiges et sur les rameaux, elles sont simples, entières, souvent incisées ou lobées. Sprengel leur accorde 80 pour 100 de parties nutritives, ce qui les placerait immédiatement après les meilleures plantes fourrageuses.

Elles contiennent beaucoup de gomme, un peu d'albumine et de principe mucoso-sucré, ainsi qu'une grande quantité d'acide gallique et de tannin. Leur saveur est doucereuse d'abord et laisse un arrière-goût amer et fortement astringent.

En raison des modifications qu'elles éprouvent dans leur composition selon l'âge des arbres qui les supportent, l'expérience démontre que seulement celles fournies par les taillis de chêne et les jeunes pieds, peuvent convenir à l'alimentation du bétail. Les chèvres surtout en sont friandes, et en broutent les jeunes pousses et les bourgeons avec une avidité souvent nuisible aux jeunes plants de chênes, et pour la répression de laquelle on a été obligé de recourir aux ordonnances de police.

9° Enfin, LE COUDRIER ou NOISETIER (*Corrylus avelana*), arbuste que tout le monde connaît, et dont les feuilles, assez semblables à celles du tilleul, nourrissent également les bestiaux et sont également de leur goût.

Telles sont à peu près les feuillages utilisés en économie rurale pour la nourriture des différens herbivores domestiques, le cheval excepté; sans doute, ce dernier est de tous ceux soumis à la domination humaine, le plus délicat, et, qu'on me passe cette locution, le plus gourmet; mais il est aussi, je pense, hors de contestation que ce précieux animal puisse se nourrir et conserver son embonpoint et sa vigueur pendant quelque temps, en faisant usage des feuilles dont nous venons de parler, comme remplaçant du foin dont il use habituellement, et que diverses circonstances d'une campage ou d'une guerre, peuvent enlever momentanément, sinon à tous ceux d'un régiment, du moins à ceux d'un escadron ou d'un détachement plus ou moins important. Toutefois, il faut que cette nourriture ne soit donnée aux animaux qu'au moment où les feuilles ont acquis tout leur développement; plus tôt, et alors qu'elles ne sont encore qu'à l'état de bourgeons, elles occasionent des empoisonnemens assez difficilement vaincus.

Nous avons donc pensé que ce serait rendre un service véritable aux officiers de cavalerie, que de leur enseigner des substances qui pussent remplacer le foin, qui fait la base de la nourriture du cheval, et qui offrissent autant d'avantages que l'emploi des feuilles.

En effet, ce fourrage offre en toutes circonstances, et particulièrement dans les disettes de fourrages ordinaires, la ressource la plus générale et la plus facile à employer. Il est à l'abri de toutes les intempéries qui détruisent les autres, il se trouve répandu partout, et sa récolte ne craint point d'avaries.

A ces feuilles, on peut encore ajouter les substances qui feront l'objet de la section suivante.

SECTION III.

DE QUELQUES ARBUSTES ET AUTRES VÉGÉTAUX QUI PEUVENT AUSSI REMPLACER LE FOIN.

1° Les tiges et surtout les feuilles du MAÏS ou BLÉ DE TURQUIE, plante graminée, avec laquelle nous avons déjà fait connaissance en parlant des grains associés à l'avoine. Cette plante, coupée en vert, fournit un fourrage abondant et très substantiel pour tous les herbivores domestiques. Sa fane est tellement riche en principes sucrés, que certains économistes ont proposé d'exploiter sa culture pour l'en retirer, ainsi qu'on le fait pour la canne et la betterave.

Dans quelques localités de la France, on le cultive comme fourrage. Six semaines suffisent pour le faire arriver à la hauteur convenable à cet usage; on le coupe au moment où les pannicules des fleurs mâles commencent à se montrer. Il exige pour sa dessiccation, sa récolte en général et sa conservation, les mêmes soins que le foin; seulement, la première de ces opérations est plus longue pour le maïs, dont les feuilles épaisses et larges conservent plus long-temps leur eau de végétation.

Bien séché et bien récolté, le maïs peut se conserver bon pendant deux ou trois ans, mais si on le renferme avant sa parfaite dessiccation, il noircit et n'est plus propre à la nourriture des animaux. Cet inconvénient retarde l'extension de sa culture dans une foule de localités; on y remédie cependant en le stratifiant avec de la paille qui s'empare de la surabondance d'humidité qu'il renferme, et lui enlève aussi une partie de son odeur et de sa saveur.

La tige du maïs est droite, solide, articulée; ses feuilles sont engaînantes et larges; les fleurs mâles sont disposées en pannicules terminales et les femelles en épis latéraux. Sa hauteur varie de quatre à dix pieds. L'usage du maïs nourrit fort bien et engraisse rapidement.

Seule espèce de son genre, cette plante, originaire du Pérou, fut importée en Europe au commencement du 16e siècle, et y a acquis une importance universelle due à ses nombreux usages pour l'économie domestique et rurale.

2° L'Ajonc d'Europe (*Ulex Europeus*), vulgairement genêt épineux, jomarin, jonc-marin, lande épineuse, brusc, sainfoin d'hiver, jan, ajion, etc., etc., est un petit arbrisseau de la famille des légumineuses, haut de deux à trois pieds. Cette plante paraît souvent dépourvue de feuilles; néanmoins, au printemps, on en aperçoit qui sont d'abord petites, étroites, pointues et qui deviennent épineuses en veillissant. Plusieurs localités de l'Europe, et pour la France, la Bretagne et la Normandie, sont entièrement recouvertes d'ajonc.

On nourrit les bestiaux avec les sommités encore tendres de ses rameaux, lorsque le fourrage vient à manquer; pour cet effet, on le bat dans une auge, avec un maillet de bois ferré, pour en rompre les épines. On a prétendu que cette plante empêche les chevaux de devenir poussifs et les tient au frais; les écrivains du milieu du 17e siècle, la préconisaient comme éminemment propre à nourrir les poulains, et les Bretons la font encore servir à cet usage à une certaine époque de l'éducation de ces animaux.

En somme, l'ajonc peut être d'un grand secours dans certains momens où la disette des autres fourrages nécessiterait son emploi. C'est un fourrage délicat et nourrissant, qui produit autant sur un arpent de terre que le foin ordinaire sur deux.

3° Le Genêt des teinturiers (*Genista tinctoria*) et

4° Le Gênet jonciforme ou d'Espagne (*Genista joncea*), autres arbrisseaux de la famille des légumineuses, que nous pouvons considérer comme de bonnes plantes de pâturages, que l'on rencontre dans les endroits secs et montueux d'un grand nombre de localités de l'Europe. Ces deux plantes sont riches en principes nutritifs, et n'ont pas, comme l'ajonc, l'inconvénient des épines.

5° Le Genêt herbacé (*Genista sagittalis*), qui est beaucoup plus tendre, se rencontre quelquefois dans les foins des montages, voici les caractères auxquels on le reconnaîtra : ses tiges sont longues de 7 à 9 pouces, comme aplaties et bordées sur deux côtés opposés d'une aile verte, espèce de membrane courante qui se rétrécit d'espace en espace en manière d'articulation. Les feuilles sont ovales et entières, les fleurs sont jaunes et en épi terminal.

6° Nous ajouterons encore à cette liste les feuilles de la Vigne (*Vinis vinifera*), dont on peut fort utilement user pour la nourriture des chevaux, et que l'on récolte en quelques endroits pour les donner aux vaches et aux moutons, qui les mangent avec avidité.

Lorsque les feuilles d'arbres ont été récoltés pour la nourriture des animaux domestiques, il importe de les abriter contre les ardeurs du soleil, qui les réduirait bientôt à l'état de purs squelettes fibreux, et contre les intempéries des saisons, qui les anéantiraient bientôt en développant en elles tous les effets de la fermentation putride. A cet effet, on les conserve en les tassant et en les pressant le plus possible, dans des tonneaux, des fosses, etc., que l'on recouvre de planches, de paille, de terre glaise, etc., etc.

Nous rappellerons encore que les tiges vertes de l'orge, du seigle, de l'avoine et du froment dont nous avons parlé aux pages 194 et 197 de ce volume, fournissent aussi un excellent fourrage vert dont cependant, celui de l'orge surtout, il ne faut user qu'avec précaution, afin de prévenir les météorisations auxquelles leur usage peut donner lieu.

Les *Annales de l'industrie nationale et étrangère*, mai 1824, page 221, nous apprennent que M. Delgas, auteur d'un ouvrage danois sur l'agriculture, parle du sarrazin comme pouvant être donné en vert aux bestiaux. M. Tetemps est parvenu, après quelques expériences, à sécher la fane de cette plante et à l'employer ainsi en remplacement du foin. Le moment où la graine se forme, paraît être celui qu'il faut choisir pour couper le sarrazin que l'on veut sécher pour l'employer en fourrage, parce qu'alors la plante est moins succulente et sèche plus facilement. Cependant M. Grognier, dans son *Hygiène*, dit que la paille de sarrazin est un mauvais fourrage, dont l'usage n'est pas sans inconvéniens pour le bétail.

Enfin, on a aussi donné aux bestiaux, depuis le mois de décembre jusqu'en janvier, *en verdure et sans mélange*, la moutarde jaune ; cette plante, mangée avidement par eux, dit l'auteur de l'observation que nous trouvons consignée au 1er volume du *Bulletin des sciences agricoles*, page 285, leur a fait le plus grand bien.

Les chevaux s'en accommoderaient-ils ? C'est ce qu'aucune expérience n'indique.

ARTICLE II. — SUBSTANCES NUTRITIVES OU AUTRES QUI PEUVENT ÊTRE SUBSTITUÉES A LA PAILLE, CONSIDÉRÉE COMME ALIMENT OU COMME LITIÈRE.

SECTION Ire.

DES SUCCÉDANÉES DE LA PAILLE ALIMENTAIRE.

Ce sont, ainsi que nous l'avons dit à la page 189, les fanes du maïs, du millet, des fèves, des lentilles, des pois, des vesces, du sarrazin et du colza, cultivés individuellement pour leurs graines sur des étendues de terrain plus ou moins considérables, qui fournissent à l'économie rurale ces pailles artificielles malheureusement trop rares. Plusieurs d'entre ces plantes ont été étudiées par nous dans la première partie de ce volume, où nous les avons examinées comme se rencontrant isolément dans les divers foins, nous n'aurons donc que peu de choses à en dire ici.

La paille du maïs, que tout le monde connaît, et qui,

dans les usages ordinaires de l'économie domestique, sert à remplir les *paillasses* qui font la base du lit des personnes aisées de la société, est aussi récoltée, dans certaines localités éloignées des villes et pauvres en pailles d'autres céréales, pour la nourriture des bestiaux et leur litière. Elle se dessèche aussi complètement, mais plus longuement, qu'aucune d'elles, et leur fournit une nourriture qui rachète sa dureté un peu plus grande par l'excessive richesse de ses facultés nutritives.

Nous en dirons autant du Millet ou Mil (*Millium*), si abondamment cultivé dans quelques contrées du midi de la France et de l'Europe.

Les fanes de féverolles et de vesces sont, dans une foule de localités, et notamment dans tout le nord de la France, où leur mélange est connu sous le nom de *warats*, données aux chevaux pendant l'hiver, non seulement en remplacement de la paille ordinaire, mais encore comme tenant lieu de foin. On augmente les qualités nutritives de cet aliment en lui laissant les graines que ses cosses renferment.

Sous l'influence de cette alimentation, qui comprend aussi la fane des lentilles et des pois, les chevaux acquièrent un poil fin, lustré et soyeux, s'entretiennent dans un état d'embonpoint remarquable, et conservent toute la vigueur nécessaire aux travaux agricoles nombreux et pénibles de ce pays, où la culture est si bien comprise et si variée.

Dans les mêmes localités, on associe encore les fanes des diverses légumineuses que nous venons de mentionner, aux pailles d'orge et de seigle non battues. Cette mixture prend, dans les départemens du Nord, de la Somme et du Pas-de-Calais, le nom d'*hivernage*, et concourt avec les *warats* à entretenir les chevaux dans le bon état qui leur est habituel.

L'administration de ces mélanges, celle de la féverolle surtout, n'exigent d'autres préparations que de les concasser ou de les hacher en raison de la dureté de leurs tiges.

La paille produite par la fane des légumineuses offre encore, dans sa composition élémentaire, cet avantage sur celle de froment, que celle-ci est réputée ne contenir que 10 pour 100 de principes nutritifs, tandis que l'analyse chimique élève pour la paille des pois et des lentilles ce nombre à 35.

SECTION II.

DES SUBSTANCES QUI PEUVENT REMPLACER LA LITIÈRE.

La rareté et partant le prix élevé des pailles dans certaines années et pour les cultivateurs, la difficulté de s'en procurer quelquefois à l'armée, et la nécessité de conserver aux chevaux pour leur nourriture toute celle dont on peut disposer, rendent précieuses pour litière certaines plantes ou certaines portions de plantes abondantes suivant les localités : telles sont par exemple :

1° Toutes les grandes plantes de la famille des Fougères, et en particulier celles de Polystichum, genre introduit dans cette famille par MM. Roth et Decandolle, qui ont réuni à ce nouveau groupe la Fougère male (*Polypodium filix mas* de Linnée). Cette espèce et celle nommée Polystichum lonchite ou lonchite (*Polystichum lonchitis* de Decandolle), sont abondantes en Europe, où on les rencontre partout, dans les bois montueux des Alpes et des Vosges, le long des fossés dans les lieux humides et tourbeux, et dans les landes arides de plusieurs contrées où elles sont associées aux bruyères. Leur port est d'une grande élégance et souvent élevé, celui de la fougère mâle surtout.

Nous n'entreprendrons pas ici de les décrire ; tout le monde connaît la forme gracieuse et la disposition touffue de leurs feuilles que les botanistes nomment *frondes*. Nous nous bornerons à dire qu'elles peuvent être d'une utilité incontestable comme litière dans les endroits multipliés où on les rencontre en grande quantité.

2° Les Bruyères ; ce genre de plantes appartient à la famille de ce nom, et les espèces qui le composent sont en grand nombre ; néanmoins, nous ne parlerons ici que de la Bruyère commune (*Erica vulgaris*), petit arbuste dont la tige s'élève à un ou deux pieds ; ses feuilles sont opposées et disposées sur quatre rangs imbriqués, les fleurs sont situées aux aisselles des feuilles. C'est une des plantes les plus communes en Europe, où elle couvre souvent d'immenses contrées. Les bestiaux la mangent quelquefois quand elle est encore tendre, mais, ce à quoi elle est le plus propre en économie rurale, c'est à servir de litière.

Les bruyères tirent leur nom générique d'un mot grec qui signifie *briser,* parce que les anciens lui attribuaient la vertu de briser et de dissoudre les calculs de la vessie.

3° Les branches vertes de Pin et de Sapin, dont, en plusieurs contrées boisées de la Saxe, on a l'habitude d'user pour litière. A cet effet, on les divise, on les hache menu, et, pour le dire en passant, elles fournissent un fumier aussi précieux et de plus longue durée que les fumiers ordinaires.

4° Les tiges du Chanvre dont on a retiré la filasse, et qui sont si abondantes dans les pays où cette plante est l'objet d'une culture étendue. Les paysans des environs de Grenoble emploient en litière une grande partie de leurs chenevottes, et s'en trouvent bien ; facilement et promptement écrasée par les pieds des chevaux, elles ont bientôt perdu leur rudesse de contact primitive, et remplissent alors très convenablement et très complètement toutes les conditions d'une bonne litière.

Nous bornerons ici cette énumération, susceptible de comprendre encore une foule de noms, persuadés que l'intelligence des officiers qui ont à gouverner des chevaux en campagne, saura toujours à propos leur permettre d'user des ressources locales pour procurer à leurs compagnons de fatigue le repos qui leur est nécessaire et la litière qui le rend plus complet.

ARTICLE III. — DES DIVERSES SUBSTANCES ALIMENTAIRES QUI PEUVENT REMPLACER L'AVOINE ET L'ORGE.

SECTION Ire.

CONSIDÉRATIONS GÉNÉRALES SUR CES MATIÈRES.

Indépendamment des graines dont nous avons parlé dans la deuxième section du dernier chapitre de la première partie de ce volume, comme se rencontrant dans l'avoine et pouvant, dans des proportions variées, lui être unies ou la remplacer, il est encore une foule de substances de natures diverses, qui, par leur abondance en principes nutritifs et leur facile assimilation, ont mérité une place honorable dans l'économie et l'hygiène rurales.

Depuis long-temps, en effet, les fruits de certains arbres, les racines et les tubercules de certaines plantes ont été utilisés pour la nourriture du bétail, et ont ratifié, par les résultats qu'ils ont produits, la bonne opinion qu'on avait conçue de leur emploi.

Pour eux cependant, comme pour les feuilles d'arbres, s'est élevée une exclusion qui tient sans doute à la grande facilité avec laquelle on peut utiliser ces substances pour l'engrais des bœufs, moutons et porcs, usage qui les rend alors trop précieuses pour être données au cheval que l'on ne nourrit pas pour lui donner de l'embonpoint. Peut-être y a-t-il à cela d'autres raisons que j'ignore, mais à coup sûr, cette exclusion n'est point due à la répugnance qu'elles inspirent aux chevaux et qui, lorsqu'elle existe, est si facilement surmontée.

Cette exclusion, il faut le dire, doit être attribuée essentiellement aux préjugés routiniers de notre France, préjugés si enracinés et partant si puissans, que les rares exemples donnés et les nombreux traités publiés pour les détruire, n'ont produit jusqu'ici que d'imperceptibles résultats. Cependant, tout ce qui peut augmenter la masse des fourrages, et par conséquent permettre aux cultivateurs d'élever ou de posséder un plus grand nombre de chevaux et de bétail, dont non seulement la santé est entretenue, mais encore le bien-être amélioré, doit être considéré comme un objet de grande importance publique et particulière.

Les Anglais, les Suisses et les Allemands ont en cela quitté l'ornière où nous nous traînons encore, et les avantages qu'ils ont obtenus des divers mélanges économiques qu'ils font servir à la nourriture de leurs chevaux, ont surpassé leurs prévisions et leur attente.

Nous allons examiner successivement ici la valeur nutritive de chacune de ces substances, et, pour rendre cet examen plus facile, nous les diviserons en grains, fruits, racines et tubercules, faisant de chacune de ces catégories une section particulière.

SECTION II.

DU SEIGLE, SON EMPLOI, SES MALADIES (1).

Le seigle est la moins employée de toutes les graminées pour la nourriture des chevaux. Plus rafraîchissant et moins nutritif que le froment, il est d'une digestion plus facile que l'orge. Il a été long-temps et est peut-être encore en usage dans le Piémont, pour la nourriture des chevaux de troupe. On le donne seul ou mêlé à plusieurs autres grains.

Dans une partie du Danemarck, le duché de Sleswick, par exemple, où la nature du terrain ne permet pas la culture de l'avoine, on multiplie le seigle pour la nourriture des chevaux; on ne le bat pas après l'avoir coupé, mais on le hache grain et paille, et on donne cet aliment seul ou associé à

(1) Nous ne reparlons ici du seigle que pour réparer une omission dans ce que nous en avons dit à la page 197; en effet, nous avons négligé là d'entretenir nos lecteurs d'une maladie de ce grain, dont les effets sont des plus funestes, et sur laquelle nous donnerons ici quelques détails.

l'avoine. Cet usage est aussi suivi en Prusse, et on attribue aux bons effets de ce mélange la beauté et l'embonpoint des chevaux.

Cependant WIBORG, célèbre vétérinaire danois, pense que les chevaux n'ayant d'autre grain que du seigle étaient, quoique plus gras, beaucoup moins vigoureux que ceux nourris avec l'avoine.

Le seigle est sujet à toutes les altérations et à toutes les maladies que nous avons indiquées en parlant de l'avoine et de l'orge, et de plus qu'eux à l'ergot, dont nous allons traiter plus bas.

Bien différent aussi de l'avoine et surtout de l'orge, le seigle germé ou fermenté est un poison auquel BRUGNONE, vétérinaire italien recommandable, attribua, en 1785, une épizootie qui a régné sur les dragons du roi à Turin.

De l'Ergot du Seigle.

L'ergot est une maladie terrible en raison des effets funestes qui résultent de l'usage qu'on fait dans certaines contrées du grain qu'elle attaque. On lui a donné le nom d'ergot à cause de la ressemblance qu'offre la graine affectée avec l'ergot d'un coq de basse-cour. Cette maladie a reçu des naturalistes différens noms; ils l'ont, suivant leur manière de la juger, nommée *clavus secalinus*, *secalis mater*, *clavus siliginis*, *secale luxurians*, etc., etc. On nomme communément le grain qui en est atteint, BLÉ CORNU, ERGOT, SEIGLE ERGOTÉ, MANE, SEIGLE IVRE, BLÉ FAROUCHE, BLÉ HAVE, etc.

Le grain de seigle ergoté est ordinairement courbe, trois, quatre, cinq ou six fois plus long et deux fois plus gros que les grains sains. Les deux extrémités, moins épaisses que le milieu, sont tantôt obtuses, et tantôt pointues. Il règne dans leur longueur trois angles mousses et séparés par des lignes longitudinales qui se portent d'un bout à l'autre; leur couleur est d'un violet terne; ils se cassent facilement, et leur cassure, fort nette, laisse apercevoir un intérieur d'un blanc terne et de consistance ferme qui ne se sépare pas facilement de l'écorce, même après une longue ébullition. Un grain isolé n'a pas d'odeur sensible, mais plusieurs réunis en ont une légèrement vireuse, qui se développe davantage si on les réduit en poudre, et se conserve très long-temps même à l'air libre; la saveur de cette poudre est légèrement stiptique.

Les grains ergotés sont plus légers que les grains sains, et TESSIER en a vu qui étaient à moitié ergotés et à moitié sains.

On ne connaît ni les causes ni la nature de cette maladie du seigle. Quatre opinions avancées et soutenues par des hommes de grand mérite, et qui toutes sont controversées et discutées par des expériences consciencieuses, attribuent les causes de l'ergot : 1° à la pluie et aux brouillards; 2° à des piqûres d'insectes; 3° à l'humidité du sol; 4° à une monstruosité produite par le défaut de fécondation des grains. Quant à sa nature, M. DECANDOLLE pense que c'est un champignon du genre *sclérote*, voisin du *sclérote compacte*. Le savant M. VIREY, doutant de l'exactitude de cette assertion, signala, dans une analyse comparative du champignon indiqué et du sclérote, de grandes dissemblances dans les principes constitutifs de ces deux substances, et la question est encore pendante.

L'usage du seigle ergoté tue les animaux et cause la gangrène sèche dans l'homme; des expériences nombreuses pour les premiers, de fréquentes et nombreuses épidémies pour les derniers, ne laissent aucun doute à cet égard.

En France, c'est principalement en Sologne que se rencontre le seigle ergoté; et pourtant il est si facile de séparer l'ergot du bon grain! Le crible à larges trous, le van, le bluteau-crible, le simple vanage et enfin l'épluchage à la main suffisent pour l'en débarrasser.

SECTION III.

DES FRUITS QUI PEUVENT ÊTRE DONNÉS AU CHEVAL.

1° LA CHATAIGNE, fruit du *Castanea vulgaris*, arbre de la famille des amentacées, dont tout le monde connaît l'importance économique, et qui fournit aux habitans d'un grand nombre de contrées, un aliment sain, nutritif et assez abondant pour servir presque exclusivement à leur alimentation, pendant une grande partie de l'année.

Dépouillée de ses enveloppes, la châtaigne est formée de trois substances principales : 1° de l'amidon en grande quantité ; 2° d'un gluten identique à celui des graines céréales, et 3° d'assez de sucre pour avoir provoqué des essais nombreux sur l'importance de son extraction, et amené de la part de M. Gudrazzi la découverte d'un procédé à l'aide duquel il enlevait le sucre de ces fruits sans altérer la partie farineuse et nutritive.

On use dans les pays où l'on récolte des châtaignes, de divers moyens pour en opérer la dessiccation, et les conserver ainsi sèches et sans écorce, d'une année à l'autre.

Dans quelques parties de l'Italie, et notamment en Calabre, où les fourrages et les grains sont rares, les châtaignes, ainsi desséchées, sont données aux chevaux en remplacement de l'avoine, et cette méthode leur est très profitable, tant sous le rapport de l'embonpoint, que sous celui de la vigueur qu'il leur conserve.

Une précaution indispensable à la bonne administration des châtaignes, est celle qui consiste à les dépouiller de leurs enveloppes. Cette pratique, assez généralement suivie dans les localités où se récolte le fruit qui nous occupe, est cependant négligée dans quelques autres, et notamment dans les départemens de la Corrèze et de la Creuse, où la négligence de ce procédé occasiona en 1823 de fréquentes indigestions avec ballonnement, qui furent toutes, il est vrai, heureusement combattues.

Ces fruits, dans le département de la Corrèze, dit M. Veilhan, au mémoire duquel nous empruntons ce passage, ne sont pas dépouillés de leurs enveloppes en sortant du séchoir, ainsi que cela se pratique ailleurs. Cette opération n'a lieu ici qu'au fur et à mesure de la consommation qu'en fait l'homme:

on n'y procède jamais pour celles que l'on destine aux animaux. Conservées ainsi plus d'un an, les châtaignes perdent plus ou moins de leurs bonnes qualités quelque bien qu'elles soient séchées. Elles contractent un goût désagréable, se rancissent (suivant une expression usitée), et se piquent d'un ver, qui, altérant la substance d'une grande quantité d'entre elles, les réduit en tout ou en partie en une poussière malfaisante.

C'est dans cet état qu'on les donnait au cheval, sans leur faire éprouver aucune préparation préliminaire. Cet animal, qui en est très friand, les mangeait avec avidité, sans choix ni discernement, sans même laisser retomber pendant la mastication, comme le fait le porc, la première pelure qui les enveloppe. Mêlées à de l'air atmosphérique pendant la trituration qu'elles éprouvent dans la bouche, pénétrées bientôt de salive et de sucs gastriques, les châtaignes renfermaient tous les élémens nécessaires à la fermentation, qui ne tardait pas à développer le principe sucré qu'elles renferment, et par suite de ce phénomène, elles recouvraient bientôt le volume que leur enlève la dessiccation.

Un procédé efficace dans l'emploi de cette nourriture, consiste à les faire macérer quelques heures dans de l'eau chaude, pour leur rendre leur volume naturel, et les débarrasser des fragmens de seconde enveloppe ou tan, qu'elles peuvent contenir encore. On peut également les faire moudre, et les donner en farine grossière ou en barbottage.

2° La Faine, c'est le fruit du hêtre des forêts; il est noirâtre, triangulaire et renfermé dans des coques hérissées de piquans; les principes nutritifs contenus dans ce fruit sont assez nombreux, et résident essentiellement dans le mucilage, l'huile douce et la fécule qu'il contient. Sa saveur, quand il est frais, est celle de la noisette; aussi est-il alors recherché des enfans et de tous les herbivores domestiques, à l'exception du cheval, qui ne s'y habitue qu'à la longue; cependant il finit par s'en accommoder si bien, que l'on a proposé de le lui donner en guise d'avoine : cette proposition est le résultat d'expériences confirmatives des bons effets de son emploi.

SECTION IV.

DES RACINES QUI PEUVENT ÊTRE DONNÉES AUX CHEVAUX.

Bien que l'économie rurale utilise un nombre assez grand de racines, nous ne parlerons ici que de celles de carotte, de betteraves et de panais; celles de raves, navets, turneps, etc. que l'on emploie à l'engrais et à la nourriture des bestiaux avec assez de succès, pourraient sans doute aussi, dans un moment de nécessité, être données aux chevaux, mais on leur préfère généralement les trois premières.

1° LA CAROTTE, PASTENADE, RACINE JAUNE, etc., racine du *daucus carotta*, plante de la famille des Ombellifères; sa forme, que tout le monde connaît, est celle d'une pyramide renversée à base circulaire et terminée par quelques filets chevelus. Riches en principes sucrés, les carottes contiennent encore une quantité remarquable de mucilage, et un principe résineux tonique qui les rend susceptibles de remplacer l'avoine, sous ce dernier rapport.

Leur valeur nutritive est plus considérable que celle du foin, car on estime généralement que 260 livres de carottes équivalent à 100 de foin, lesquelles représentent 400 livres d'herbe verte.

Les carottes conviennent parfaitement pour la nourriture des chevaux, qui, généralement, l'aiment beaucoup; elles rendent leur poil luisant et fin. Bien qu'elles conviennent indifféremment aux chevaux de tous les services, ceux de trait paraissent s'accommoder surtout de cette substitution. L'un des plus célèbres agronomes anglais, YOUNG, recommande également leur usage comme substitut du foin, *toutes les fois qu'on peut se les procurer à bon marché.*

On administre ces racines cuites ou crues, et dans ce dernier cas, on en donne, pour remplacer le foin et l'avoine, 70 ou 80 livres; on la donne aussi seule ou mélangée avec de la paille d'avoine ou de froment.

Sa fane est également un fort bon fourrage.

2° LE PANAIS (*pastinaca stativa*), racine d'une plante de la même famille que la précédente, ayant la même forme, le même aspect et les mêmes usages qu'elle; elle n'en diffère que par sa composition chimique, dans laquelle entre moins de principes sucrés, point de principe tonique, mais bien une huile essentielle *sui generis;* et autant de mucilage. Elle nourrit aussi bien que la carotte, mais ne soutient pas aussi bien qu'elle les forces et la vigueur des chevaux qui travaillent.

La fane des panais est aussi abondante, mais plus substancielle que celle de la carotte.

3° LA BETTERAVE CHAMPÊTRE (*betta campestris*), plante saccharifère de la famille des Arroches ou Anserinées, que l'on nomme encore RACINE DE DISETTE OU D'ABONDANCE. Cette plante est une sous-variété de la BETTE COMMUNE (*betta vulgaris*), que l'on nomme aussi POIRÉE. La forme de cette racine, qui reçoit enfin le nom de BETTERAVE ROUGE VEINÉE, est connue de tout le monde; sa surface rouge, comme celle de la betterave ordinaire est blanche à l'intérieur et semée de veines roses.

Le nom de racine d'abondance, que lui a imposé la reconnaissance des cultivateurs, indique assez les avantages de sa culture, et la variété de ses usages. Pour ne pas sortir de la spécialité de notre livre, nous dirons que ses feuilles peuvent fournir jusqu'à quatre récoltes par an, et que dans certaines provinces de l'Allemagne, dont les chevaux sont aussi connus qu'estimés, cette racine tient presque lieu de prairie, au dire de l'auteur d'un traité sur sa culture.

Leur administration n'exige d'autres précautions que de les couper, après les avoir lavées, à l'aide d'un instrument *ad hoc*, dont sont pourvues toutes les fermes où on les cultive. Un homme peut dans une heure de tempsen couper assez pour la nourriture journalière de 15 chevaux ou de 12 bœufs.

Les chevaux nourris avec la racine d'abondance, unie à une moitié de paille ou de foin hachés ensemble, conserveront sous l'influence de cette alimentation toute leur vigueur et leur santé, s'ils ne sont pas soumis à des travaux pénibles et continus. Un grand nombre de chevaux allemands sont nourris ainsi tout l'hiver, et reçoivent en été les feuilles de la plante, unies à de la paille et hachées avec elle.

La valeur nutritive est égale à celle de la carotte, mais, ne possédant pas comme elle un principe amer et tonique, elle convient moins bien pour les chevaux qui fatiguent.

SECTION V.

DES TUBERCULES QUI PEUVENT ÊTRE UTILISÉS POUR LA NOURRITURE DU CHEVAL.

1° La pomme de terre, parmentière, etc. (tubercule du *solanum tuberosum*), le plus beau présent, disait Parmentier, que le Nouveau-Monde ait fait à l'Ancien. Tout le monde connaît cet aliment si heureusement répandu partout, depuis une soixantaine d'années. La culture en a multiplié les variétés à l'infini, mais en général elle contient assez ordinairement un quart de fécule, un peu d'albumine, de résine et différens sels.

Privée de gluten, cette farine est rebelle à la transformation panaire si on ne l'associe à celle des graminées.

La pomme de terre fournit à peu de frais à tous nos herbivores domestiques une nourriture abondante et saine. Son emploi économise les fourrages et surtout les grains, et laisse à peine apercevoir le passage du vert au sec.

Le cheval, néanmoins, s'y habitue lentement, on la lui donne cuite, seule ou mêlée à de la paille hachée. M. Grognier, que l'on ne peut citer trop souvent, pense que sa qualité de tubercule cuit, suffisante pour balancer celle du foin nécessaire à l'alimentation d'un cheval, pousserait cet animal à l'engrais aux dépens de sa force et de sa vigueur, mais seulement à la longue ; car, dit il, elle les soutiendrait fort bien quelque temps sans addition.

On lit dans les Annales administratives et scientifiques de l'agriculture française, 3e série, nº 23, 1830, page 67, qu'un trapiste de Meilleray, frère ANTOINE, a essayé, en attendant qu'il pût préparer du pain de pomme de terre, de les donner sans mélange aux chevaux au lieu d'avoine. La ration était de 20 livres cuites dans l'eau ou à la vapeur et données en trois fois. « Les chevaux les mangent, dit frère Antoine, avec « avidité et n'en ont jamais assez. Ils sont à ce régime depuis « plus d'un mois, et, quoique n'ayant pas mangé de grain « depuis ce temps, ils travaillent tous les jours et sont aussi « forts, plus frais et plus gras, qu'ils ne l'étaient auparavant. « Cette nourriture diminue d'un quart la consommation du « foin. »

La pomme de terre, a dit M. SAGERET, est appelée pour sa bonne part à réparer les maux causés par les disettes de céréales ; cette plante précieuse, une des bases de l'agriculture moderne, cultivable dans tous les climats, fera le tour du monde, et avec elles disparaîtront la famine et tous les fléaux qui l'accompagnent ; car l'expérience a prouvé qu'il n'y avait plus de disette à craindre partout où sa culture avait pris l'extension convenable.

2° LE TOPINAMBOUR, tubercule de l'*helianthus tuberosus*, de la famille des Radiées ; originaire, comme la précédente, de l'Amérique, introduite en Europe peu de temps après elle, et nommée par opposition, POIRE DE TERRE. Sa couleur est blanche ou grise ; sa forme ronde, ovale, fusiforme ou aplatie ; son volume varie depuis celui d'une petite noix jusqu'à celui d'une grosse orange ; enfin sa saveur est muqueuse et légèrement sucrée.

Les agronomes considèrent le topinambour comme pouvant

suppléer la pomme de terre, malgré la différence du principe nutritif dominant dans chacune d'elles, et qui pour la dernière est de la fécule, et du sucre pour le topinambour.

Ses facultés nutritives sont, ainsi que celles de la parmentière, et comparées au foin, égales à la moitié, c'est-à-dire que 100 livres de ces deux tubercules nourrissent autant que 200 livres d'herbe de bonne qualité ou 50 livres de foin. Le topinambour possède encore sur la pomme de terre de nombreux avantages de culture, qui disparaissent toutefois devant l'inconvénient suivant : il possède, en raison d'un principe, *sui generis*, qui entre dans sa composition, une puissance fermentatrice particulière qu'on a nommée fermentation *visqueuse*, et qui communique au tubercule la faculté de donner aux animaux qui en mangent des diarrhées et des accidens plus graves. Cet aliment n'est pas non plus assez tonique pour suffire aux animaux travailleurs, et ne pourrait leur convenir que peu de temps, si on était obligé de leur en donner en remplacement de foin ou d'avoine.

Enfin, et pour terminer cet article, nous dirons qu'en Flandre, en Belgique, en Angleterre et en Allemagne, on donne encore habituellement aux chevaux les résidus de la fabrication de la bierre et du sucre de betteraves. Le premier, connu sous le nom de *Malt*, se conserve, pressé et tassé dans une fosse, et mis à l'abri du contact de l'air, pendant plusieurs années; le second, que l'on considère comme le plus nourrissant de tous, contient encore une grande quantité de principes nutritifs.

Dans le département du Nord, les chevaux, assez nombreux, qui sont soumis à cette alimentation, conservent la vigueur nécessaire au service souvent très pénible auquel ils sont employés, et jouissent tous d'un embonpoint remarquable.

Nous empruntons encore, pour clore ce volume, à l'*Asiatic Journal*, mai 1824, page 620, une dernière preuve de la facilité avec laquelle l'organisation du cheval se prête aux variations de régime. Dans ce recueil, le major Denham rapporte que les chevaux de Tibboos, dans l'Afrique centrale, sont nourris entièrement avec du lait de chameau, le grain étant une production trop rare, et d'un trop grand prix pour l'employer à cet usage. On donne le lait à ces animaux doux ou aigri, et ce voyageur raconte que nulle part il n'en a vu qui fussent en meilleur état et en meilleur santé.

FIN.

TABLE ALPHABÉTIQUE

DES

GENRES DONT IL EST PARLÉ DANS CETTE FLORE FOURRAGÈRE,

AVEC L'INDICATION DES FAMILLES AUXQUELLES ILS APPARTIENNENT.

A.

Genres.	Familles.	Pages.
Achillée	Radiées	99
Agrostis	Graminées	24
Aira	*Idem*	27
Ajonc	Légumineuses	295
Alchimille	Rosacées	144
Alpiste	Graminées	23
Anémone	Renonculacées	124
Aneth	Ombellifères	111
Angélique	*Idem*	118
Armoise	Flosculeuses	95
Arrête-bœuf	Légumineuses	150
Asclépiade	Apocinées	82
Astragale	Légumineuses	156
Avoine	Graminées	39

B.

Genres.	Familles.	Pages.
Barbon	Graminées	26
Berce	Ombellifères	120
Berle	*Idem*	117
Boucage	*Idem*	106
Brize	Graminées	38
Brôme	*Idem*	33
Brunelle	Labiées	74
Bubon	Ombellifères	117
Bugle	Labiées	72
Buglosse	Borraginées	79
Buplèvre	Ombellifères	109

C.

Genres.	Familles.	Pages.
Cameline	Crucifères	134
Camomille	Radiées	98
Carotte	Ombellifères	109
Carvi	*Idem*	111
Centaurée	Flosculeuses	92
Cerfeuil	Ombellifères	107
Céraiste	Caryophyllées	137
Chardon	Flosculeuses	93
Chicorée	Semi-flosculeuses	90
Chou	Crucifères	133
Chrysanthème	Radiées	96
Ciguë	Ombellifères	114
Consoude	Borraginées	73
Coquelicot	Papavéracées	131
Colchique	Colchicacées	48
Coriandre	Ombellifères	112
Céronille	Légumineuses	161
Crépide	Semi-flosculeuses	87
Cretelle	Graminées	30
Cumin	Ombellifères	112
Cuscute	Liserons	80
Cynoglosse	Borraginées	79

D.

Genres.	Familles.	Pages.
Dactyle	Graminées	29

E.

Genres.	Familles.	Pages.
Elyme	Graminées	31
Epervière	Semi-flosculeuses	85
Epilobe	Onagres	141
Epipactide	Orchidées	55
Eupatoire	Flosculeuses	96
Euphorbe	Euphorbiacées	163
Euphraise	Pédiculaires	66

F.

Genres.	Familles.	Pages.
Fèves	Légumineuses	160
Fétuque	Graminées	34

Genres.	Familles.	Pages.
Fléau	Graminées	22
Flouve	*Idem*	20
Fluteau	Alismacées	46
Froment	Graminées	32
G.		
Genêt	Légumineuses	295
Gesse	*Idem*	156
Globulaire	Lysimachiées	63
Gratiole	Scrofulaires	76
Grémil	Borraginées	78
H.		
Hellébore	Renonculacées	130
Hydrocotyle	Ombellifères	121
Houlque	Graminées	26
I.		
Impératoire	Ombellifères	114
Inule	Radiées	97
Iris	Iridées	50
Ivraie	Graminées	30
J.		
Jonc	Joncinées	43
L.		
Laiche	Souchets	14
Laitron	Semi-flosculeuses	84
Lentille	Légumineuses	160
Lin	Caryophyllées	139
Linaigrette	Souchets	17
Liondent	Semi-flosculeuses	91
Livèche	Ombellifères	119
Lotier	Légumineuses	154
Lunaire	Crucifères	133
Lupin	Légumineuses	149
Luzerne	*Idem*	153
Luzule	Joncinées	40
Lychnide	Caryophyllées	138
Lysimaque	Lisymachiées	62
M.		
Melampyre	Pédiculaires	69
Mélilot	Légumineuses	150
Mélique	Graminées	28
Menthe	Labiées	73
Myosote	Borraginées	78
N.		
Narcisse	Narcissées	49
Nard	Graminées	41
Néottie	Orchidées	55
Nielle	Caryophyllées	139
O.		
OEnanthe	Ombellifères	116
Ophrys	Orchidées	54
Orchys	*Idem*	52
Orge	Graminées	31
Orobe	Légumineuses	152
Orobanche	Pédiculaires	70
P.		
Panais	Ombellifères	107
Panic	Graminées	28
Panicaut	Ombellifères	110
Parnassie	Caparidées	135
Patience	Polygonées	58
Paturin	Graminées	35
Pesse	Naïades	12
Peucédanne	Ombellifères	120
Phace	Légumineuses	155
Phellandrie	Ombellifères	115
Pédiculaire	Pédiculaires	37
Pigamon	Renonculacées	122
Pimprenelle	Rosacées	144
Plantain	Plantaginées	59
Pois	Légumineuses	158
Populage	Renonculacées	136
Polygala	Pédiculaires	64
Potentille	Rosacées	145
Prêle	Equisétacées	10
R.		
Renoncule	Renonculacées	124
Renouée	Polygonées	57
Rhinanthe	Pédiculaires	69
Roseau	Graminées	40
S.		
Sainfoin	Légumineuses	161
Salicaire	Salicaires	143

Genres.	Familles.	Pages.
Salsifis.	Semi-flosculeuses.	89
Samole.	Lisymachiées.	64
Sauge.	Labiées.	71
Scabieuse.	Dipsacées.	101
Schoin.	Souchets.	16
Scirpe.	*Idem.*	18
Scorzonère.	Semi-flosculeuses.	88
Scrofulaire.	Scrofulaires.	75
Seigle.	Graminées.	187
Selin.	Ombellifères.	121
Senneçon.	Radiées.	97
Sison.	Ombellifères.	113
Souchet.	Souchets.	18
Spargoute.	Caryophyllées.	136
Spirée.	Rosacées.	147
Stipe.	Graminées.	25
T.		
Trèfle.	Légumineuses.	152
V.		
Valériane.	Valérianées.	103
Vératre.	Colchicacées.	47
Véronique.	Pédiculaires.	65
Vesce.	Légumineuses.	159
Vipérine.	Borraginées.	77
Vulpin.	Graminées.	21

FIN DE LA TABLE.

Nous n'avons pas parlé des genres suivans qui se rencontrent dans les prés, parce qu'ils sont trop petits et ne se trouvent pas dans les foins.

Anthyllide.	Légumineuses.
Aspérule.	Rubiacées.
Cardamine.	Crucifères.
Paquerette.	Radiées.
Primevère.	Lisymachiées.
Scheuchzérie.	Alismacées.
Seslerie.	Graminées.
Sisymbre.	Crucifères.
Stratyce.	Plombaginées.
Tabouret.	Crucifères.
Thym.	Labiées.

TABLE ANALYTIQUE
DES MATIÈRES
DE LA FLORE FOURRAGÈRE.

AVANT-PROPOS.

PREMIÈRE PARTIE.

DES ALIMENS ORDINAIRES DU CHEVAL, CONSIDÉRÉS SOUS LE RAPPORT DE LEUR HISTOIRE NATURELLE ET DE LEURS PROPRIÉTÉS NUTRITIVES.

CHAPITRE Ier.

Des alimens du cheval et de leur composition chimique.

§ Ier Principes alimentaires des végétaux. . . . . , . 2
De la Fécule et du Gluten. 3
Du Muqueux et du Sucre. 4
§ II. Assaisonnemens végétaux. 5

CHAPITRE II.

Du Foin et de sa composition générale. . . 7

CHAPITRE III.

Comprenant les plantes fourragères appartenant aux familles qui constituent la classe deux *de* Jussieu. (Plantes monocotylédones à étamines hypogines ou insérées sous l'ovaire.)

Section première. — Famille des Equisétacées 10
Section deuxième. — Famille des Naïades. 12
Section troisième. — Famille des Souchets ou Cypéroïdes. . 13
Section quatrième. — Famille des Graminées. 19

CHAPITRE IV.

Comprenant les plantes fourragères appartenant aux familles qui constituent la classe trois *de* Jussieu. (Plantes monocotylédones, phanérogames ou à sexes distincts, et à étamines périgynes ou insérées autour du calice.)

Section première. — Famille des Joncinées. 42
Section deuxième. — Famille des Alismacées. 45
Section troisième. — Famille des Colchicacées. 46
Section quatrième.— Famille des Narcissées. 49
Section cinquième. — Famille des Iridées. 50

CHAPITRE V.

Comprenant les plantes fourragères appartenant aux familles qui constituent la classe quatre *de* Jussieu. (Plantes monocotylédones, phanérogames ou à sexes distincts, à étamines sur le pistil ou épigynes.)

Section première. — Famille des Orchidées. 52

CHAPITRE VI.

Comprenant les plantes fourragères appartenant aux familles qui constituent la classe six *de* Jussieu. (Plantes dicotylédones apétales, à étamines périgynes ou insérées autour de l'ovaire.)

Section unique. — Famille des Polygonées. 56

CHAPITRE VII.

Comprenant les plantes fourragères appartenant aux familles qui constituent la classe sept *de* Jussieu. (Plantes dicotylédones, apétales, à étamines hypogines, ou insérées sous le pistil.)

Section unique. — Famille des Plantaginées. 59

CHAPITRE VIII.

Comprenant les plantes fourragères appartenant aux familles qui constituent la classe huit *de* Jussieu. (Plantes dicotylédones, monopétales, étamines hypogines, ou insérées sous le pistil.)

Section première. — **Famille de Lysimachiées ou Primulacées.** 62
Section deuxième. — **Famille des Pédiculaires ou Rhinanthées.** 64
Section troisième. — **Famille des Labiées.** 71
Section quatrième. — **Famille des Scrophulaires.** 75
Section cinquième. — **Famille des Borraginées.** 77
Section sixième. — **Famille des Liserons ou Convolvulacées.** 80
Section septième. — **Famille des Apocinées.** 81

CHAPITRE IX.

Comprenant les plantes fourragères appartenant aux familles qui constituent la classe dix *de* Jussieu. (Plantes dicotylédones, monopétales, étamines épygines ou sur le pistil; anthères réunies. Cynanthérées des botanistes modernes.)

Section première. — **Famille des Semi-Flosculeuses.** 83
Section deuxième. — **Famille des Flosculeuses.** 91
Section troisième. — **Famille des Radiées.** 96

CHAPITRE X.

Comprenant les plantes fourragères appartenant aux familles qui constituent la classe onze *de* Jussieu. (Plantes dicotylédones, monopétales, à étamines épigynes et à anthères distinctes.)

Section première. — **Famille des Dipsacées.** 101
Section deuxième. — **Famille des Valérianées.** 103

CHAPITRE XI.

Comprenant les plantes fourragères appartenant aux familles qui constituent la classe douze *de* Jussieu. (Plantes dicotylédones, polypétales, étamines épigynes, c'est-à-dire insérées sous le pistil.)

Section unique. — Famille des Ombellifères. 105

CHAPITRE XII.

Comprenant les plantes fourragères appartenant aux familles qui constituent la classe treize *de* Jussieu. (Plantes dycotilédones, polypétales, étamines hypogynes ou insérées sous le pistil.)

Section première. — Famille des Renonculacées. 122
Section deuxième. — Famille des Papavéracées. 131
Section troisième. — Famille des Crucifères. 132
Section quatrième.— Famille des Caparidées. 135
Section cinquième. — Famille des Caryophyllées. . . . . . . *ibid.*

CHAPITRE XIII.

Comprenant les plantes fourragères appartenant aux familles qui constituent la classe quatorze *de* Jussieu. (Plantes dicotylédones, polypétales, à étamines périgynes ou attachées au calice.)

Section première. — Famille des Onagraires. 141
Section deuxième. — Famille des Salicaires. 142
Section troisième. — Famille des Rosacées. 143
Section quatrième.— Famille des Légumineuses. 148

CHAPITRE XIV.

Comprenant les plantes fourragères appartenant aux familles qui constituent l'ordre quinzième *de* Jussieu. (Plantes dicotylédones, apétales, à fleurs uni-sexuelles.)

Section unique. — Famille des Euphorbiacées. 163

CHAPITRE XV.

Des Pailles.

SECTION PREMIÈRE. — Considérations générales sur les pailles et leurs qualités nutritives. 166
SECTION DEUXIÈME. — Des plantes que l'on trouve dans les pailles. 169
SECTION TROISIÈME. — De la paille de Froment. 183
SECTION QUATRIÈME.—De la paille d'Orge. 184
SECTION CINQUIÈME. — De la paille d'Avoine. 185
SECTION SIXIÈME. — De la paille de Seigle. 187

CHAPITRE XVI.

Des Grains et de leur écorce.

SECTION PREMIÈRE. — Considérations générales sur l'avoine, ses variétés et ses qualités nutritives. 190
SECTION DEUXIÈME. — Des grains étrangers associés à l'avoine. 193
SECTION TROISIÈME. — Du Son. 206

DEUXIÈME PARTIE.

MANIPULATIONS DIVERSES, PRÉPARATIONS ET ALTÉRATIONS QUE SUBISSENT LES ALIMENS ORDINAIRES DU CHEVAL, AVANT DE LUI ÊTRE DONNÉS.

CHAPITRE Ier.

Récolte, qualités, altérations, falsifications des foins, et moyens d'y remédier.

SECTION PREMIÈRE. — De la récolte en général. 209
SECTION DEUXIÈME. — Des qualités du foin. 214
SECTION TROISIÈME. — Des altérations du foin et des dangers de son usage. 219
SECTION QUATRIÈME.— Des moyens de remédier aux inconvéniens résultant des altérations du foin. 224
SECTION CINQUIÈME. — Falsification des fourrages. 228

CHAPITRE II.

Récolte, qualités, falsifications, altérations des pailles, et moyens d'y remédier; préparations que nécessite leur emploi.

SECTION PREMIÈRE. — De la récolte en général. 230
SECTION DEUXIÈME. — Des qualités des pailles. 234
SECTION TROISIÈME. — Des altérations des pailles et des dangers de leur usage. 236
SECTION QUATRIÈME. — Correctifs des pailles altérées. 241
SECTION CINQUIÈME: — Des préparations que l'on fait subir à la paille pour la donner aux chevaux. . . . . *ibid.*

CHAPITRE III.

Récolte, conservation, qualités, altérations et maladies de l'avoine et de l'orge; moyens d'y remédier, et préparations qu'on fait subir quelquefois à ces grains pour les donner aux chevaux.

ARTICLE Ier.

De l'Avoine.

SECTION PREMIÈRE. — Récolte en général. 246
SECTION DEUXIÈME. — Conservation des avoines. 248
SECTION TROISIÈME. — Bonnes et mauvaises qualités de l'avoine. 250
SECTION QUATRIÈME. — Maladies de l'avoine. 253
SECTION CINQUIÈME. — Des préparations que l'on fait parfois subir à l'avoine avant de la donner aux chevaux. 256

ARTICLE II.

De l'Orge.

SECTION PREMIÈRE. — Récolte en général. 264
SECTION DEUXIÈME. — Conservation de ce grain. . . . . *ibid.*
SECTION TROISIÈME. — Qualités de l'orge. 265
SECTION QUATRIÈME. — Des préparations que l'on fait subir à l'orge avant de le donner aux chevaux. . . . . *ibid.*

CHAPITRE IV.

De l'Alimentation du cheval.

SECTION PREMIÈRE. — But de l'alimentation, et quantité de matières qu'il faut pour le remplir. 269
SECTION DEUXIÈME. — De la ration et de l'ordre des repas. . . 276
SECTION TROISIÈME. — Coup d'œil général sur la nourriture du cheval. 279

TROISIÈME PARTIE.

DE CERTAINES SUBSTANCES VÉGÉTALES PROPRES A ÊTRE DONNÉES COMME ALIMENS AUX CHEVAUX, ET QUI NE SERVENT PAS HABITUELLEMENT A LEUR NOURRITURE.

CHAPITRE UNIQUE.

ARTICLE Ier.

Des substances nutritives qui peuvent être substituées aux foins des prairies naturelles et artificielles.

SECTION PREMIÈRE. — Considérations générales sur l'usage des feuilles d'arbres pour la nourriture des herbivores domestiques. 283
SECTION DEUXIÈME. — Des arbres qui fournissent des feuilles susceptibles de servir à l'alimention des animaux. 285
SECTION TROISIÈME. — De quelques arbustes et autres végétaux qui peuvent aussi remplacer le foin. 294

ARTICLE II.

Substances nutritives ou autres qui peuvent être substituées à la paille, considérée comme aliment et comme litière.

SECTION PREMIÈRE. — Des succédanées de la paille alimentaire. 297
SECTION DEUXIÈME. — Des substances qui peuvent remplacer la litière. 299

ARTICLE III.

Des diverses substances alimentaires qui peuvent remplacer l'avoine et l'orge.

Section première. — Considérations générales sur ces matières. 301
Section deuxième. — Du Seigle, son emploi, ses maladies. . 302
Section troisième. — Des fruits qui peuvent être donnés au cheval. 304
Section quatrième. — Des racines qui peuvent être données aux chevaux. 307
Section cinquième. — Des tubercules qui peuvent être utilisés pour la nourriture du cheval. 309

FIN DE LA TABLE.

TABLEAU SYNOPTIQUE

DES PLANTES QUI ENTRENT DANS LA COMPOSITION DES DIVERS FOINS; CLASSÉES D'APRÈS LEUR FAMILLE, LEUR GENRE, LEUR ESPÈCE, LEUR EXPOSITION TOPOGRAPHIQUE ET LEURS QUALITÉS NUTRITIVES.

DRESSÉ PAR FÉLIX VOGELI, DE LYON, VÉTÉRINAIRE EN SECOND AU SEPTIÈME RÉGIMENT D'ARTILLERIE.

FAMILLES.	GENRES.	ESPÈCES CROISSANT DANS LES PRÉS HAUTS ET CONSTITUANT UN FOURRAGE			ESPÈCES CROISSANT DANS LES PRÉS DE PLAINE ET CONSTITUANT UN FOURRAGE			ESPÈCES CROISSANT DANS LES PRÉS BAS ET CONSTITUANT UN FOURRAGE			RÉCAPITULATION DES PLANTES
		BON.	MÉDIOCRE.	MAUVAIS.	BON.	MÉDIOCRE.	MAUVAIS.	BON.	MÉDIOCRE.	MAUVAIS.	

SOMMAIRE EN CHIFFRES.

PLANTES APPARTENANT AUX PRÉS

Hauts et qui sont			De plaine et qui sont			Bas et qui sont		
Bonnes.	Médiocres.	Mauvaises.	Bonnes.	Médiocres.	Mauvaises.	Bonnes.	Médiocres.	Mauvaises.
[illegible]	43	97	55	[illegible]	19	[illegible]	[illegible]	[illegible]
[illegible]			[illegible]			107		
[illegible]								

www.ingramcontent.com/pod-product-compliance
Lightning Source LLC
LaVergne TN
LVHW021235170726
843501LV00003B/791